航空宇宙工学入門
[第2版]

室津義定 編著

森北出版株式会社

航空宇宙工学入門　執筆分担表

章	執筆者	
1〜3章	杉山　吉彦	大阪府立大学名誉教授　工学博士
4章	西岡　通男	大阪府立大学名誉教授　工学博士
5章	藤井　昭一 辻川　吉春	大阪府立大学名誉教授　工学博士 大阪府立大学教授　工学博士
6章	室津　義定	大阪府立大学名誉教授　工学博士
7章	室津　義定 太田　裕文	大阪府立大学名誉教授　工学博士 元大阪府立大学教授　工学博士
8章	大久保博志	大阪府立大学教授　工学博士
9章	杉山　吉彦 片山　忠一	大阪府立大学名誉教授　工学博士 元大阪府立大学助教授　工学博士
10章	竹田　繁一	宇宙航空研究開発機構
11章	室津　義定 泉田　啓	大阪府立大学名誉教授　工学博士 京都大学教授　博士（工学）
12章	室津　義定 小木曽　望	大阪府立大学名誉教授　工学博士 大阪府立大学准教授　博士（工学）

（肩書は 2011 年 2 月現在）

●本書の補足情報・正誤表を公開する場合があります．当社 Web サイト（下記）で本書を検索し，書籍ページをご確認ください．

https://www.morikita.co.jp/

●本書の内容に関するご質問は下記のメールアドレスまでお願いします．なお，電話でのご質問には応じかねますので，あらかじめご了承ください．

editor@morikita.co.jp

●本書により得られた情報の使用から生じるいかなる損害についても，当社および本書の著者は責任を負わないものとします．

JCOPY 〈(一社)出版者著作権管理機構 委託出版物〉

本書の無断複製は，著作権法上での例外を除き禁じられています．複製される場合は，そのつど事前に上記機構（電話 03-5244-5088，FAX 03-5244-5089，e-mail: info@jcopy.or.jp）の許諾を得てください．

第2版への序

　本書の初版が発行されて7年になります．そこでは航空宇宙工学の基礎事項を記述していますので，現時点で，教科書としては大部分の内容を改める必要がないと考えています．しかし，技術の進展が著しい第10章については，コンピュータ活用の展開に沿って，「10.3（5）飛行運用・管制」および「10.4（4）CIMからCALS，PLMへ」の項を追加しました．さらに，新たに第12章を設けて，航空機の航行と管制について解説することにしました．これらの事項は，航空宇宙工学と密接に関連する分野ですが，航空宇宙工学の教科書において，これまで体系的に取り扱われてはおりません．そこで，この第2版では，航空機の飛行方式，航空路，安全間隔と巡航方法，空港と離着陸方法，運航と管制などを取り上げて説明しています．これによって，読者は航空機の飛行原理，エンジン，飛行性能，安定性・操縦性・制御，構造・強度，設計・製造などに関する知識に加えて，公共交通機関として日常広く利用されている航空機が，どのようにして安全に運航されているかを学ぶことができると思います．
　2005年5月

室津義定

まえがき

　本書は三木鉄夫編「航空宇宙工学概論」（森北出版刊）の内容を再整理し，新しい内容を加えて編集したものである．同書は 1965 年に初版が刊行されて以来，毎年増刷を重ね，1971 年に改版，また 1978 年には再訂版が発行され，今日までに合計 25 000 余部が印刷された名著である．それゆえに，本書の内容構成については，多方面から検討したが，最終的には同書の精神を踏襲して，航空機および宇宙機の開発・設計・製造・運用のための普遍的な原理とそれに関連する事項を簡潔に記述することを基本方針とした．そして，章構成と内容の決定は，編著者の大学で航空宇宙工学科の 1 回生および他学科の学生に対して，何人かの教員がそれぞれの専門分野を分担して行っている航空宇宙工学基礎の講義経験を生かして行った．記述した内容は，初等的な物理学と数学の知識があれば理解できるように工夫してある．そこで，本書は高専および大学における航空宇宙工学の教科書として，また航空宇宙工学の基礎知識を得ようとしている方に対する入門書として，広く活用できるものと思っている．なお，書名は前著と区別するために「航空宇宙工学入門」とした．

　本書の内容は次の通りである．1 章では航空宇宙技術の歴史を，2 章では航空機および宇宙機が飛行する大気および宇宙環境の性質を述べている．3 章では各種の航空機の分類とそれらの主要な形態について説明している．4 章は航空機の飛行原理の基本となる揚力と抗力がどのようにして発生するか，その現象のメカニズムと飛行への応用について述べている．5 章では抗力に打ち勝って，航空機を飛行させるための種々の推力の発生法とその性能評価，さらに飛行機の運航において重要である環境適合性について述べている．6 章は飛行機の特性を表す飛行速度，離着陸距離，航続距離などの飛行性能の計算法を説明している．7 章では飛行機がどのように飛行するか，また飛行機をどのように操縦するかに関する飛行性の問題について述べている．8 章は飛行機の安全な運航に必要な飛行制御システム，計器装備，航法システムについて解説している．9 章では安全な飛行を可能とする飛行機の構造形式とその強度について述べている．10 章は飛行機の設計・製造においてコンピュータがどのように利

用されているかについて説明している．11章ではロケットおよび宇宙機の飛行原理および宇宙の利用について解説している．

　次に，本書の刊行における役割分担について述べておきたい．全体の構想，執筆者の選定および執筆内容の調整などの編集作業は室津が担当した．そして，各章節の執筆を大阪府立大学航空宇宙工学科の教員に専門分野に応じて分担してもらった．ただし，10章については，その内容から新明和工業株式会社の竹田繁一が執筆を担当した．

　最後に，本書の出版において多大なご支援をいただいた以下の方々にお礼を申し上げたい．大阪府立大学名誉教授飯田周助先生，大阪大学名誉教授故中川憲治先生，大阪府立大学名誉教授関谷壮先生，大阪府立大学名誉教授澤田照夫先生，元大阪府立大学助教授沢田定雄先生，大阪府立大学名誉教授津村俊弘先生，および大阪府立大学助教授村上洋一先生には素原稿を通読していただき，内容の改善に建設的なご助言をいただいた．また，図面の作製には，大阪府立大学航空宇宙工学科の坂上昇史助手，小木曽望助手および大阪府立大学大学院学生下窪潤哉君のご協力を得た．さらに，森北出版株式会社の石田達雄編集部長には，本書の編集依頼を受けてから約10年間もその完成が遅れたにもかかわらず，その間において変わらない励ましとご配慮をいただいた．

1998年8月

著者を代表して　　室津義定

目　　次

1. 航空宇宙技術の歩み

1.1　飛行機の歩み……………………………………………………………1
1.2　ロケットの歩み…………………………………………………………4
1.3　宇宙機の歩み……………………………………………………………7

2. 大気および宇宙環境

2.1　標 準 大 気………………………………………………………………9
2.2　高層大気圏………………………………………………………………11
2.3　宇 宙 環 境………………………………………………………………14

3. 航空機の形態

3.1　航空機の分類……………………………………………………………17
3.2　飛行機の構成……………………………………………………………18
3.3　ロケットの構成…………………………………………………………24
3.4　宇宙機の構成……………………………………………………………26

4. 揚 力 と 抗 力

4.1　空気力の概要……………………………………………………………29
4.2　翼型に働く空気力………………………………………………………32
4.3　3次元翼の空力特性……………………………………………………43
4.4　粘性による抗力…………………………………………………………48
4.5　有 害 抗 力………………………………………………………………54
4.6　高揚力装置………………………………………………………………57
4.7　高速飛行の空気力学……………………………………………………58

5. 推 進

- 5.1 エンジン推力とその効率 ······················· 68
- 5.2 ターボジェットとターボファンエンジン ············· 71
- 5.3 ターボファンエンジンのおもな構成要素 ············· 73
- 5.4 エンジンの性能 ····························· 79
- 5.5 プロペラ推進 ······························· 81
- 5.6 将来の推進機関 ····························· 85
- 5.7 飛行機の環境適合性 ························· 88
- 5.8 ロケット推進 ······························· 91

6. 飛行機の性能

- 6.1 力のつり合い ······························· 99
- 6.2 失速速度 ································· 100
- 6.3 必要出力と利用出力 ························· 100
- 6.4 水平飛行速度性能 ··························· 103
- 6.5 上昇性能 ································· 105
- 6.6 離陸距離 ································· 107
- 6.7 着陸距離 ································· 110
- 6.8 航続距離 ································· 111
- 6.9 航続時間 ································· 113

7. 飛行機の安定性と操縦性

- 7.1 静的安定と動的安定 ························· 114
- 7.2 縦の安定 ································· 117
- 7.3 横および方向の安定 ························· 124
- 7.4 飛行機の操縦 ······························· 128

8. 計測・制御と航法

- 8.1 飛行制御システム ··························· 132
- 8.2 飛行機の計器装備 ··························· 137
- 8.3 航法と誘導 ································· 141

9. 構造と強度

- 9.1 構造設計 …………………………………… 149
- 9.2 構造様式 …………………………………… 151
- 9.3 材　　料 …………………………………… 155
- 9.4 強　　度 …………………………………… 159

10. 飛行機の設計・製造におけるコンピュータ利用

- 10.1 飛行機の設計・開発から検査・納品までの流れ ……… 169
- 10.2 開発・設計におけるコンピュータ利用 …………… 170
- 10.3 製造・検査におけるコンピュータ活用 …………… 176
- 10.4 データ管理 ………………………………… 181

11. 宇宙飛行

- 11.1 ロケットの性能 ……………………………… 186
- 11.2 多段ロケット ……………………………… 190
- 11.3 人工衛星の軌道 ……………………………… 192
- 11.4 地球から見た人工衛星の運動 …………………… 197
- 11.5 再突入の問題 ……………………………… 199
- 11.6 宇宙利用 …………………………………… 201

12. 航空機の航行と管制

- 12.1 飛行方式と管制の歴史 ………………………… 207
- 12.2 航空路と航空機の位置情報 …………………… 208
- 12.3 航空機の安全間隔と巡航方法 ………………… 211
- 12.4 空港と離着陸方法 …………………………… 214
- 12.5 管制空域と運航 ……………………………… 219
- 12.6 航空交通の進歩 ……………………………… 224

参考文献 ……………………………………………… 227
索　　引 ……………………………………………… 234

1. 航空宇宙技術の歩み

　鳥のように空中を飛びたいという夢は，大昔から人々の心の中にあった．ギリシャ神話にも，北欧神話やアラビアのおとぎ話にも，人間が空を飛ぶ話が出てくる．たとえば，ギリシャ神話では，ダイダロスとその息子イカロスの物語がよく知られている．しかし，神話やおとぎ話のような夢物語ではなくて，現在の航空宇宙技術に直接つながる技術的出来事の歴史は，ほんのここ最近100年間ほどでしかない．

　飛行機，ロケット，宇宙機など航空機（航空機の分類については，3章で述べる）の歴史は，それぞれが，同一の科学技術的基盤のうえで発展してきたもので，密接に関連しているけれども，ここでは，飛行機の歩み，ロケットの歩み，宇宙機の歩みをそれぞれの節で述べる．

1.1　飛行機の歩み

　1903年12月17日，アメリカ合衆国ノースカロライナ州キティーホークの南約6kmにあるキルデビルヒルの砂丘で，ウィルバーとオービルの**ライト兄弟**（1867-1912，1871-1948）は，人類初の動力飛行に成功した．この日の飛行に用いられた機体はライト・フライヤーIと呼ばれ，翼幅12.29m，全長6.43m，飛行機質量338kgであった．機体の三面図を図1.1に示す．実物は，現在，アメリカ合衆国ワシントンDCにあるスミソニアン研究所の国立航空宇宙博物館に保存・展示されている．この機体は，直立4気筒ガソリンエンジン1基を搭載し，チェーンによって二つのプロペラを駆動した．エンジンの出力は12馬力，エンジン質量は約90kgであった．この日，ライト兄弟は，交替でパイロットとなり，最初は距離37m，最後の4回目は距離260mの飛行に成功した．

　ライト兄弟のこの日の飛行が，人類初の動力飛行とよばれているのは，次の五つの条件を満たした飛行であったからである．

　（1）持続した飛行である

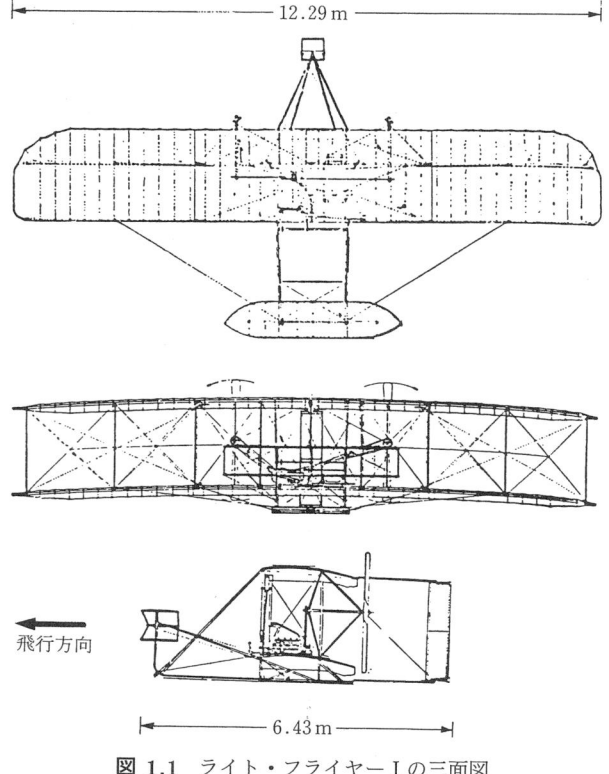

図 1.1 ライト・フライヤー I の三面図

（2）空気より重い機体による飛行である
（3）動力飛行である
（4）人が乗った飛行である
（5）操縦可能な飛行である

　逆にいえば，これらの条件のうち，いずれかが欠けている飛行は，ライト兄弟のこの日の飛行以前に，多くの例が報告されている．それにもかかわらず，ライト兄弟の初飛行は，上記条件の (3) と (5) を満たしている点で，きわめて画期的な飛行技術上の成功であった．

　ライト兄弟以前に多くの人々が成功しなかったにもかかわらず，ライト兄弟が人類初の飛行に成功した理由について考えることは，航空宇宙工学に興味をもつ者にとって大変興味深いことである．彼らの成功は決して幸運や偶然によるものではなく，成功の原因は，なにをおいても，彼らがきわめてすぐれたエ

ンジニアであったことにある．彼らの問題解決のやり方は，理論的かつ実験的であり，飛行に必要な技術上の重要な問題点を系統的に一つ一つ解決していった．ライト兄弟は，主翼のねじりによる操縦方法の考案とグライダー実験，おそらく世界初の風洞実験と主翼の研究，機体軽量化のための構造強度計算，軽量エンジンの設計と製作，プロペラの設計と製作などを経て，1903年12月17日を迎えたのであった．

ライト兄弟の初飛行のニュースは，ただちにヨーロッパに伝わり，これ以後，アメリカとヨーロッパを中心に飛行機の技術は急速に発展した．

1914年7月，ヨーロッパで第一次世界大戦がはじまり，飛行機が軍用に用いられるようになった．それにともなって，飛行機に対して，より高い性能，より高い信頼性，取り扱いやすさ，製作しやすさなどが厳しく要求された．このような実用上の厳しい要求は，結果的に，実用的な飛行機の型式や構造を作り出し，木製・複葉型の**飛行機**が発達した．

1918年11月，第一次世界大戦が終わると，戦争のために作られた飛行機は，民用に転換され，旅客，貨物，郵便を運ぶ新しい交通手段として広く用いられるようになった．

1939年9月，第二次世界大戦がはじまり，飛行機が軍事作戦の鍵をにぎるようになった．先進各国は，国の命運をかけて，国力と技術の粋を傾けて，より高性能の飛行機を開発した．その結果，単葉型のアルミニウム合金製モノコック構造の機体が主流となった．この間，飛行機は，より高速を追求し，最高速度も，600 km/h，700 km/h となった．一方，大型機もさかんに開発され，多量の貨物を載せて，長距離飛行ができるようになった．このようにして，プロペラ機の基礎技術は，第二次世界大戦中に，ほぼ完成された．

第二次世界大戦中の航空技術の進歩の中で，最も重要なことは，ジェットエンジンが開発され，ジェット機が出現したことである．1939年8月，ドイツのハインケル He 178 がジェット機として初飛行している．

1945年8月，第二次世界大戦が終わると，軍用機のために開発された航空技術が民間機の開発に応用され，大洋を横断できる大型の旅客機が開発された．また，ジェットエンジンの性能の向上は著しく，プロペラ機にかわって，ジェット機の時代となった．1969年2月のボーイング B 747 ジャンボジェット旅客機の初飛行，1969年3月のコンコルド超音速旅客機の初飛行により，大量大衆空輸の時代が開かれ，今日に至っている．

1.2 ロケットの歩み

　ロケット，人工衛星，宇宙船という言葉の厳密な区別はむずかしく，これら宇宙関連の人工物を総称して**宇宙機**とよぶ．宇宙機を地上から宇宙へ運ぶ飛行体を**ロケット**と呼び，ロケットにより打ち上げられた人工天体のうち，地球を周回するものを**人工衛星**とよび，有人の人工天体を**宇宙船**とよぶ．たとえば，スペースシャトルは，ロケットであり，人工衛星でもあり，宇宙船でもあるといえる．

　宇宙飛行，さしあたり月への旅行を，これまで数えきれないほど多くの人が夢見てきた．しかし，"鳥のように"空を飛ぶのと異なり，宇宙空間を飛行する手段にはよいお手本はなかった．地球から空気のない宇宙空間に行くことのできる唯一の手段が，ロケットである．ロケットによる宇宙飛行の科学的可能性は，19世紀の終わりごろから20世紀の初めにかけて，幾人かの科学者によって，論文等の形で発表されるようになった．

　ロシアの**チオルコフスキー**（1857-1935）は，ロケット推進の原理を初めて科学的に明らかにし，質量比，噴出速度，ロケット速度の公式を確立するとともに，液体ロケット，多段式ロケットなどの必要性を明らかにした（11.1, 11.2参照）．図1.2は，チオルコフスキーの描いた液体ロケットの概念図である．船室内の乗員は，打ち上げ加速度に耐えるために，あお向けに寝ていることが注目される．

図 1.2 チオルコフスキーの液体ロケットの概念図（1914年）

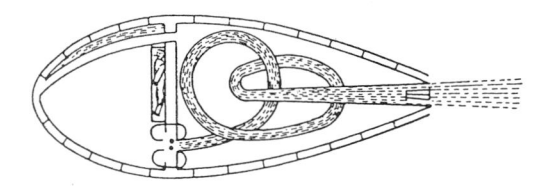

　1926年3月16日，アメリカの**ゴダード**（1882-1945）は，人類初の液体ロケットの発射に成功した．最大高度約12 m，飛行距離56 m，飛行時間約2.5秒であった．

　1942年12月3日，ドイツの技術者たちは，A-4ロケットの打ち上げに成功した．このA-4ロケットは，全長14 m，質量12.6 tの大型液体ロケットであり，慣性誘導の技術など，現在の宇宙ロケットの基本技術を確立していた．こ

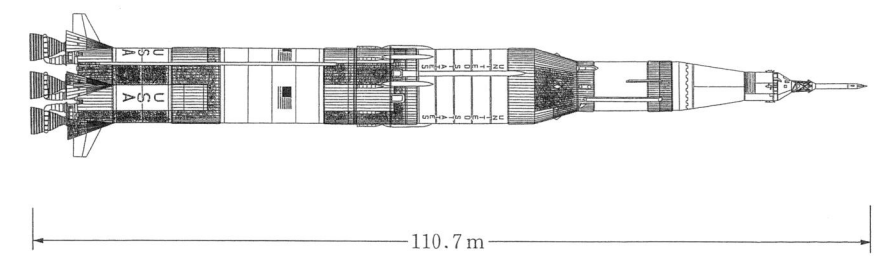

図 1.3 サターンV型ロケット
(応用機械工学編集部編,宇宙開発と設計技術,大河出版,1982)

のロケット技術が,その後,アメリカ合衆国と旧ソ連に引き継がれ,それぞれの国で大型宇宙ロケット技術が確立され,今日に至っている.

アメリカ合衆国がこれまでに開発した最大のロケットは,人間を月に送ることを目的としたアポロ計画のために設計されたサターンV型ロケットであり,1967年11月9日初飛行に成功した.1969年7月16日,ケネディ宇宙センターより,サターンV型ロケットはアポロ11号宇宙船を打ち上げた.アポロ11号は,3日後,月を回る軌道に乗り,1969年7月20日月面に着陸した.このサターンV型ロケットは,全長110.7m,打ち上げ時の総質量2900tの3段式液体ロケットである.図1.3にサターンV型ロケットの概略図を示す.実物は,アメリカ合衆国フロリダ州にあるケネディ宇宙センターならびにテキサス州にあるジョンソン宇宙センターで見ることができる.

宇宙の特異な環境を利用して,科学的研究をしたり,新しい物質を製造する**宇宙環境利用**技術(11.6参照)が注目されだすと,地上と宇宙空間をもっと頻繁に往復して人員や物資を経済的に輸送することが要求されるようになった.この目的のために開発されたのが,アメリカの再使用・往還型宇宙船スペースシャトルである.図1.4にスペースシャトルの概念図を示す.

1981年4月12日,最初のスペースシャトル「コロンビア号」が打ち上げられ,地上と宇宙との往還に成功した.これ以降,科学者や技術者が宇宙に直接行けるようになり,宇宙はいっそう人類に身近なものとなった.

一方,日本においては,1955年4月14日,東京大学生産技術研究所が,長さ23cmのペンシルロケットの水平発射実験を行ったのが,ロケット開発の出発点であった.この東京大学を中心としたロケット開発は,**宇宙科学研究所**

6　　1. 航空宇宙技術の歩み

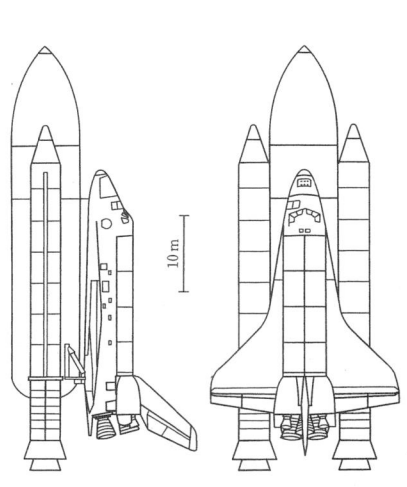

図 1.4　スペースシャトル
(J. D. Anderson, Jr., Introduction to Flight, 3rd ed. McGraw-Hill, 1989. p. 457, Fig. 8.28/Rockwell International のコピーライト)

図 1.5　H-Ⅱロケット1号機の打ち上げ (1994年2月4日午前7時20分, 種子島宇宙センター, NASDA 提供)

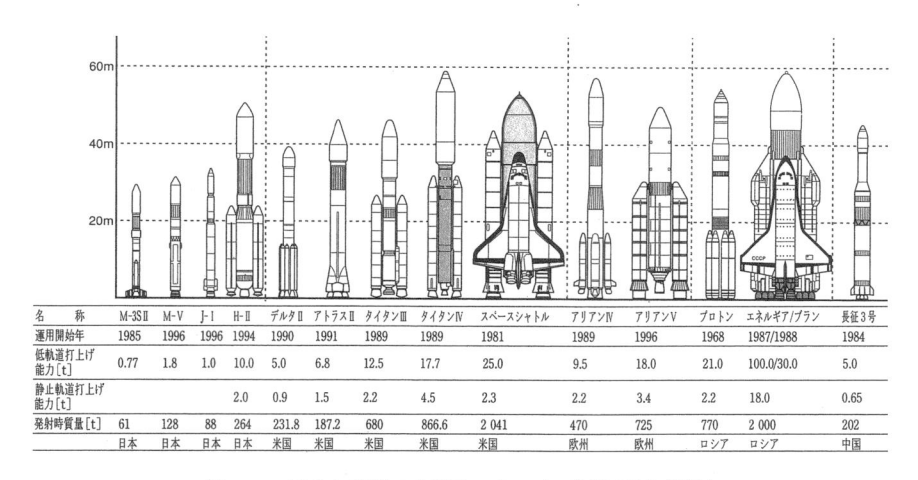

名称	M-3SⅡ	M-V	J-I	H-Ⅱ	デルタⅡ	アトラスⅡ	タイタンⅢ	タイタンⅣ	スペースシャトル	アリアンⅣ	アリアンⅤ	プロトン	エネルギア/ブラン	長征3号
運用開始年	1985	1996	1996	1994	1990	1991	1989	1989	1981	1989	1996	1968	1987/1988	1984
低軌道打上げ能力[t]	0.77	1.8	1.0	10.0	6.0	6.8	12.5	17.7	25.0	9.5	18.0	21.0	100.0/30.0	5.0
静止軌道打上げ能力[t]				2.0	0.9	1.5	2.2	4.5	2.3	2.2	3.4	2.2	18.0	0.65
発射時質量[t]	61	128	88	264	231.8	187.2	680	866.6	2 041	470	725	770	2 000	202
	日本	日本	日本	日本	米国	米国	米国	米国	米国	欧州	欧州	ロシア	ロシア	中国

図 1.6　日本と世界の主要なロケット (NASDA 提供)

(ISAS),現在の**宇宙航空研究開発機構**(JAXA)[1]宇宙科学研究本部に引き継がれ,一貫して宇宙科学研究を目的とした固体ロケットの開発が行われ,宇宙科学研究の分野においてすぐれた成果を上げている.一方,通信衛星,放送衛星,気象衛星のような宇宙の実利用分野のためのロケットは,**宇宙開発事業団**(NASDA),現在のJAXAが担当し,N-Ⅰ,N-Ⅱ,H-Ⅰ,H-Ⅱの大型液体ロケットが開発され,日本における情報通信産業等の発展に貢献している.

図1.5に,1994年2月4日に打ち上げに成功したH-Ⅱロケット1号機の打ち上げの模様を示す.また,図1.6に,世界の主要なロケットを示す.

1.3 宇宙機の歩み

1957年10月4日,世界初の人工衛星スプートニク1号が,旧ソ連によって打ち上げられた.この人工衛星は,質量83.6kg,直径58cmのアルミニウム製の球体で,軌道上の大気密度,温度を測定する計測器を積んでいた.軌道の近地点高度227km,遠地点高度941km,地球を1周する周期は96分であっ

表1.1 宇宙開発の歩み

年 月 日	国 名	宇宙開発上の出来事
1957.10.4	旧 ソ 連	世界初の人工衛星スプートニク1号が打ち上げられた
1959.1.29	旧 ソ 連	月探査機ルナ1号が,世界ではじめて,太陽軌道を回る人工惑星となった
1961.4.12	旧 ソ 連	ガガーリンを乗せた世界初の周回宇宙船ボストーク1号が打ち上げられ,地球を1周後帰還した
1965.3.18	旧 ソ 連	2人乗りの宇宙船ボストーク2号が打ち上げられ,世界ではじめて,レオーノフが宇宙遊泳に成功した
1969.7.16	ア メ リ カ	3人の宇宙飛行士を乗せたアポロ11号宇宙船が,サターンⅤ型ロケットにより打ち上げられた.アームストロングとオルドリンが,世界ではじめて月面におり,月面活動を行った(7.20~21)
1971.4.19	旧 ソ 連	世界初の宇宙ステーションとして質量17tのサリュート1号(無人)が打ち上げられ,4日後,3人乗りの宇宙船ソユーズ10号とドッキングした
1981.4.12	ア メ リ カ	世界初の再使用・往還型の宇宙船スペースシャトルコロンビア号が2人を乗せて打ち上げられ,4月14日帰還した

---

[1] 2003年10月1日から宇宙科学研究所(ISAS),宇宙開発事業団(NASDA)および航空宇宙技術研究所(NAL)は宇宙航空研究開発機構(JAXA)に統合された.

た．これ以後，旧ソ連とアメリカ合衆国は，激しい宇宙開発競争を繰り広げた．その後，世界の情勢が変わり，競争の時代は終わって国際的な協調の時代となり，今日の宇宙時代に至っている．

なお，日本初の人工衛星「おおすみ」は，1970年2月11日，東京大学宇宙航空研究所のラムダ4S型5号固体ロケットにより打ち上げられた．

人工衛星と宇宙船の歩みを中心とした宇宙開発の歩みを年代順にまとめて，表1.1に示す．

2. 大気および宇宙環境

　航空機は，空気の作用により揚力を得ており，また，空気中の酸素を用いて燃料を燃焼させて推力を得るから，空気がない高度では飛べない．ロケットは，空気のない宇宙空間を飛行できるけれども，地上から宇宙へ往くとき，宇宙から地上へ帰還するとき，空気の層をくぐらなければならない．したがって，地球のまわりの空気の性質を知ることは，航空宇宙工学の出発点である．一方，空気がほとんどない宇宙とは，どんな環境なのだろうか．宇宙機のことを考えるとき，宇宙環境のことを知ることはきわめて重要である．この章では，以上のような航空宇宙工学の視点から，大気と宇宙環境について述べる．

2.1 標　準　大　気

　大気とは，一般には，惑星をつつむ気体状の物質を意味するが，通常は，地球をつつむ気体を意味する言葉として用いられる．一方，**空気**とは，地球の大気と同一の気体成分から構成される気体を意味している．

　空気中を運動する物体は，周囲の空気の作用により，いわゆる空気力を受ける．この空気力の大きさの一つの目安として**動圧**がある．動圧 q は，次式によって与えられる．

$$q = \frac{1}{2} \rho V^2 \tag{2.1}$$

ここで，ρ は空気密度であり，V は物体の対気速度である．一般に飛行機やロケットが空気中を運動するときに受ける空気力は動圧に比例する．したがって，空気力を評価するためには，空気密度 ρ を含めて，空気の性質を正しく知っていなければならない．

　空気の組成は，体積比率で酸素が 21% 弱，窒素が約 78%，合計約 99% になり，残りの 1% 強が二酸化炭素，アルゴンなどのいわゆる希ガスなどである．大気中の成分の比率は，海面上 100 km ぐらいまでは顕著な変化はなく，この範囲を**均質圏**ともいう．しかし，大気の成分の比率は変わらなくても，空気密

度，気温および気圧は地球上の場所によって異なり，とりわけ，高さに対していちじるしく変化する．そこで，航空機の性能計算や設計時の空力荷重計算のために，大気の基準を定めておく必要がある．このような理由から，**標準大気**が定められている．標準大気は，気圧，温度ならびに密度の高さ方向の変化を定めたもので，高度の検定，航空機の設計，性能計算のために使用される基準となる大気である．標準大気は，国際的に協定されており，それらは**国際民間航空機関標準大気**あるいは，**国際標準大気**である．各国において使用される単

表 2.1 標準大気の海面上での物理量

	国際単位（SI）	英国制単位
気圧 P_0	1.013250×10^5 Pa	2 116.22 lbf/ft^2
温度 T_0	288.15 K 15.0℃	518.67°R 59.0°F
密度 ρ_0	1.22500 kg/m^3	0.067474 lb/ft^3
動粘性係数 ν_0	1.4607×10^{-5} m^2/s	1.5723×10^{-4} ft^2/s^2
音速 a_0	340.294 m/s	1 116.45 ft/s
重力の加速度 g_0	9.80665 m/s^2	32.1741 ft/s^2

表 2.2 標準大気

高度 Z [m]	温度 t [℃]	気圧 P [hPa]	気圧比 P/P_0	密度 ρ [kg/m^3]	密度比 ρ/ρ_0	動粘性係数 ν [m^2/s]	音速 a [m/s]
0	15.000	1.01325×10^3	1.00000	1.22500	1.00000	1.4607×10^{-5}	340.294
1 000	8.501	8.98763×10^2	8.87010×10^{-1}	1.11166	9.07477×10^{-1}	1.5813×10^{-5}	336.435
2 000	2.004	7.95014×10^2	7.84618×10^{-1}	1.00655	8.21676×10^{-1}	1.7147×10^{-5}	332.532
3 000	$-$ 4.491	7.01212×10^2	6.92042×10^{-1}	9.09254×10^{-1}	7.42248×10^{-1}	1.8628×10^{-5}	328.584
4 000	$-$10.984	6.16604×10^2	6.08541×10^{-1}	8.19347×10^{-1}	6.68854×10^{-1}	2.0275×10^{-5}	324.589
5 000	$-$17.474	5.40483×10^2	5.33415×10^{-1}	7.36429×10^{-1}	6.01166×10^{-1}	2.2100×10^{-5}	320.545
6 000	$-$23.963	4.72176×10^2	4.66002×10^{-1}	6.60111×10^{-1}	5.38866×10^{-1}	2.4162×10^{-5}	316.452
7 000	$-$30.450	4.11053×10^2	4.05677×10^{-1}	5.90018×10^{-1}	4.81648×10^{-1}	2.6461×10^{-5}	312.306
8 000	$-$36.935	3.56516×10^2	3.51854×10^{-1}	5.25786×10^{-1}	4.29213×10^{-1}	2.9044×10^{-5}	308.105
9 000	$-$43.417	3.08007×10^2	3.03979×10^{-1}	4.67063×10^{-1}	3.81276×10^{-1}	3.1957×10^{-5}	303.848
10 000	$-$49.898	2.64999×10^2	2.61533×10^{-1}	4.13510×10^{-1}	3.37559×10^{-1}	3.5251×10^{-5}	299.532
15 000	$-$56.500	1.21118×10^2	1.19534×10^{-1}	1.94755×10^{-1}	1.58983×10^{-1}	7.2995×10^{-5}	295.069
20 000	$-$56.500	5.52929×10^1	5.45699×10^{-2}	8.89097×10^{-2}	7.25793×10^{-2}	1.5989×10^{-4}	295.069
25 000	$-$51.598	2.54921×10^1	2.51588×10^{-2}	4.00837×10^{-2}	3.27214×10^{-2}	3.6135×10^{-4}	298.389
30 000	$-$46.641	1.19703×10^1	1.18137×10^{-2}	1.84101×10^{-2}	1.50286×10^{-2}	8.0134×10^{-4}	301.709

位の実情により表現の方法が異なっても，基本的には同一の標準大気が用いられる．標準大気は，空気が乾燥した理想気体であって，海面上では，表 2.1 に示す物理量を有する．また，海面上高度 30 km までの標準大気の物理量を抜粋して表 2.2 に示す．

この節のはじめで，航空機が受ける空気力は動圧に比例することを述べた．たとえば，ある航空機が高度 Z で，水平に対気速度 V_z で飛行している場合を考える．このとき受ける空気力の大きさは，海面上をいくらの速さで飛行している場合に相当するのだろうか．この相当する速さを V_e とすると，次式が成り立つ．

$$\frac{1}{2}\rho_z V_z^2 = \frac{1}{2}\rho_0 V_e^2 \tag{2.2}$$

これより，次式を得る．

$$V_e = V_z \sqrt{\frac{\rho_z}{\rho_0}} \tag{2.3}$$

この V_e は，**等価対気速度**とよばれ，V_z は**真対気速度**とよばれる．たとえば，高度 $Z=10\,000$ m を $V_z=900$ km/h で飛行している航空機は，海面上を $V_e=523$ km/h で飛行しているのと等価な空気力を受けていることになる．

2.2 高層大気圏

大気の温度（気温），密度，圧力など，大気の状態を表す物理量は，鉛直方向に激しく変化するので，大気を鉛直方向にいくつかの層に分類する．この分

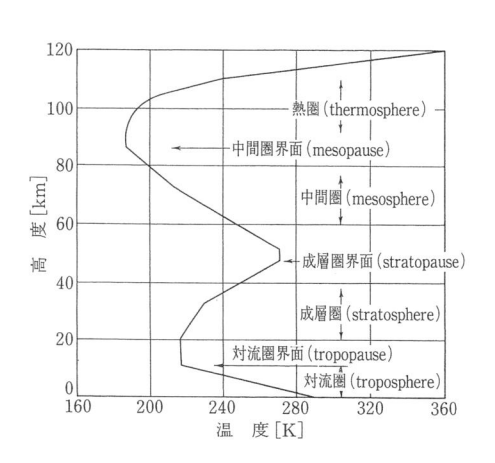

図 2.1 大気の温度分布と大気の名称（国立天文台編，理科年表，丸善，1997）

12　2. 大気および宇宙環境

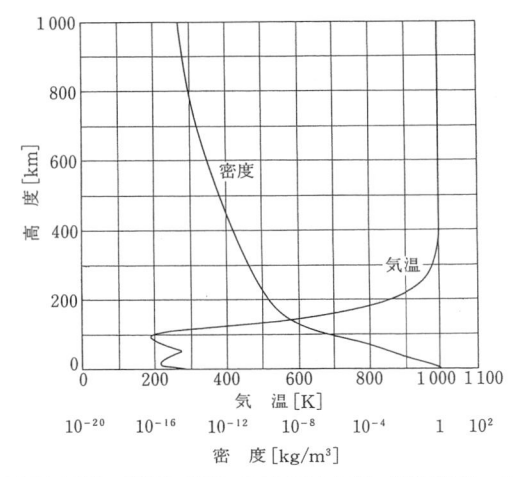

図 2.2　高層大気層の気温と密度（国立天文台編，理科年表，丸善，1997）

類も，大気のどの物理量に着目するかで異なるが，ふつう，温度の鉛直方向の分布に基づく分類がよく使われている．高度 120 km までの大気の温度の分布を図 2.1 に，高度 1 000 km までの気温と密度の分布を図 2.2 に示す．これらの図に示されているように，大気圏は，高さによって下から上へ，対流圏，成層圏，中間圏，熱圏，外気圏の五つに区分される．次に，それぞれの圏について，簡単に説明する．

（1）対　流　圏

平均して約 11 km の厚さをもつ，大気の最下層である．高度が増すにつれて温度が低下し，そのため，圏内の空気が上下によくかき混ぜられている．目に見える気象現象のほとんどすべては，この対流圏で起こっている．

航空機の運行を安全に，能率的に，しかも定時的に行うためには，気象情報を正しく把握しておかなければならない．また，大気環境と航空機の乗員の関係についていえば，高度 2 400 m 以上では乗員に酸素装置を使用したほうがよく，6 000 m 以上では与圧装置の使用が必要である．一般に高空では，酸素分圧と気圧が低くなり，乗員が不快になったり，さらには死に至る．したがって，民間旅客機では，室内高度を 2 400 m 以下〔すなわち室内圧力を $0.746\,P_0$ （P_0：海面上の気圧）以上〕に保つことが定められている．

（2）成　層　圏

対流圏の上にあり，高度が約 11 km から約 50 km までで，温度が高度とと

もに上昇している大気圏である．この圏内では，いわゆる雲はほとんどないが，成層圏の下部では，飛行の安全上問題となる空気の乱れである**晴天乱気流**が存在する．

　長距離国際線の旅客機は，通常，10 000 m（30 000 ft）近くの高度（B 747 の運用高度限界は 13 750 m）を飛行する．ジェットエンジンを推進機関とする航空機の最高到達高度は，28 000 m 程度であり，したがって，いわゆる航空機の飛行領域は，せいぜい成層圏の下部の高度 30 km 以下の大気層に限られる．実際，空気の 98% が，高度 32 km 以下にある．なお，**ジェット気流**とよばれるものは，中緯度（30〜50 度）の対流圏上部あるいは成層圏下部に存在する，非常に強い西風の帯をいう．

（3）中　間　圏

　成層圏界面の高度約 50 km から温度が再び高度とともに低下し，高度約 80〜90 km で極小となる．この大気層を中間圏という．中間圏の上限高度 80〜90 km までは，乾燥空気の化学成分，すなわち，窒素，酸素等の割合は，高度によらず一定で，空気の平均分子量は 28.96 である．

（4）熱　　　圏

　中間圏界面の高度約 90 km から，希薄な大気の温度は急激に上昇するので，この大気層を熱圏という．熱圏内の温度は，太陽黒点の多少による変化が大きく，図 2.2 の温度はあくまで平均的なものである．熱圏の上限は，ふつう 500 km ぐらいと考えられている．なお，ここでいう温度とは，いわゆる温度計で計った温度ではなくて，希薄気体の物理特性としての温度であり，気体分子が有する運動のエネルギーの平方根に比例する物理量と理解される．すなわち，気体分子が活発に運動しているほど，気体分子の温度が高いことを意味している．したがって，熱圏内の宇宙船が，図 2.2 に示される温度にさらされるのではない．

　熱圏内の高度 100 km くらいから上の大気層には電子がたくさんあり，この電離状態にある大気層を**電離層**という．

（5）外　気　圏

　熱圏の上に外気圏がある．外気圏では，分子や原子が他の分子や原子と衝突することはきわめてまれである．中には，速度が速くて，地球の引力を振り切って大気圏外へ脱出する分子や原子もある．

　私たちが地上から天空を見るとき，確かに**宇宙**を見ているけれども，どのく

らいの高度から上の空間を宇宙空間とよべるのだろうか．図2.2からわかるように，高度80〜90 kmの中間圏界面を境にして，温度特性が急に変わっており，したがって，温度特性に着目すれば中間圏界面あたりから宇宙がはじまるとも考えられる．一方，大気密度のほうから考えると，宇宙船や小天体が地球の大気の影響をはっきりと受けるのは，高度150 km以下である．大気の影響は，空気抵抗として現れ，人工衛星や宇宙船の速度を減少させる．速度の減少は高度の低下となり，ついには落下にいたる．宇宙船や小天体が，高速で，宇宙空間から高度150 km以下の大気層に突入すると，大気との摩擦により激しく加熱される．この加熱は**空力加熱**とよばれ，宇宙往還機の設計において考慮しなければならない最も重要な熱負荷である．このような，いわゆる宇宙空間から大気圏への突入を，**再突入**あるいは**大気突入**という．天体小片の大気突入時の発光は，流星として見ることができ，高度100 kmぐらいで生じる現象である．航空宇宙工学の立場からは，この大気突入を考慮して，高度100 kmあたりを宇宙と大気圏との境界と考えることもできる．

宇宙機が大気の影響をあまり受けないで地球のまわりを周回する高度は，200 km以上であり，高度200〜900 kmの地球周回軌道は**低高度軌道**（LEO）とよばれ，人工衛星や宇宙船の軌道としてよく利用されている．高度1 000 km以上の**高高度軌道**（HEO）になると，人工衛星や宇宙船の航行に対する大気の影響は，実用上まったくないと考えてよい．

2.3 宇宙環境

人工衛星や宇宙船の設計においては，宇宙特有の環境条件を正しく評価しておかなければならない．宇宙空間は，真空，放射線，厳しい熱負荷，流星物質，宇宙破片などが複合した，地上とはまったく異なる空間である．また，宇宙空間の実利用の立場からは，宇宙は，微小重力と高い位置という，地上では実現しにくい環境を人類に提供している．以下に，これら宇宙特有の環境について，宇宙工学の立場から述べる．

（1）真空

地上では1.01×10^5 Paの大気圧は，高度200 kmでは8.47×10^{-5} Pa，高度500 kmでは3.02×10^{-7} Pa，高度1 000 kmでは7.51×10^{-9} Paとなる．このような高真空環境では，材料の蒸発やガス放出が生じ，材料の質量減少のみならず，各種の部品の性能劣化が生じる．また，材料表面のガス吸着層が消失し，

2.3 宇宙環境

接触面の摩擦が増大し，場合によっては，接触面での固着が生じる．

(2) 放射線

地球近傍の宇宙空間には，地球磁気圏にとらえられている放射線の帯があり，これは**ヴァンアレン帯**とよばれている．その外側には，**太陽風**による放射線や**銀河宇宙線**がある．このように，宇宙は，地上に比べて厳しい放射線環境である．これら各種の放射線は，電子部品の性能を低下させたり，宇宙機の構造材料に損傷を与えるので，宇宙機の設計においては，耐放射線設計が必要となる．

(3) 熱負荷

宇宙空間での熱移動は輻射のみで生じ，熱源は太陽輻射である．地球近傍の宇宙空間では，約 $1.4 \mathrm{kW/m^2}$ の太陽輻射がある．人工衛星や宇宙船の太陽側と陰の側とでは $+120℃ \sim -150℃$ と大きな温度差が生じるので，温度差が許容値以内に収まるよう必要に応じて温度制御をする必要がある．また，人工衛星や宇宙船が地球の陰の空間に入ったり，そこから出たりするときには，急激な温度変化を受けるので，耐熱設計が必要である．

(4) 流星物体とスペースデブリ

宇宙空間に漂う固体粒子を**流星物体**といい，一般に，分子より大きく小惑星より小さいものをさす．この中で特に大きさが数百 nm 程度以下の微粒子は，**宇宙塵**とよばれる．

一方，人類の宇宙開発の結果として，宇宙空間に無価値な人工物質がたくさん存在するようになり，これらを総称して，**宇宙破片**あるいは**スペースデブリ**とよぶ．スペースデブリは，ロケット，人工衛星，宇宙船などの運用上の廃棄物，ミッション終了後の宇宙機器，事故によって生じた宇宙機器の破片，塗料片，各種の排出物質などからなる．現在では，自然物体である流星物質よりも人工のスペースデブリのほうが，宇宙開発にとって危険なものとなっており，宇宙ステーションの開発・設計においては，耐スペースデブリ設計が，重要な課題となっている．

(5) 微小重力

宇宙空間は，無重力空間ではないが，地球周回軌道上の宇宙船の質量中心では，重力と遠心力がつりあって，**無重量状態**が実現される．地球表面での重力に比べればほとんど無重量状態と考えられるが，実際上は，種々の条件から，完全な無重量状態は実現されず，$10^{-3} \sim 10^{-11} g_0$（$g_0 = 9.80665 \mathrm{m/s^2}$：標準重力加速度）程度の微小重力の状態となる．

無重量状態では，地上では生じない特異な物理現象，たとえば，無対流，無浮力，無沈降，無静圧，非接触浮遊などが生じる（11.6(4)参照）．このような特異な物理条件を利用して新しい材料の開発と製造が考えられている．この種の宇宙の特異な環境を利用して新しい産業を展開する技術を，**宇宙環境利用**技術という．

　なお，宇宙船内の無重量状態が人体へ及ぼす影響としては，筋肉の萎縮や骨のカルシウムの減少などが知られている．

（6）高い位置

　宇宙空間では，少なくとも地上より 100 km 以上の高さであり，空気もほとんどないから，きわめて良好な視界が得られる．この良好な視界を利用しているのが，気象衛星，放送衛星，地球資源衛星，海洋観測衛星などである．一方，外宇宙の良好な視界を利用しているのが，宇宙望遠鏡や各種の宇宙探査機である．

3. 航空機の形態

　航空機やロケットは，人類が創造した**人工物**の中でも，もっとも技術的に高度なものであり，多数の構成要素からなるすぐれた工学システムである．航空機の飛行を支える基礎的な学理と技術を述べる前に，航空機の全体像を正しく理解しておく必要がある．この章では，航空機の分類，構成，形状などについて述べる．

3.1 航空機の分類

　空気中を飛行する人工物体の呼び名や分類に，厳密なものはないが，ここでは，**アメリカ連邦航空局（FAA）**の定義に準拠した呼び名と分類に従うことにする．FAAによると，**航空機**とは，空気中を飛行するために用いられる人工物を意味する．

　航空機が空中に浮かぶためには，重力に等しく方向が反対の力を得なければならないが，この浮く力を，空気の存在に依存している航空機とそうでないものに分ける．空気の存在に依存して浮く力を得る方法は，二つある．一つは，空気の静力学すなわち，浮力の原理（アルキメデスの原理）による**浮力**を利用する方法であり，この方法で浮く航空機を**軽航空機**という．軽航空機の代表例は，**気球**と**飛行船**である．もう一つは，空気の動的な圧力により得られる**揚力**を利用する方法であり，この方法で浮く航空機を**重航空機**という．重航空機は**固定翼航空機**と**回転翼航空機**に分けられる．固定翼航空機は，**飛行機**と**滑空機**に分けられる．回転翼航空機の代表例は，**ヘリコプタ**である．

　空気の存在に依存しないで浮く力を得る方法として唯一有効なものは，**ロケットエンジン**の推力を用いる方法である．ロケットエンジンの推力によって空中を飛ぶ航空機を**ロケット**という．ロケットの代表例としては，**観測ロケット**，**弾道ミサイル**などがある．人工衛星や宇宙船を宇宙へ打ち上げるロケットは，**打上げロケット**（打上げ機ともいう）とよばれる．航空機の分類をまとめて図3.1に示す．なお，ロケットは，ロケットエンジンの種類によって，図3.2に

18 3. 航空機の形態

```
航空機 ─┬─ ロケット ─┬─ 打上げロケット
        │             ├─ 観測ロケット
        │             └─ 弾道ミサイル
        ├─ 軽航空機 ─┬─ 気球
        │             └─ 飛行船
        └─ 重航空機 ─┬─ 固定翼航空機 ─┬─ 飛行機
                      │                  └─ 滑空機
                      └─ 回転翼航空機 ─── ヘリコプタ
```

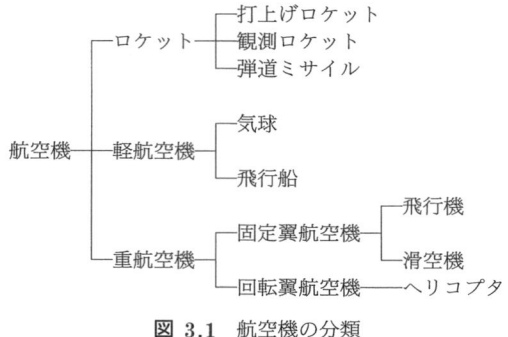

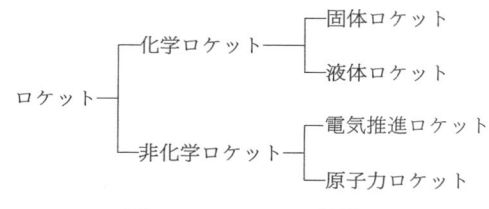

図 3.1 航空機の分類

```
ロケット ─┬─ 化学ロケット ─┬─ 固体ロケット
          │                  └─ 液体ロケット
          └─ 非化学ロケット ─┬─ 電気推進ロケット
                              └─ 原子力ロケット
```

図 3.2 ロケットの種類

示すような種類に分けられる．

宇宙空間を飛行する人工物は，**宇宙機**とよばれる．宇宙機には，地球の重力圏を飛行する人工衛星，宇宙船，宇宙ステーションなどと，地球の重力圏を離脱し，惑星空間を飛行する人工惑星，**惑星探査機**，惑星間宇宙船などがある．

航空機でもあり宇宙機でもあるものとしては，宇宙往還機や現在研究中の**宇宙航空機**などがある．航空宇宙関連技術の進歩とりわけ宇宙開発の進展の結果，従来の航空機という言葉が，必ずしも適切な表現でない場合も多く生じるようになってきた．そこで，航空機と宇宙機を含むより一般的な言葉として，**飛行体**という言葉が用いられることが多くなっている．

3.2 飛行機の構成

現在実用されている航空機の大部分は，飛行機である．飛行機は，主翼，胴体，尾翼，推進装置，降着装置などから構成されている．次に，これらの構成要素を簡単に説明するとともに，各構成要素に関係する代表的な形状と配置について述べる．

（1）主　　翼

空気の動的な圧力を利用して揚力を発生させる平板状の装置であり，飛行機の構成要素の中で最も重要な装置である．単に，翼ともいう．揚力を効率よく発生させることができるかどうかは，主として，**主翼の断面形状（翼型）**に関係している．主翼は，固定された**揚力面**と，**可動のフラップ，スラット，補助翼，スポイラ**などから構成されている．主翼の外的形状は，主翼面積，アスペクト比，テーパ比，後退角，翼厚比，上反角，取付角，ねじりなどで表される．図 3.3 に，代表的な主翼の平面形を，図 3.4 に，主翼の数による飛行機の分類

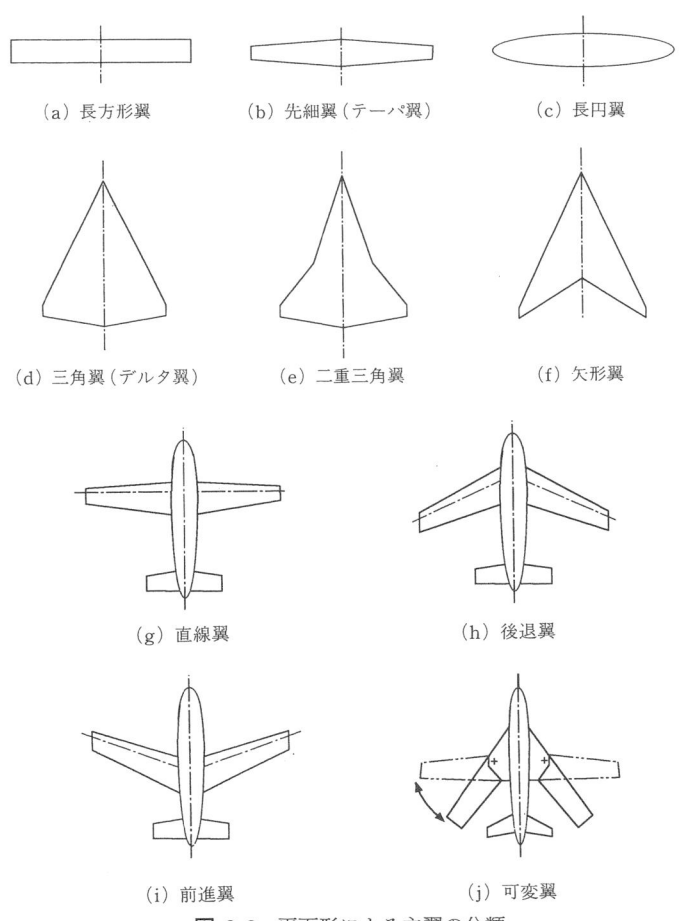

(a) 長方形翼　　(b) 先細翼（テーパ翼）　　(c) 長円翼

(d) 三角翼（デルタ翼）　　(e) 二重三角翼　　(f) 矢形翼

(g) 直線翼　　(h) 後退翼

(i) 前進翼　　(j) 可変翼

図 3.3　平面形による主翼の分類

20　3. 航空機の形態

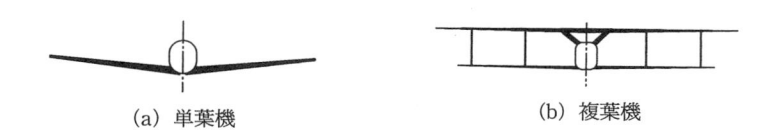

(a) 単葉機　　　　　　　　(b) 複葉機

図 3.4　主翼の数による飛行機の分類

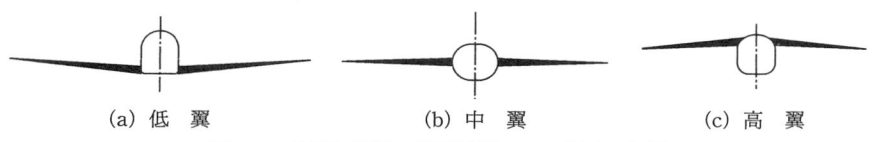

(a) 低　翼　　　　(b) 中　翼　　　　(c) 高　翼

図 3.5　主翼と胴体の相対関係による主翼の分類

を示す．図3.5に，主翼と胴体の相対関係による主翼の分類を示す．

（2） 胴　　体

胴体は，乗員とペイロードを空間的に効率よく収納する部分であり，また，主翼，尾翼，推進装置，降着装置などを機体として一体化する役目も果たす．通常は，細長い流線形の前部と後部とからなる円筒状の構造である．ペイロードとは，飛行機の飛行目的を達成するために必要な積載物であって，旅客機では，乗員，荷物，郵便物などが**ペイロード**とよばれる．胴体は，さらに，前胴部，中央部，後胴部に分けられる．図3.6に，胴体の形状による飛行機の分類

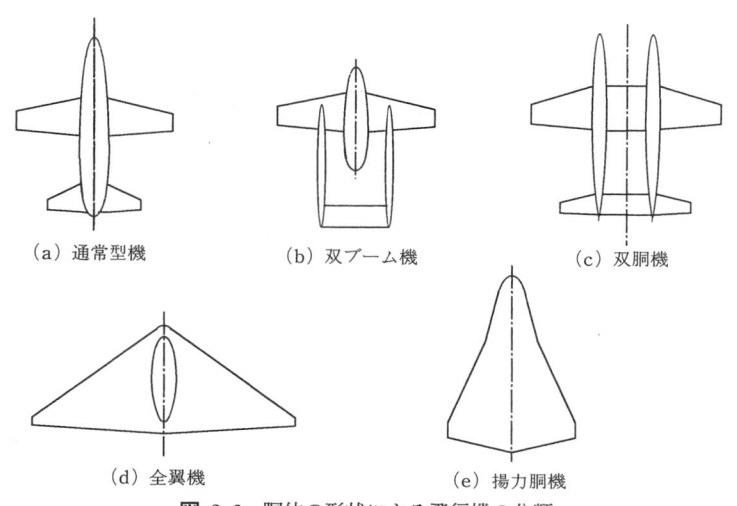

(a) 通常型機　　　　(b) 双ブーム機　　　　(c) 双胴機

(d) 全翼機　　　　　(e) 揚力胴機

図 3.6　胴体の形状による飛行機の分類

を示す．

(3) 尾　翼

尾翼は，通常，**水平尾翼**と**垂直尾翼**とから構成されている．水平尾翼は，固定された**水平安定板**と可動の**昇降舵**とからなる．垂直尾翼は，固定された**垂直安定板**と可動の**方向舵**とからなる．尾翼の基本構成からわかるように，尾翼は，飛行機の安定性と操縦性を確保するための重要な装置である．図3.7に代表的な尾翼の形態を示し，主翼と尾翼の配置の方式による飛行機の分類を図3.8に示す．

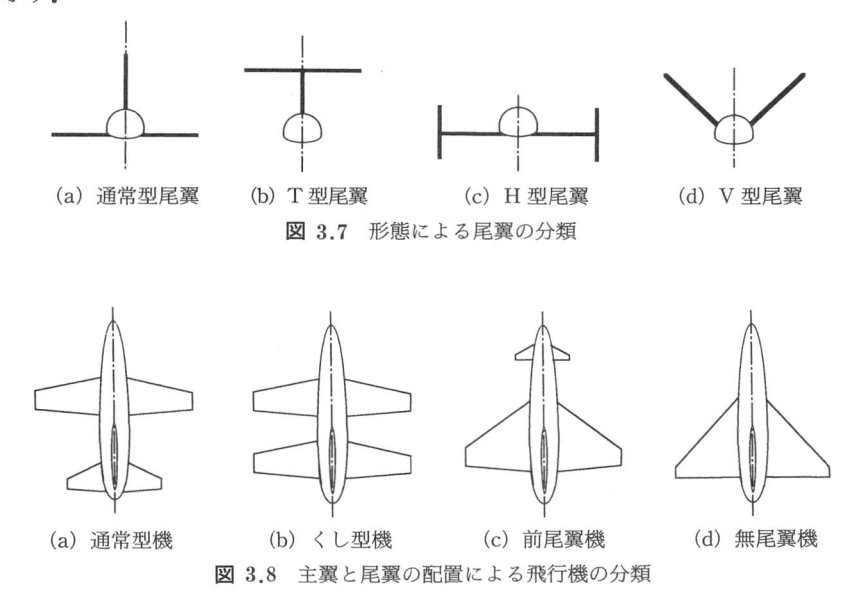

(a) 通常型尾翼　　(b) T型尾翼　　(c) H型尾翼　　(d) V型尾翼

図3.7　形態による尾翼の分類

(a) 通常型機　　(b) くし型機　　(c) 前尾翼機　　(d) 無尾翼機

図3.8　主翼と尾翼の配置による飛行機の分類

(4) 推進装置

飛行機の飛行に必要な推力を発生する装置を推進装置という．推進装置は，エンジンを主体として，これを支える燃料タンク，配管系統，潤滑油系統，冷却系統などからなる．

推進方式は，プロペラ推進，ジェット推進，ロケット推進の三つの方式がある．飛行機は，推進方式の種類により，プロペラ機，ジェット機，ロケット機（あるいは，単にロケット）に区別してよばれることがある．また，推力の着力点が機体重心より前方にある推進方式を**牽引式**，後方にあるものを**推進式**という．

22　3. 航空機の形態

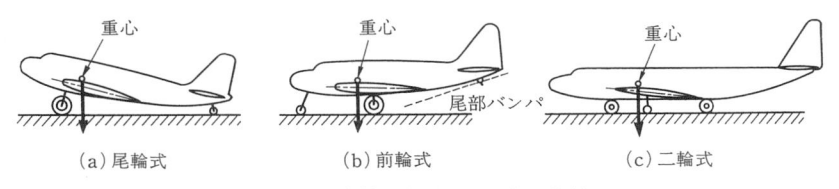

図 3.9　車輪の配置による脚の分類

(5) 降着装置

　飛行機が離陸ならびに着陸するときに用いる装置であり，陸上機の場合，単に**脚**とよばれる．離陸時の脚の役目は，機体と地上との摩擦をできるだけ低減することであり，着陸時の役目は，着陸時の激しい衝撃をやわらげて，機体を破損から守ることである．着陸時の衝撃は，車輪のタイヤと脚柱のオレオ緩衝装置に吸収される．降着装置は，空中を飛行中は有害無益なものであるが，飛行機の運用上は必須の装置である．陸上機の脚には，**尾輪式**，**前輪式**（**三輪式**ともいう），**二輪式**がある．これら，脚の主要形式を図 3.9 に示す．前輪式が，最も着陸しやすく，大部分の飛行機でこの方式が採用されている．

(6) その他の装置および装備

　以上述べた主要な装置は，飛行機の外形として目につく装置であるが，胴体あるいは主翼に内蔵されて外部から見えないけれども，飛行機の飛行にとってきわめて重要な装置と装備が多くある．それらは，操縦装置，油圧および空気圧系統，自動飛行制御装置，通信および航法装備，各種の計器装備，保安装備，空調および与圧系統，居住装備などである．とりわけ，通信・航法・計測・制御関係の電気・電子系統は，飛行機の価格の 30% 以上を占める重要な構成要素となっている．

　飛行機は，以上説明した多数の要素から構成される工学システムであり，全体としてのバランスが保たれていなければならない．大型ジェット旅客機の全体構成を図 3.10 に，各部分の名称を図 3.11 に示す．

　なお，飛行機を運用する立場からは，飛行機の安全な飛行を支援する各種の地上施設ならびに体制，すなわち空港施設，航空交通管制施設，機体の整備体制，運行乗務員の教育・訓練体制などを含めた全体としてのシステムが整備されなければならない．

3.2 飛行機の構成　23

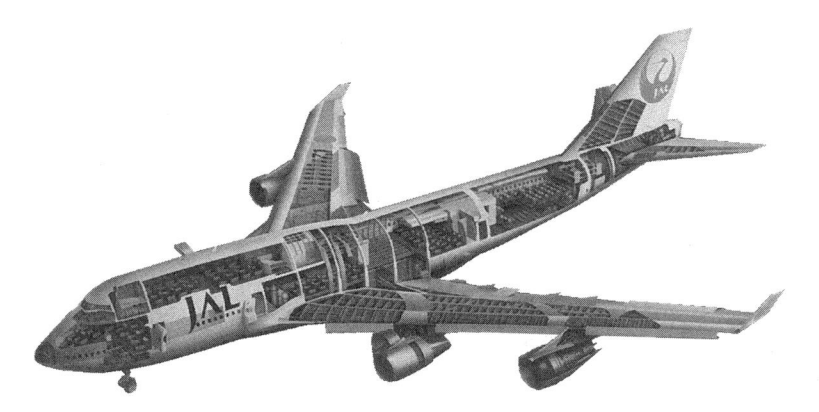

図 3.10 大型ジェット旅客機（Boeing 747-400）の全体構成（JAL 提供）

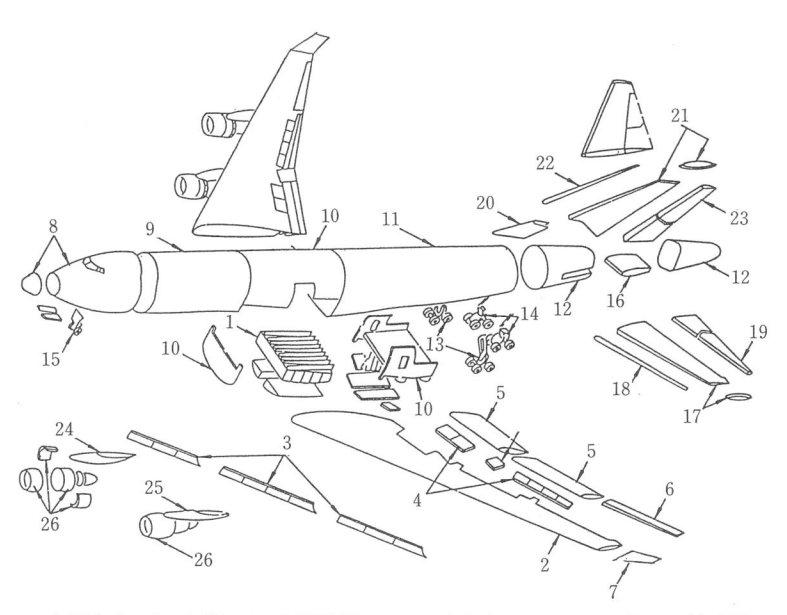

1：主翼中央，2：主翼，3：主翼前縁，4：スポイラ，5：フラップ，6：補助翼，7：翼端板，8：頭部胴体，9：前部胴体，10：中央部胴体，11：後部胴体，12：尾部胴体，13：外側主脚，14：内側主脚，15：前脚，16：水平安定板中央，17：水平安定板，18：水平安定板前縁，19：昇降舵，20：垂直安定板整形背びれ，21：垂直安定板，22：垂直安定板前縁，23：方向舵，24：内側パイロン，25：外側パイロン，26：エンジンポッド

図 3.11 大型ジェット旅客機の各部名称（JAL 技術資料より）

3.3 ロケットの構成

現在用いられている大型打上げロケットの大部分は，**液体ロケット**である．たとえば，人工衛星を打上げることを任務とする液体ロケットは，基本的に，フェアリング，液体プロペラント，ロケットエンジン，誘導・制御装置，構体などから構成される．次に，各構成要素を説明する．

（1） フェアリング

ロケット頭部の外殻を**フェアリング**といい，普通，円錐状の殻と円筒状の殻から構成されている．内部に，打上げるペイロード，たとえば人工衛星を収納する．フェアリングは，ロケットが大気中を高速で突き抜ける間，風圧，空力加熱，ロケットエンジンの激しい音圧からペイロードを保護する装置である．図 3.12 に，H-II ロケットの代表的なフェアリングの形状とペイロードの収納状況を示す．ロケットの高度が 100 km 以上に達し，大気がきわめて薄くなると，フェアリングは不要となり，分離される．

（2） 液体プロペラント

液体プロペラント（推進剤）は燃料と酸化剤とからなる．燃料と酸化剤は，それぞれ，燃料タンク，酸化剤タンクに収納される（図 5.25 参照）．大型の液体ロケットでは，発射時の質量の 90% 以上が推進剤で占められる．

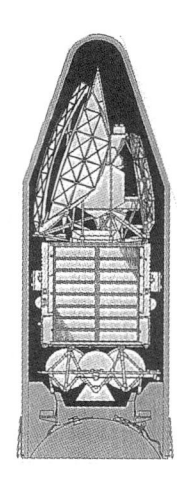

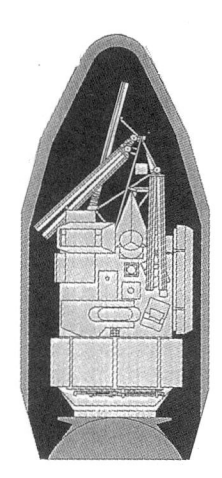

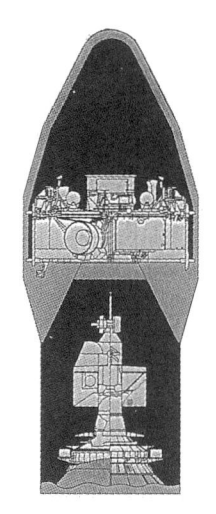

図 3.12 フェアリングの形状とペイロードの収納状況（NASDA 提供）

3.3 ロケットの構成　**25**

（3） ロケットエンジン

プロペラント供給ポンプ，プロペラント噴射装置，燃焼室，ノズル，冷却装置などからなる（図 5.25 参照）．

（4） 誘導・制御装置

誘導装置は，ロケットの頭脳であって，ロケットの実際の飛行状態を正しく計測し，目標とする飛行経路との差を誘導信号として制御装置へ送る．制御装置は，誘導信号にしたがって，目標とする飛行経路に沿ってロケットを安定に飛行させる装置である．ロケットの制御力は，普通，ロケット推力の方向を変えることによって得られる．

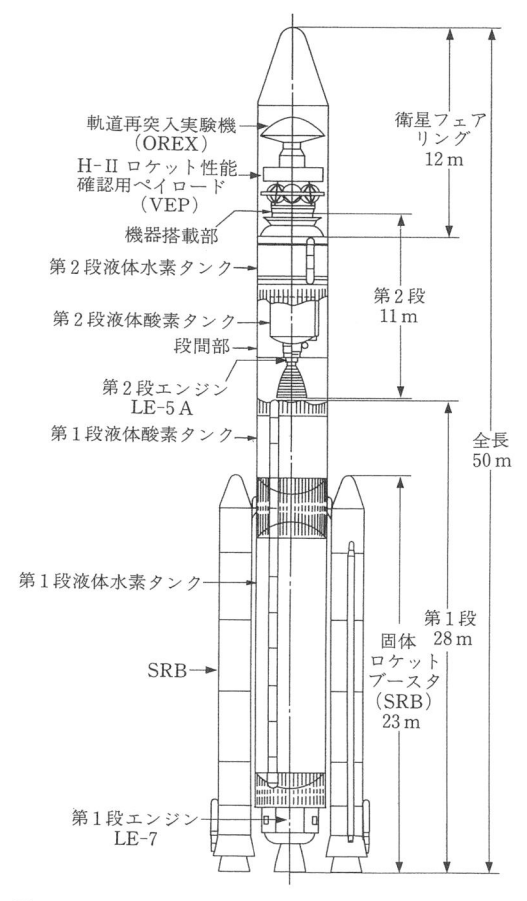

図 3.13　H-IIロケットの基本構成例（NASDA 提供）

（5）構　体

フェアリング，燃料タンク，酸化剤タンク，ロケットエンジン，誘導・制御装置などを一体とする役目をもつ構造物を**構体**とよぶ．打上げロケットのほとんどは多段式であり，この場合は，段間部と分離機構が必要となる．

液体ロケットに比べて，**固体ロケット**は，構造がきわめて簡単であり，取扱いも比較的容易で価格も安いなどの長所があり，打上げロケットの補助ロケットとして併用されることが多い．図3.13に，2段式のH-Ⅱロケット1号機の基本構成例を示す．ロケットの打上げには，ロケット本体はもちろんであるが，射場と追跡管制局などの地上施設が必要である．

3.4　宇宙機の構成

宇宙船や人工衛星の構成については，これらの宇宙機が現在も技術的に発展段階にあること，とりわけ，ミッションが多様であることから，標準的な構成は確立されていない．ミッションとは，飛行体に課せられた任務であって，軍用機と宇宙機の分野でよく用いられる言葉である．人工衛星は，目的とするミッションによって，気象衛星，通信衛星，放送衛星，海洋観測衛星，資源探査衛星などに分類される．宇宙機の大部分は人工衛星であるから，この節では，人工衛星の基本的な構成について述べる．

人工衛星は，大きく分けて，**ミッション機器部**と**バス部**からなる．ミッション機器部は，その人工衛星の任務・目的を遂行するための機器に関連するシステム部である．たとえば，宇宙天文台衛星では望遠鏡とその関連機器とからなるシステム部，放送衛星では放送のための電波の送受信アンテナとその関連機器からなるシステム部が，ミッション機器部となる．

バス部は，人工衛星に共通な基本構成要素の集合体であって，電源系，通信系，テレメトリ・コマンド系，姿勢・軌道制御系，推力系，熱制御系，構体系などから構成される．次に，**バス部**の構成要素を簡単に説明する．

（1）電　源　系

人工衛星内のすべての構成要素に電力を供給するシステムである．ほとんどすべての人工衛星は**太陽電池**によって発電しており，太陽電池セルの集合体は，**太陽電池板**あるいは**太陽電池パドル**として，人工衛星の外形を特徴づけている．

（2） 通　信　系

人工衛星と地上局あるいは他の人工衛星との間の情報の中継をするシステムである．

（3） テレメトリ・コマンド系

人工衛星の健康状態，具体的には，衛星の位置と姿勢，バス部の温度などの物理環境状態，ミッション機器の動作状況などに関する計測データを地上局に送り（テレメトリ＝遠隔計測），それらのデータに基づいて地上局から送られてくる指令（コマンド）を受けて，人工衛星の飛行管理を行うシステムである．

（4） 姿勢・軌道制御系

人工衛星の姿勢や運動に影響を及ぼす宇宙環境要因として，重力傾斜，地磁気，太陽光圧，大気抵抗，微小な流星物質の衝突などがあり，これらにより人工衛星の姿勢や軌道が乱されることがある．一方，人工衛星がミッションを果たすためには，姿勢と軌道が正しく維持されなければならない．このような理由から，人工衛星の姿勢制御と軌道制御を行うシステムが必要である．姿勢制御は人工衛星にとってきわめて重要であり，ミッション要求に応じた姿勢安定装置と乱された姿勢を修正するための**スラスタ**とよばれる複数の微小推力装置を装備する．大部分の人工衛星の寿命は，姿勢制御ができなくなることによって定まる．

（5） 推　力　系

ミッション軌道への移行，軌道変更，軌道維持，地球への帰還などを目的とした推力を発生するシステムである．たとえば，静止軌道などの実用上重要な軌道にあって寿命のつきた人工衛星を，軌道から離脱させることも推力系の重要な役目である．

（6） 熱 制 御 系

打上げ中，軌道航行中，姿勢異常時などにおいて，各種の搭載機器の温度を許容温度範囲内に保つためのシステムである．太陽光反射板，太陽光吸収板，放熱板などを衛星の外部に装着したり，内部においてはヒートパイプを用いるなどして，熱入出力の制御と熱の移動を行うことにより温度管理を行う．

（7） 構　体　系

各種の構成要素をまとめて一体とし，打上げ時を含むミッション中の機械的な負荷に対して，人工衛星の形状を保つための構造システムである．

28   3. 航空機の形態

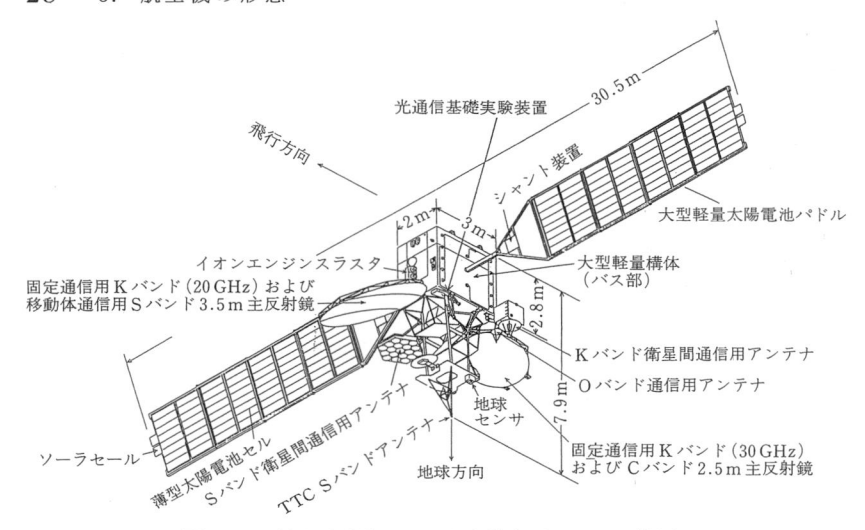

図 3.14 技術試験衛星VIの基本構成（NASDA 提供）

　人工衛星は，以上のような構成要素からなる高度の技術が集約された工学システムである．地上の工学システムや飛行機と比べて重大な相違は，これら宇宙機は，一度宇宙へ運ばれると，故障の修理がきわめて困難なことである．したがって，宇宙機では，きわめて高い信頼性が要求される．人工衛星の例として，宇宙開発事業団の技術試験衛星VI型の構成図を図 3.14 に示す．

　以上は，無人の人工衛星の基本的な構成である．有人の人工衛星あるいは宇宙船の場合は，これらに有人宇宙技術が追加される．**有人宇宙技術**は，工学，医学，生物学などの複合分野であり，現在，研究・開発中の技術である．

4. 揚力と抗力

運動物体が周囲の流体から受ける流体力は，一般に運動を妨げる方向に働く**抗力**（抵抗ともいう）D が主である．しかし，**翼**においては，運動方向に直角の向きの力，すなわち**揚力** L が大部分を占める．飛行の原理はこのような翼の働きで機体の重量を支える点にある．飛行機の空気力学的性能としては**揚抗比** L/D の大きいことが重要である．この章では，翼の揚力と抗力を中心に**空気力**について述べる．

4.1 空気力の概要

（1） 揚力，抗力の原因

運動物体とまわりの流体は，図 4.1 のように物体面（壁）で圧力と摩擦応力を作用し合い，流体力の原因となる．圧力は物体壁の各点において，面素に直角で互いに相手側を押す向きに働く．流体の粘性による摩擦応力は面素に沿う局所流れの方向の接線応力であり，互いに相手側を引きずる向きに働く．流体側から翼や胴体の各点に働く圧力と摩擦応力を揚力と抗力の成分に分け，それぞれを物体の全表面について積分すると，飛行機全体の揚力 L と抗力 D が得られる．

（2） 作用と反作用

翼の揚力は，翼がつくる流れによって上面の圧力が下面より低くなるために

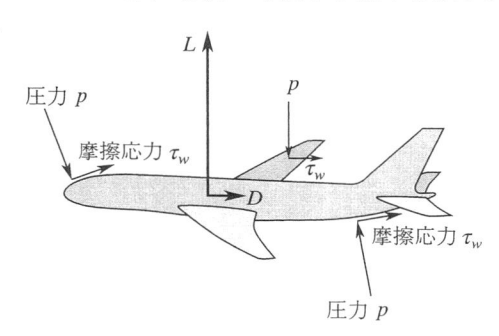

図 4.1　物体面に働く圧力と摩擦応力

生じる．(1)で述べたことから，当然，流体側は大きさの等しい逆向きの力を受ける．日常の経験が示すように，運動物体の背後にはそれを追いかける流れができる．これは，運動物体が流体に力を作用し，**運動量**を与えた証拠である．このように流体に運動量を与え，加速した反作用として，運動物体に流体力が働くと解釈してもよい．揚力と抗力では加速の方向が互いに直交しているので，流体側が単位時間に受け取ったそれぞれの方向の運動量を計算すれば，揚力 L と抗力 D がわかる．

(3) 揚力と誘導抗力

ここでは，ジャンボジェット機に代表される亜音速機（音速以下で飛ぶ低速機）が速度 V で巡航する場合を対象に(2)で述べたことを具体的に示す．ただし，本項では，空気密度 ρ は一定とし，摩擦応力は考慮しない．

さて，飛行機の主翼が背後に誘導する流れ場を単純化し，図 4.2 に示す．翼は空気を下方および進行方向に加速する．その結果，翼の十分後方の空気は，**吹きおろし速度** w_∞ と進行方向の**誘導速度** v_i を得る．加速される空気の質量を翼理論から評価すると，単位時間あたり $\rho V S_b$ となる．ここで S_b は主翼の**翼幅**（翼端間の距離；**スパン**）b を直径とする円の面積 $\pi b^2/4$ である．それゆえ，この空気に与えられた運動量は下向きに $\rho w_\infty V S_b$，進行方向には $\rho v_i V S_b$ であり，(2)で述べたことから，翼に働く揚力 L と抗力 D_i の表式として次式を得る．

$$L = \rho w_\infty V S_b, \qquad D_i = \rho v_i V S_b \qquad (4.1)$$

このとき，翼後方の空気は単位時間あたり $\rho V S_b (w_\infty^2 + v_i^2)/2$ の運動エネルギーを得る．これは抗力 D_i に対する仕事 $D_i V$ が生成したものである．そこで，両者を等値すると，$(V-v_i)^2 + w_\infty^2 = V^2$ の関係が得られる．さらに，w_∞

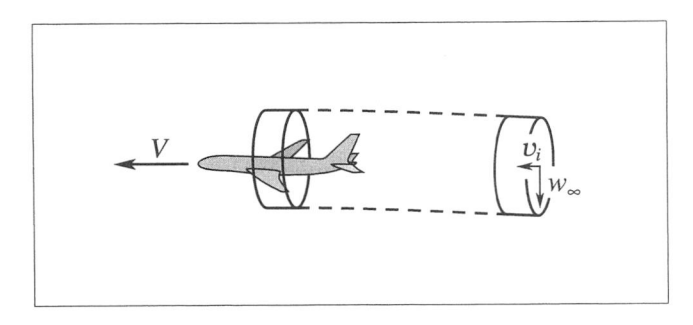

図 4.2 飛行機後方の空気の運動（単純化したモデル）

≪Vを考慮すると，$v_i = V\left\{1 - \sqrt{1 - \left(\frac{w_\infty}{V}\right)^2}\right\} = [w_\infty^2/(2V)][1 + (w_\infty/V)^2/4 + (w_\infty/V)^4/8 + \cdots]$ となり，$v_i = w_\infty^2/(2V)$ と近似できる．この v_i を抗力 D_i の式に代入すると

$$D_i = \frac{\rho w_\infty^2 S_b}{2} = \frac{L^2}{2\rho V^2 S_b} \tag{4.2}$$

となる．この式が示すように揚力には必ず抗力が伴う．揚力の発生に付随して避けることのできないこの抗力 D_i を**誘導抗力**という．誘導抗力は揚力の2乗 L^2 に比例し，$\rho V^2 S_b$ に反比例する．揚力一定のときには高速であるほど誘導抗力は小さくなり，飛行機はこの意味では確かに高速が有利である．

翼の大きい特徴は，空気をおもに運動方向に直角の向きに加速する点にある．進行方向の誘導速度は吹きおろし速度に比べてかなり小さく，その比率 $v_i/w_\infty = w_\infty/(2V)$ は2%程度の値である．翼以外の物体の場合，この関係は逆で，吹きおろしは無視できるほど小さく，流体はおもに物体の進行方向に加速される．例として面積 S の円板を考える．これが密度 ρ の流体中を面に垂直な方向に速度 V で進むとき，単位時間に進行方向に加速される流体の質量および運動量はそれぞれ ρVS，$\rho V^2 S$ に比例する．この場合，円板に働く力は抗力のみであり，実験によれば，その値は $0.6\rho V^2 S$ と表される．

ジャンボ機クラス（$b = 60$ m，$S_b = 2.83 \times 10^3$ m^2，機体質量 $m = 3.20 \times 10^5$ kg）の輸送機が，高度 10 km（$\rho = 0.423$ kg/m^3）を時速 900 km（$V = 250$ m/s）で巡航する場合を考える．水平飛行状態では，揚力が機体に働く重力すなわち機体重量に等しい（$L = mg = W$）ので，式 (4.1)，(4.2) から $w_\infty = 10.5$ m/s（$w_\infty/V = 0.0420$），誘導抗力 $D_i = 6.59 \times 10^4$ N となる．また，揚抗比 L/D（6.1 節参照）が $L/D = 17.4$（B 747 機）の場合には，全抗力は $D = 3.20 \times 10^5 \times 9.80/17.4 = 1.80 \times 10^5$ N である．抗力がこれに等しい円板の面積を見積もると，飛行速度と高度が同じ場合，約 11.4 m^2（円板半径は 1.9 m）である．この面積を機体重量 $W = mg = 3.14 \times 10^6$ N で割ると 3.63×10^{-6} m^2/N を得る．これは，揚力 1 N を発生させるときの抗力を円板面積で表したもので，初期の飛行機の値と比較すると 1/100 以下である．ジャンボ機の抗力がいかに小さく，技術の進歩がいかに大きいかがよくわかる．

（4） 抗力の内訳

ジャンボ機クラスの亜音速機の全抗力について，要因ごとの内訳をまとめる

と次のようになる．

誘導抗力：37%　　　摩擦抗力：48%
干渉抗力：7%　　　表面の突起や粗さによる抗力：3%
造波抗力：3%　　　換気用空気の吸排気や漏れなどによる抗力：2%

誘導抗力が全抗力の 37% を占め，粘性による**摩擦抗力**は 48% に達する．**干渉抗力**は，翼と胴体やエンジンパイロンとの接合部で各機体要素に沿う流れが干渉して生じる抗力である．表面の突起や粗さは背後に乱れた低圧領域をつくり抗力を生じる．吸排気やそれに伴う漏れも運動量の損失を生じさせ抗力を生む．翼に沿う流れが超音速になり衝撃波が発生すると抗力が増す．このような波の発生に伴う抗力を一般に**造波抗力**という．亜音速機では造波抗力はわずかで 3% である．一方，コンコルド機のような**超音速旅客機**では誘導抗力が 35%，摩擦抗力は 40%，そして造波抗力は 20% を占める．

（5）揚抗比 L/D の具体例

ライト兄弟のフライヤー機の揚抗比は約 8 であった．ジャンボジェット B 747 機，B 777 機の最大揚抗比はそれぞれ 17.4，18.4 である．一方，コンコルド機では 7 である．次世代超音速旅客機の技術課題の一つは揚抗比 10 を狙った抗力の低減である（図 4.36 参照）．

4.2　翼型に働く空気力

（1）翼　　型

翼の断面形を**翼型**という．形の特徴は滑らかな前縁部と先の鋭い後縁にある．

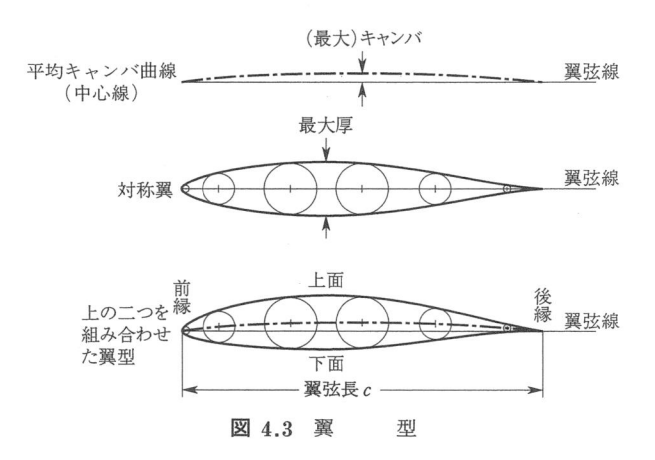

図 4.3　翼　　型

形状を表現する要素は**平均キャンバ曲線**（中心線）と対称翼として表される厚さ分布である．翼型を描くには，図4.3のように，これらを組み合わせるか，**前縁**と**後縁**を結ぶ**翼弦線**を横軸にとり，上面および下面の座標を与える．基準長は**翼弦長** c である．座標は c で無次元化され，最大厚さや最大キャンバも翼弦長の百分率で示す．2次元翼（理論的には無限長翼幅）として扱われる翼型の**空力特性**は，3次元翼（有限翼幅の翼）設計の基礎となる．空力特性は翼弦線が翼の進行方向となす角，すなわち**迎え角**により大きく変化する．

（2） 2次元翼まわりの流れ，出発渦と停止渦

翼型の設計には翼まわりの流れを計算する必要がある．その指針となる翼型まわりの流れの特徴をまとめ，揚力がどのようにして発生するかを説明する．

図4.4は水槽で2次元的な翼を静止状態から左へ急に動かした直後の流れを水面に浮かべた微小粒子の短時間の軌跡で可視化した写真である．粒子の短時間軌跡を連ねた線は，流れの速度ベクトルを連ねて描いた線，すなわち**流線**に一致する．写真は後縁直後の反時計方向の渦運動と前縁部の下面側から上面側に向かう流れの流線群をよくとらえている．

図 4.4 2次元翼まわりの流れ
（出発渦の形成）
(L. Prandtl and O. G. Tietjens, Applied Hydro-and Aeromechanics, Dover Publications, 1957 をもとに作成)

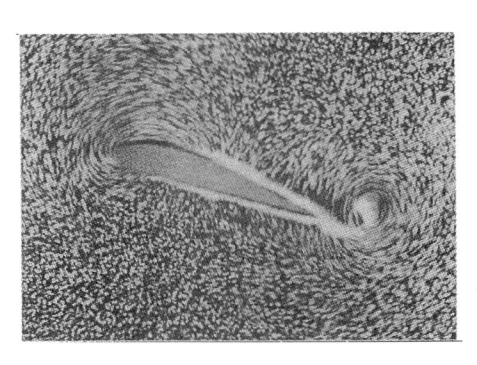

急発進の瞬間に翼下面側は静止状態より高い圧力（**正圧**とよぶ）となり，逆に上面側は低い圧力（**負圧**とよぶ）になるので，前縁部には下面側から上面側に向かう流れができる．後縁部でも，動きだした瞬間には上面側に向かい，後縁の角で流速が増す．物体壁近傍で高速になると粘性が強く働き，後縁で上面側にまわり込むために必要なエネルギーが失われる．角をまわり切れず，前進する翼（後縁部）に取り残された流体の微小要素（流体要素，または流体粒子という）は，その間の粘性の作用で反時計方向の自転の角運動量を与えられ，コマと同様の剛体回転を行いつつ後縁の後に速度の不連続面を形成する．個々

の流体粒子の自転の様子は目に見えないが，それらはすぐに巻き上がり，大きな渦に成長する．これを**出発渦**という．渦の中心部は自転の角運動量をもつ流体要素が占めており，**渦核**とよばれる．周囲の自転の角運動量をもたない流体要素は渦核内の流れに誘導され，そのまわりを循環するようになる．

一方，前縁まわりの流れは，時計方向の循環流を誘導する渦核が翼の中に存在するかのように見える流線を示している．翼の中に渦があるはずはない．しかし，興味深いことに翼を急停止させた直後の写真である図4.5を見ると，時計方向に回転する渦が現れ，出発渦と対をなしている．「翼の中の渦」が流れ場に姿を現したようにも見えるこの渦を**停止渦**という．急停止の瞬間に翼上面側は正圧，下面側は負圧になる．これが停止渦形成の要因であり，粘性が重要な役割を果たす点も出発渦の場合と同様である．出発渦や停止渦として観察できる渦が揚力の発生にかかわっている．流れの計算や翼型設計の指針となるのは渦の速度場である．

図 4.5 出発渦と停止渦
(L. Prandtl and O. G. Tietjens, Applied Hydro‐and Aeromechanics, Dover Publications, 1957 をもとに作成)

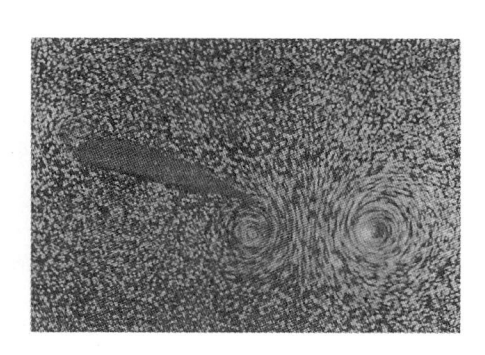

（3）渦糸，循環

同心円状の流線をもつ渦の速度場は周方向成分 q のみをもち，半径方向成分は0である．渦の強さを Γ，渦核半径を r_0 とすると，半径 r における q は次のように書ける．ただし，Γ は後で定義する循環を表す．

$$q=\frac{\Gamma}{2\pi r_0}\cdot\frac{r}{r_0} \quad (r\leq r_0, 渦核内), \quad q=\frac{\Gamma}{2\pi r} \quad (r\geq r_0, 誘導速度場) \quad (4.3)$$

静止流体中で半径 r_0 の円柱を軸まわりに回転させると周囲の流体は円柱に引きずられ，最終的に同じ速度場が得られる．剛体回転する円柱が渦核の役割をはたし，周囲の自転を伴わない流体粒子は半径 r に反比例した周方向速度をもつ．このような渦を**渦糸**とよぶ．誘導速度場は渦核半径に無関係である

(式中に r_0 が現れない)．理論的には渦核半径を 0 とすることもある．

　さて，循環流の強さを表す**循環（サーキュレーション）**を次のように定義する．すなわち，自分で交わることのない単純な閉曲線を流れ場に一つ描き，それを多数の短い線素 ds に分割し，各線素上の流速 q の線素方向の成分 q_s を求め，線素すべてについて $q_s ds$ を寄せ集めた値 Γ をその閉曲線まわりの循環という．また，流体粒子の自転角速度の 2 倍を渦度 ω と定義する．渦度と循環の間には密接な関係がある．すなわち，ある閉曲線まわりの循環は，それが囲む領域を多数の面素 $d\sigma$ に分割し，各面素で積 $\omega d\sigma$ を求め，そのすべてを合計した値に一致する（**ストークスの定理**）．このことが示すように，自転を伴わない $\omega=0$ の流体粒子は循環に寄与しない．たとえば，渦糸まわりの循環を計算すると，閉曲線が完全に渦核を囲む限り，どのようにそれを描こうとも，循環値は一定で渦の強さ Γ に一致する．事実，半径 $r(\geqq r_0)$ の円を閉曲線にとり，循環を求めると，半径によらず，循環 $= q \times 2\pi r = \Gamma$ を得る．

　図 4.4 の翼まわりの流れは明らかに循環をもつ．その値は実は出発渦の強さ Γ に等しいのである．ただし，符号は，循環流の向きが異なるので，翼まわりの循環を正とすれば出発渦のそれは負である．翼まわりの循環流は出発渦が生まれた反作用として生じたものである．翼と出発渦の双方を囲む閉曲線についての循環はつねに 0 であることが理論的に導かれる．それゆえ，理論的には翼の中に置いた渦糸で翼まわりの循環流を表現することが意味をもつ．このように翼に固定された渦糸を**束縛渦**という．

（4） 束縛渦と翼理論

　翼の中に束縛渦があるとする．単純に考え，翼まわりの循環流を 1 本の渦糸の循環流で置き換える．翼型の運動に伴う流れは，図 4.5 の出発渦と停止渦の距離が十分に大きい場合の流れと理論的にはまったく同じである．複数の渦が存在する場合の速度場は，各渦が単独で存在するときの速度場をベクトル的に加算すると得られる．渦対がつくる流れの下向きの運動量はその速度場から容易に計算され，渦糸の単位長さあたりの値は $\rho X \Gamma$ と表される．ここで，ρ は流体の密度，X は渦糸間の距離である．翼が速度 V で進む場合，この運動量の単位時間あたりの増分は，時間を t で表すと

$$\frac{d(\rho X \Gamma)}{dt} = \rho V \Gamma \qquad (4.4)$$

である．このことは，翼に単位翼幅あたり $\rho V \Gamma$ の揚力が生じることを意味す

る．もちろん，翼まわりの圧力の積分からも同じ結果が得られる．

図4.6は翼と一緒に移動しながら見た流れの流線を示している．図 (a) は翼が動きだした瞬間の流れ，図 (b) は図4.4の出発渦の形成から少し時間が経った後の流れに対応する．さて，物体面に達した流線はそこで分岐する．その分岐点では流速が0になるので，**よどみ点**とよばれる．翼が動き出した瞬間には流れは後縁をまわり込み，図 (a) のように，前縁部の下面だけではなく後縁部の上面にもよどみ点がある．しかし，上面のよどみ点は出発渦が形成され翼まわりに循環流が生まれる過程で後方に移動し，図 (b) のように，後縁に達する．すなわち，流体が後縁をまわり込むことなく滑らかに流れるように，翼まわりの循環値 Γ が定まる．これを**クッタの条件**，あるいは**ジュコフスキーの仮説**という．出発渦が流れ去ると，流線パターンは時間的に変化せず，流れは定常となる．

すなわち，翼と相対的に見ると，前方の流れ（主流）は翼の前進速度 V に等しい流速をもつ一様流である．流体要素は減速したり，加速したりするので，流速 v や圧力 p は位置によって変わる．しかし，位置を固定してみると時間的には変化しない．粘性のない完全流体の場合には，このような定常流に対し，流体要素の単位質量あたりの圧力のエネルギー p/ρ と運動エネルギー $v^2/2$ の和は，流線に沿って一定で不変であることがエネルギー保存則より導かれ，次の**ベルヌーイの式**を得る．

$$\frac{1}{2}\rho v^2 + p = \frac{1}{2}\rho V^2 + p_\infty = p_0 = 定数 \quad (流線に沿って) \qquad (4.5)$$

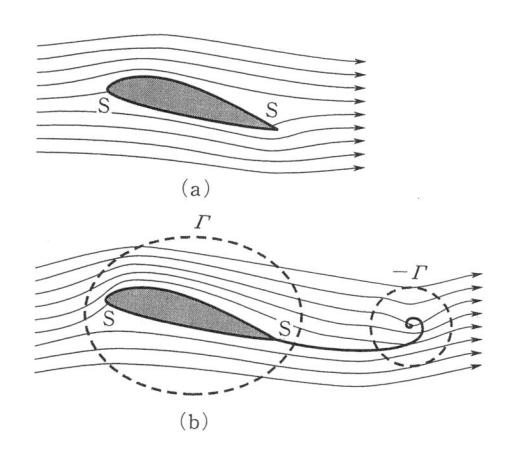

図4.6 2次元翼まわりの流線
（Sはよどみ点を表す）

ただし，密度 ρ が一定の**非圧縮性流れ**を仮定した．圧力の次元をもつ$(1/2)\rho v^2$, $(1/2)\rho V^2$ を**動圧**という．これに対し，圧力 p を**静圧**ともいう．この式が示す通り，流れをせき止めると動圧分だけ圧力が増す．すなわち，静圧と動圧の和は一定であり，よどみ点圧 p_0 に等しい．非圧縮性流れにおいては静圧と動圧の和を**総圧**または**全圧**とよぶ．よどみ点圧と主流静圧の差 $(p_0 - p_\infty)$ を検出する**ピトー管**（図8.6参照）を用いると，ρ が既知のとき速度 V の値を計測できる．

主流動圧 $(1/2)\rho V^2$ は，任意点と主流の静圧の差 $(p - p_\infty)$ を測る基準量となり，**圧力係数** C_p が次のように定義される．

$$C_p = \frac{p - p_\infty}{\frac{1}{2}\rho V^2} = 1 - \left(\frac{v}{V}\right)^2 \tag{4.6}$$

翼型モデルを用いた**風洞実験**で迎え角を変え，主流静圧 p_∞，主流速度 V および翼面静圧 p を測り，C_p の翼弦方向の分布を求めた例を図4.7に示す．C_p の値から v/V が計算できる．両者の対応はよどみ点で $C_p = 1$，$v = V$ の点で $C_p = 0$，$v > V$ の領域で $C_p < 0$（負圧），$v < V$ の領域で $C_p > 0$（正圧）であ

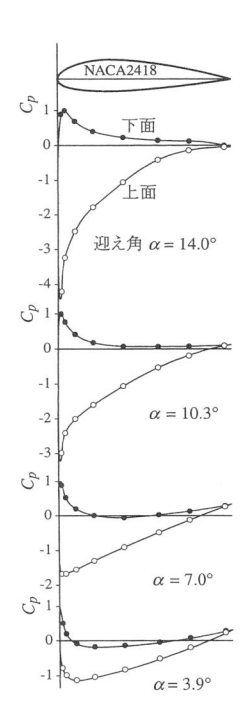

図 4.7 翼型まわりの表面圧力分布

る．揚力は C_p 分布曲線が囲む面積に比例するが，下面側の正圧よりも上面側の負圧のほうが揚力への寄与は大である．それは循環流による下面側での減速よりも前縁部上面側の加速のほうが効果が大きいからである．これは C_p 分布（$\alpha=14°$）と図 4.4 を対照して見ると納得できる．

このような翼まわりの圧力分布は理論的に計算できる．そして，翼まわりの圧力の積分から単位翼幅あたり，揚力 L に対し次式を得る．

$$L = \rho V \Gamma \tag{4.7}$$

これを**クッタ-ジュコフスキーの定理**という．同じ結果が運動量の考察から得られることはすでに述べた．揚力が発生するのは，翼上面が下面よりも低圧になるためであるが，それは，前述のように，鋭い後縁をもつ翼型の形状と流体粘性の働きで翼まわりに循環流が生まれることによる．循環 Γ を伴う回転円柱の場合も密度 ρ，速度 V の流れを受けると，$\rho V \Gamma$ の揚力が働く．この現象は**マグヌス効果**として古くから経験的に知られていた．回転円柱の例が示すように，渦糸には速度ベクトル V に直角の方向に $\rho V \Gamma$ の揚力が働く．

完全流体，すなわち**非粘性流体**を仮定する**翼理論**では，先述のクッタの条件から翼まわりの循環 Γ を定める．この理論から，平板翼（翼弦長 c，迎え角 α，主流速度 V）の単位翼幅あたりの揚力 L について次の結果を得る．

$$\begin{aligned} \Gamma &= \pi V c \sin\alpha \\ L &= \pi \rho V^2 c \sin\alpha = \pi \rho V^2 c \alpha \quad (\alpha \text{が小さい場合}) \end{aligned} \tag{4.8}$$

薄翼は上下面で速度が異なるので，それを速度の不連続面として扱うことができる．翼厚 0 の翼型の場合，前縁から x の位置の翼素（線分）dx に注目し，上面，下面の速度を v_u, v_l とすると，速度は翼素の上下で v_u, v_l と不連続的に変わる．翼素を囲む閉曲線まわりの循環 $d\Gamma$ は定義より $d\Gamma = (v_u - v_l)dx$ である．それゆえ，速度の不連続面を渦糸の分布で表すことができる．このような速度の不連続面は**渦層**とよばれる．厚みをもつ翼の場合も同様に渦糸で表現できる．そこで，翼型表面を多数の翼素面に分割し，その上に渦糸（束縛渦）を置く．このように有限個の渦糸を翼面に分布させ，それぞれの渦糸の誘導速度と一様流速度をベクトル的に加算した速度場が「翼面に沿って流れ，後縁でクッタの条件を満たす」ようにすべての渦糸（翼素）の循環値 $d\Gamma$ を決めると，翼まわりの流れが定まる．$d\Gamma$ の合計を Γ とすると，揚力は $\rho V \Gamma$ である．前述のように翼が急発進した場合には後縁から速度の不連続面が流下して出発渦に巻き上がる．実際，翼の上に置いた渦糸が後縁から流下するとして出発渦の

形成過程を計算することができる．この種の計算は，3次元翼（有限翼幅）の場合を含め，コンピュータで容易に実行できる．これは翼の設計に応用される計算手法の中でも最も基本的なものである．

3次元翼の揚力と誘導抗力の表式を4.1節の（3）項で与えた．これらの式をもとに，2次元翼（翼幅 $b\to\infty$）の誘導抗力について調べよう．単位翼幅あたりの揚力は，翼幅 $b\to\infty$ の極限において，有限値をもつべきであるから，この極限において $w_\infty b=$ 一定 の関係が導かれる．このことから，単位翼幅あたりの誘導抗力はこの極限で0という結論が得られる．すなわち，2次元翼では誘導抗力は生じない（ただし，出発渦は無限遠にあり，影響はないとする）．

完全流体にもとづく理論で，一定速度で運動する物体の抗力を計算すると，誘導抗力を除いては「物体には何ら抗力が働かない」という現実に矛盾する結果が得られる．これを**ダランベールの背理**という．その理由は明らかで，粘性を無視し完全流体を仮定したことにある．しかし，抗力が粘性に由来することを明確に示すものとして，重要な理論結果である．粘性の影響は，図4.7の圧力係数の後縁での値に明確に見られる．この翼の場合，翼理論によると後縁はよどみ点であり，$C_p=1$ のはずである．しかし実測値は0に近い．それゆえ，圧力分布を積分して得られる抗力は0ではない．実際には，さらに摩擦応力による抗力も加わる．実験においては，風洞天秤を用い，揚力だけでなく，圧力や摩擦応力に起因する抗力を測ることができる．また，摩擦応力を測るセンサも開発されている．

（5） 2次元翼の空力特性

翼型の表面全体にわたり圧力および摩擦応力を積分すると，揚力 L と抗力 D のベクトル和である合力 R が得られる．合力 R の作用線と翼弦線の交点を**風圧中心**という．空気力は主流の動圧 $(1/2)\rho V^2$ と**翼面積** S に比例する（2次元翼においては単位翼幅をとり，$S=c\times 1$ を用いる）．そこで，**揚力係数** C_L と**抗力係数** C_D を導入し，次のように書く．

$$L = C_L \frac{1}{2}\rho V^2 S, \qquad D = C_D \frac{1}{2}\rho V^2 S \tag{4.9}$$

平板翼の C_L については，前述の理論結果（$\alpha \ll 1$）から

$$C_L = 2\pi\alpha \quad (\alpha\text{はラジアン}), \qquad dC_L/d\alpha = 0.11 \quad (\alpha\text{は度}) \tag{4.10}$$

を得る．普通の翼型は表4.1に示されているようにこの程度の値をとる．

翼型を任意の点Pで支えると，合力 R は図4.8に示すように，この点まわ

表 4.1 代表的 NACA 翼型の特性

翼型名称	最大揚力係数	無揚力迎え角[度]	$\dfrac{dC_L}{d\alpha}$	理想揚力係数	最小抗力係数	抗力係数 $C_L=0$	抗力係数 $C_L=0.4$	抗力係数 $C_L=0.8$	a.c.まわりモーメント係数	空力中心位置	臨界マッハ数
64_1-006	0.83	0	0.104	0	0.0038	0.0038	0.0057		0	0.256	0.836
64_1-009	1.17	0	0.108	0	0.0040	0.0040	0.0061	0.0082	0	0.262	0.785
64_1-012	1.44	0	0.110	0	0.0042	0.0042	0.0062	0.0081	0	0.262	0.744
64_1-206	1.03	-1.2	0.104	0.18	0.0038	0.0050	0.0057	0.0062	-0.040	0.253	0.793
64_1-209	1.40	-1.4	0.104	0.20	0.0040	0.0053	0.0060	0.0075	-0.040	0.261	0.760
64_1-212	1.55	-1.2	0.108	0.19	0.0042	0.0043	0.0050	0.0077	-0.028	0.262	0.728
64_2-215	1.57	-1.5	0.111	0.22	0.0045	0.0046	0.0048	0.0081	-0.030	0.265	0.700
64_1-412	1.67	-2.6	0.112	0.36	0.0044	0.0058	0.0046	0.0076	-0.070	0.267	0.700
64_2-415	1.66	-2.8	0.114	0.40	0.0046	0.0060	0.0049	0.0080	-0.070	0.264	0.678
64_3-418	1.56	-3.0	0.117	0.40	0.0050	0.0060	0.0050	0.0062	-0.065	0.273	0.655
64_3-421	1.48	-2.8	0.119	0.40	0.0050	0.0056	0.0050	0.0058	-0.066	0.276	0.642
65_1-006	0.93	0	0.105	0	0.0035	0.0035	0.0058		0	0.258	0.838
65_1-009	1.08	0	0.106	0	0.0041	0.0041	0.0060	0.0081	0	0.264	0.790
65_1-012	1.36	0	0.106	0	0.0038	0.0038	0.0061	0.0081	0	0.261	0.750
65_1-206	1.06	-1.2	0.106	0.20	0.0036	0.0050	0.0055	0.0071	-0.030	0.257	0.791
65_1-209	1.30	-1.2	0.108	0.20	0.0038	0.0052	0.0058	0.0075	-0.032	0.259	0.755
65_1-212	1.48	-1.2	0.108	0.20	0.0040	0.0047	0.0057	0.0082	-0.032	0.261	0.726
65_1-410	1.52	-2.6	0.110	0.36	0.0037	0.0058	0.0038	0.0072	-0.068	0.262	0.714
65_1-412	1.64	-3.0	0.109	0.38	0.0038	0.0056	0.0038	0.0075	-0.070	0.265	0.697
65_2-415	1.62	-2.6	0.107	0.38	0.0042	0.0060	0.0042	0.0084	-0.060	0.268	0.675
65_3-418	1.55	-2.6	0.106	0.40	0.0043	0.0062	0.0043	0.0072	-0.060	0.265	0.656
65_4-421	1.55	-3.2	0.111	0.42	0.0044	0.0048	0.0044	0.0053	-0.065	0.272	0.637
747 A 315	1.44	-1.6	0.110	0.22	0.0038	0.0060	0.0040	0.0080	-0.013	0.262	
747 A 415	1.50	-1.8	0.105	0.35	0.0041	0.0060	0.0042	0.0075	-0.032	0.260	
0006	0.92	0	0.106			0.0052	0.0058	0.0090	0	0.250	0.805
0009	1.33	0	0.110			0.0056	0.0060	0.0084	0	0.250	0.766
1412	1.57	-1.2	0.103			0.0058	0.0061	0.0076	-0.023	0.252	0.720
2412	1.67	-2.0	0.104			0.0060	0.0060	0.0072	-0.047	0.247	0.690
2415	1.65	-2.0	0.106			0.0064	0.0064	0.0077	-0.045	0.246	0.677
2418	1.47	-2.1	0.099			0.0068	0.0071	0.0081	-0.045	0.241	0.650
2421	1.47	-1.9	0.099			0.0071	0.0072	0.0088	-0.040	0.241	0.630
2424	1.30	-1.9	0.093			0.0074	0.0078	0.0099	-0.040	0.231	0.606
4412	1.66	-4.0	0.106			0.0062	0.0060	0.0064	-0.092	0.247	0.647
4415	1.64	-4.0	0.106			0.0066	0.0064	0.0070	-0.093	0.245	0.635
4418	1.54	-4.0	0.100			0.0070	0.0066	0.0076	-0.088	0.242	0.620
4421	1.46	-4.0	0.096			0.0075	0.0073	0.0081	-0.086	0.238	0.602
23012	1.78	-1.2	0.104			0.0068	0.0060	0.0068	-0.015	0.247	0.672
23015	1.72	-1.0	0.103			0.0072	0.0064	0.0072	-0.008	0.243	0.663
23018	1.62	-1.2	0.104			0.0069	0.0068	0.0078	-0.005	0.243	0.655
23021	1.51	-1.2	0.100			0.0070	0.0073	0.0089	-0.004	0.238	0.623

NACA は全米諮問委員会の略称．現在の**アメリカ航空宇宙局（NASA）**の前身．

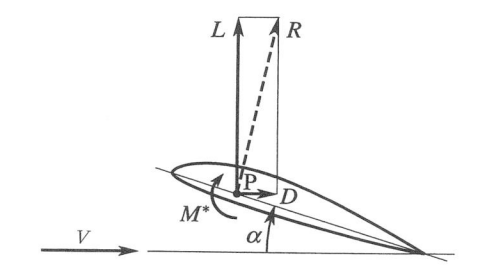

図 4.8 翼型に作用する空気力

りに力のモーメント M^* (＝合力 R×[点 P と合力 R の作用線との距離]) をつくるので，**モーメント係数** C_m を導入し，翼弦長 c を基準長として，M^* を次式のように表す．

$$M^* = C_m \frac{1}{2} \rho V^2 S c \qquad (4.11)$$

モーメントの符号は前縁を上げる向きを正とする．モーメントは飛行機の姿勢安定の観点から重要である．なお，テーパ翼やデルタ翼（図 3.3 参照）のように翼弦長 c がスパン方向に変わる場合，c^2 をスパン方向に積分し翼面積 S で割った値，すなわち

$$\bar{c} = \int_{-b/2}^{b/2} c^2 dy / S \qquad (4.12)$$

を基準長とする．この基準長 $\bar{c}$ は，通常，**平均空力翼弦**とよばれる．

　C_L，C_D，C_m は迎え角の関数である．合力 R が 0 であっても，モーメントは 0 にならない場合がある．点 P の位置を変えて，モーメント係数 C_m と迎え角 α の関係を調べると，前縁から $(1/4)c$ 付近に点 P をとったとき，α によらずほぼ一定値をとることがわかる．この点を**空力中心** (a.c.) という．翼弦長 c で無次元化した座標 x を用い，風圧中心位置を x_{cp}，空力中心位置を x_{ac} とする．また前縁まわりのモーメント係数を C_{m0}，空力中心まわりのモーメント係数を C_{mac} とすると，$R \fallingdotseq L$，$C_{m0} = C_L x_{cp}$，$C_{mac} = C_L(x_{ac} - x_{cp})$ であるから

$$x_{cp} = x_{ac} - \frac{C_{mac}}{C_L} \qquad (4.13)$$

を得る．実験から C_L，C_{m0} を求め，$x_{cp}(= -C_{m0}/C_L)$ を縦軸，$1/C_L$ を横軸にとって表示すれば，一つの直線が描ける．そして，直線の勾配，縦軸との交点として，それぞれ $-C_{mac}$，x_{ac} が定まる．先述の平板翼 ($\alpha \ll 1$) の場合は理論

42 4. 揚力と抗力

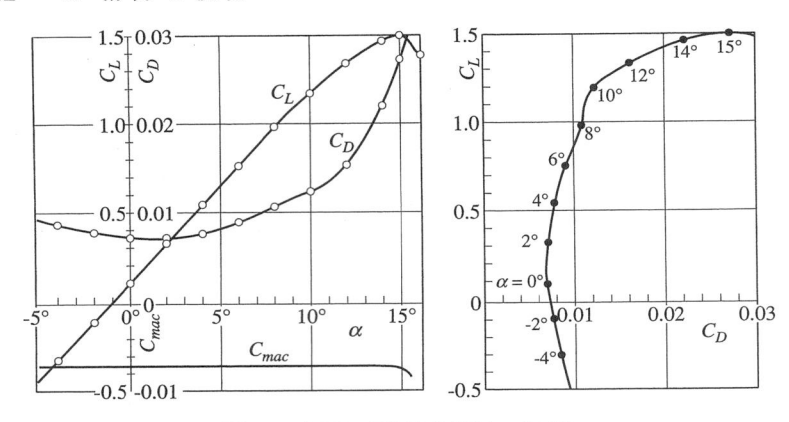

図 4.9 翼型の風洞実験結果の表示法

結果として $C_{m0}=-C_L/4$ が得られ，$x_{cp}=x_{ac}=1/4$ となる．

揚力係数，抗力係数，モーメント係数などは，図 4.9 のように表示する．C_L-C_D 曲線を**極曲線**という．原点から極曲線への接線の勾配は最大揚抗比を

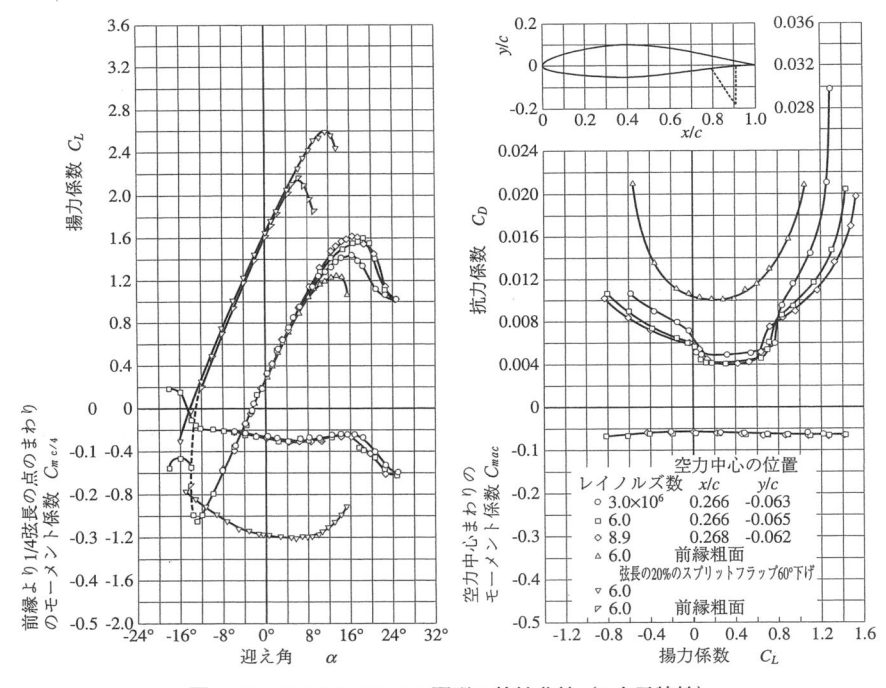

図 4.10 NACA 65₂-415 翼型の特性曲線（2 次元特性）

与える．C_L は迎え角 α に比例して増し，勾配 $C_{L\alpha}=dC_L/d\alpha$ は α が小さい場合は平板翼の値に近いが，$\alpha>8°$ で減少する．直線領域で，$C_L=C_{L\alpha}(\alpha-\alpha_0)$ と表す場合 α_0 を**無揚力迎え角**という．図のように C_L は $\alpha=15°$ 前後で最大値をとる．これを最大揚力係数 $C_{L\max}$ という．さらに α が増すと C_L は逆に減少し，C_D は急増する．この現象を**失速（ストール）**という．飛行中の失速は危険である．図 4.7 の $\alpha=14.0°$ の C_p 分布は失速直前の圧力分布である．上面側の圧力をみると，$C_p=-4.5$ の最小値に達した後で急勾配で下流に上昇している．このように流れに逆らう（減速させる）向きの圧力勾配（**逆圧力勾配**という）が一定限度を越すと粘性の影響を受ける境界層（物体壁に隣接する流体層）が壁から剥離（はくり）して翼背後に乱れた渦流を生じ，静圧を低下させる．そのため抗力が急増する．すなわち，境界層の剥離が失速の原因である．

　NACA 翼型の代表的なものの特性を表 4.1 に，特性曲線の例を図 4.10 に示す．

4.3　3次元翼の空力特性

(1)　3次元翼の渦系，馬蹄渦

　実際の翼は横幅が有限であり，そのような翼は**有限翼幅の翼**または**3次元翼**とよばれる．3次元翼の翼端では，図 4.11 のように翼下面の正圧領域から上面の負圧領域にまわり込む流れができる．そのため上面の流れは翼スパンの中心線に向かい（実線），下面では翼端に向かう（破線）．上面と下面の流れが後縁で接触すると，スパン方向の速度成分が互いに逆向きとなり，速度の不連続面，つまり**渦層**をつくる．その渦層（図では 10 本の渦糸で表されている）は，翼のはるか後方で左右各 1 本の渦に巻き込まれる．結局，束縛渦は翼端で折れ，無限後方に延びた形になる．それを**後曳き渦**という．束縛渦と 2 本の後曳き渦

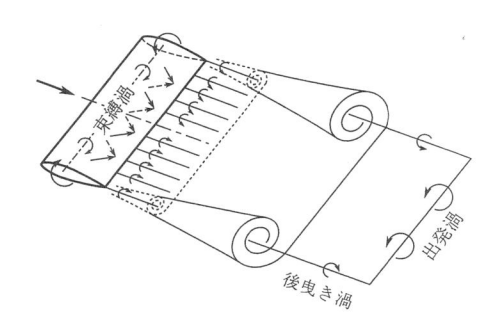

図 4.11　馬蹄渦の発生

は四辺形の一辺を欠いた馬蹄形の渦系をなす．これを**馬蹄渦**という．残りの一辺は出発渦に相当し，3次元翼はそれを含めた四辺形の渦系をつくる．各辺の渦糸の強さ（循環）は同じである．馬蹄形に関し，束縛渦と後曳き渦に対応する部分をそれぞれ頭部，脚部とよぶことがある．

（2） 渦系による運動量と揚力

3次元翼（翼幅 b）後方の長い後曳き渦（循環 Γ）の渦対による下向きの運動量は4.2節（4）項で述べた通り，単位長さあたり $\rho b \Gamma$ である．翼が速度 V で単位時間進むと，渦対は V だけ長さを増すので，下向きの運動量の増分は $\rho V \Gamma b$ となり，単位翼幅あたり $\rho V \Gamma$ の揚力が働くという結論になるが，次に述べるように，翼近傍の渦層に着目すると，より精密な評価が得られる．

（3） 誘導迎え角

3次元翼の後縁から先述の通り渦層が流下する．それを図4.12のように渦糸で表すと，翼の中心線を挟んで対称の位置にある2本の渦糸は束縛渦の位置まで延び，そこで接続され馬蹄渦をつくる．束縛渦は循環 $d\Gamma$ の多数の馬蹄渦頭部が集中した束であり，頭部から次々と枝分かれした脚部が渦層として後縁から流下するので，束縛渦の循環 Γ はスパン方向に変化し，翼中央で最大，翼端では0となる．各断面の単位翼幅あたりの揚力 $\rho V \Gamma$ も同様にスパン方向に変化する．この渦系による吹きおろし速度を調べると図4.13に示す流れ方向分布をもつ．そこで，束縛渦の位置（翼の空力中心）での値を w と書くと，翼（束縛渦）に当たる気流の迎え角は $a_i = w/V$ だけ減少することがわかる．この減少分を**誘導迎え角**という．各断面の揚力 $\rho V \Gamma$ は翼にあたる気流に直角の方向に働くので，当然，図4.14のように一様流 V に対し a_i だけ後ろに傾

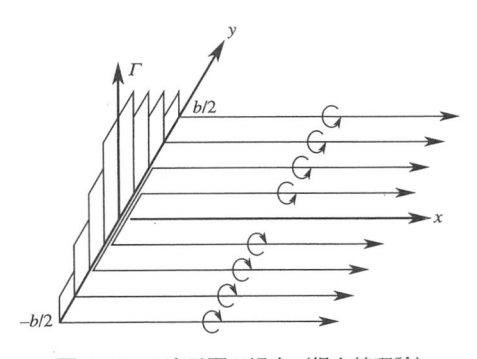

図 4.12 3次元翼の渦糸（揚力線理論）

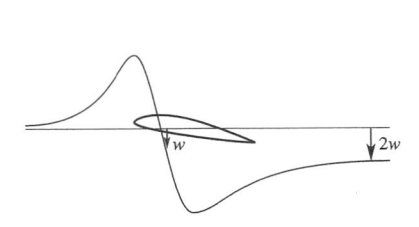

図 4.13 吹きおろし速度

4.3 3次元翼の空力特性　**45**

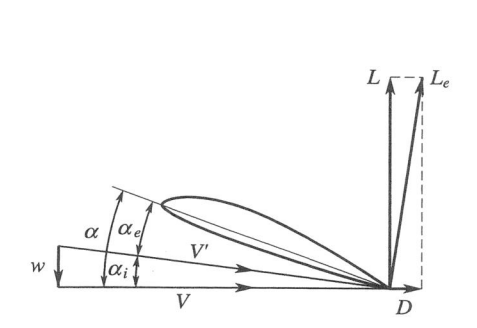

図 4.14 吹きおろしによる迎え角の減少

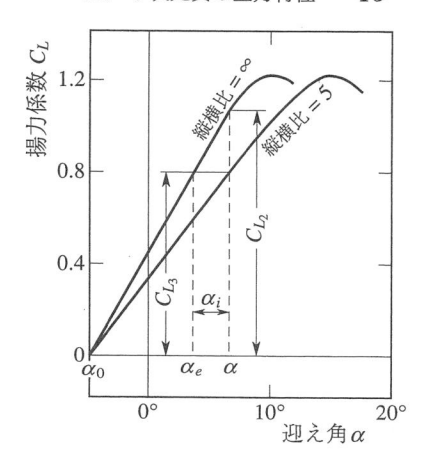

図 4.15 3次元翼と2次元翼の揚力係数の関係

く．その結果，一様流の方向の力の成分，すなわち抗力が生じる．これが誘導抗力である．V に w が合成され速度も増すが，w は V に比べると十分に小さく，合成速度の増分は省略できるが，抗力を生む誘導迎え角 α_i の影響は無視できない．なお，気流の下向き偏向角 w/V を**吹きおろし角**ともいう．

さて，C_L-α 特性が $C_{L2}=f(\alpha)$ で表される翼型（2次元翼）を採用した3次元翼の迎え角 α における揚力係数 C_{L3} は，図 4.15 に示すように，誘導迎え角 α_i の分だけ小さくなった迎え角 $\alpha_e=\alpha-\alpha_i$ における C_{L2} の値，すなわち，$f(\alpha-\alpha_i)$ に等しくなる．翼型の $dC_L/d\alpha$ を $C_{L2\alpha}$ とすると，直線領域では，$f(\alpha)=C_{L2\alpha}(\alpha-\alpha_0)$ と書けるので，$C_{L3}=C_{L2\alpha}(\alpha-\alpha_i-\alpha_0)$ と表される．このように図 4.12 の馬蹄渦系と2次元翼の特性をもとに，3次元翼の特性を計算する翼理論をプラントルの**揚力線理論**という．

（4）　誘導抗力係数，アスペクト比

循環 Γ のスパン方向分布が楕（長）円形の場合は，w と α_i はスパン方向に変化せず一定となり，揚力 L，誘導抗力 D_i に対し，次式が成り立つことが揚力線理論より導かれる．

$$\left.\begin{array}{l} L=2\rho w V S_b \\ D_i=L\dfrac{w}{V}=2\rho w^2 S_b \end{array}\right\} \quad (4.14)$$

これらを 4.1 節（3）項の L，D_i の式 (4.1)，(4.2) と比較すれば，$w_\infty=2w$

の関係があることがわかる（図 4.13 参照）．また，これらの式より，**誘導迎え角** α_i と**誘導抗力係数** C_{Di} は，揚力係数 C_L を用いて次のように表される．

$$\left. \begin{array}{l} \dfrac{w}{V} = \alpha_i = \dfrac{C_L}{\pi A} \\[2mm] C_{Di} = \dfrac{C_L^2}{\pi A} \end{array} \right\} \tag{4.15}$$

ここで，A は**アスペクト比**あるいは**縦横比**とよばれ，翼幅 b と翼面積 S を用いて

$$A = \frac{b^2}{S} \tag{4.16}$$

で定義される．平面形が長方形（$S=bc$）の翼では，$A=b/c$ である．2 次元翼と 3 次元翼の揚力勾配 $dC_L/d\alpha$ をそれぞれ $C_{L2\alpha}$，$C_{L3\alpha}$ とすると，前述の $C_{L3} = C_{L2\alpha}(\alpha - \alpha_i - \alpha_0)$ で，$\alpha_i = C_{L3}/\pi A$ であるから

$$C_{L3\alpha} = \frac{C_{L2\alpha}}{1 + \dfrac{C_{L2\alpha}}{\pi A}} \tag{4.17}$$

を得る．アスペクト比 A を大きくすれば，2 次元翼の特性に近づき，誘導抗力係数も小さくできる．3 次元翼の極曲線は図 4.16 のようになる．ジャンボ機クラスの亜音速機のアスペクト比は，$A=7 \sim 10$ の値が採用されている．

なお，誘導抗力の低減法として，両翼端に小翼（単一あるいは複数）を主翼面にほぼ垂直に立てる方法（**ウイングレット**）やほぼ水平に設置する方法（**ウ**

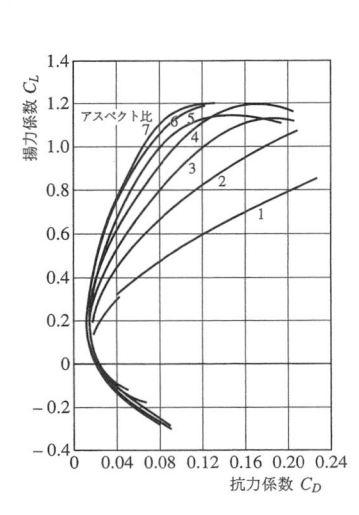

図 4.16 アスペクト比 A による極曲線の変化

イングセール）が知られている．これらは，翼下面から上面に翼端をまわり込む流れの中に小翼を置くとき，その小翼の揚力が推力成分をもつことを利用したものである．

（5） 主翼の平面形と翼端失速

翼の平面形は上述の翼理論によると長円形の場合に誘導抗力が最小となり有利であることが知られているが，強度や製作上の理由から普通はテーパ翼（**先細翼**）や**長方形翼**（図 3.3 参照）が採用される．これらの翼の場合，揚力線理論から，誘導迎え角や誘導抵抗係数に関する次式が得られる．

$$\alpha_i = \frac{(1+\tau)C_L}{\pi A}, \qquad C_{Di} = \frac{(1+\delta)C_L^2}{\pi A} \tag{4.18}$$

τ と δ の値はテーパ比 c_t/c_r やアスペクト比 A の関数として図 4.17 に与えられている．c_t, c_r はそれぞれ翼端および翼付根における翼弦長である．この α_i は平均値であり，スパン方向の位置により誘導迎え角は変化する．それゆえ，大きい迎え角で境界層剥離が最初に起きるスパン方向の位置はテーパ比に依存し，翼中央から，おおよそ

$$y = \frac{1}{2}b\left(1 - \frac{c_t}{c_r}\right) \tag{4.19}$$

の位置になることが知られている．長方形翼ではテーパ比 1 であり，境界層剥離は翼付根からはじまり，テーパ比の小さい翼の場合は翼端近くからはじまる．境界層が剥離すると，揚力係数が減少し，抗力係数が増大する．すなわち失速

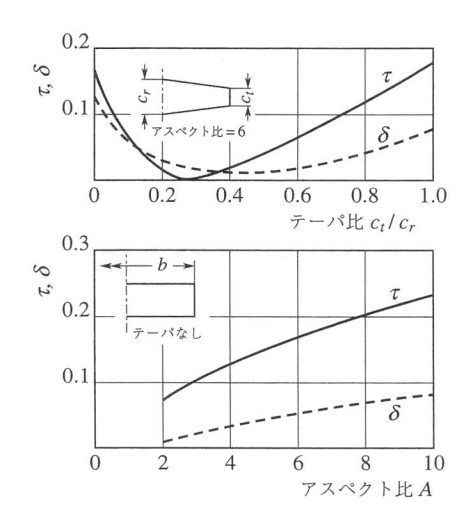

図 4.17 テーパ翼，長方形翼の τ および δ の値

48 4. 揚力と抗力

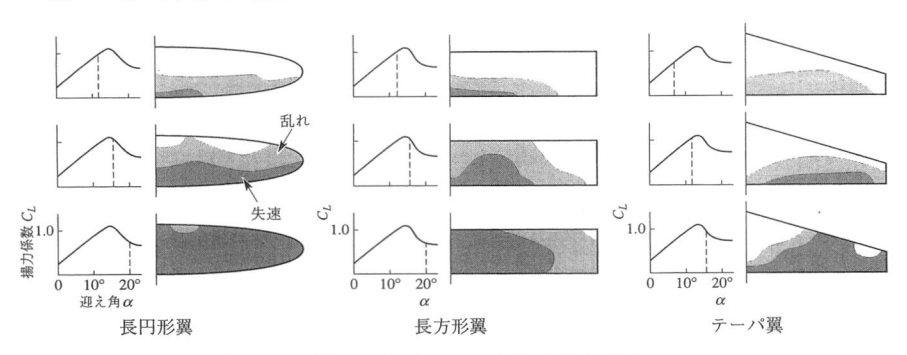

図 4.18 翼の失速パターンの翼平面形による違い

となる．長円形翼，長方形翼およびテーパ翼の失速状況を図 4.18 に示す．翼端部の失速を**翼端失速**という．これは横安定を悪くするので注意がいる．後退翼も翼端失速を起こしやすい．テーパ翼では，先速の防止法として翼をねじり，翼端の翼取付け角を翼付根の取付け角より小さくする．

4.4 粘性による抗力

ダランベールの背理は流体の**粘性**を省略したことが原因であった．現実の流体には粘性があり，運動物体にはそれに由来する抗力，すなわち**摩擦抗力**と**伴流抗力**が働く．これらを合わせて**形状抗力**または**翼型抗力**という．伴流抗力は境界層が剥離し，翼上面の大部分が低圧になるために生じるので，圧力による抗力すなわち**圧力抵抗**といえる．ただし，**剥離**は粘性に起因する現象であり，それゆえ伴流抗力は粘性に由来する抗力とみなされる．

（1） 粘性，摩擦応力，レイノルズ数

流体は粘性がどんなに小さくても物体面（壁）に粘着する．流速は静止壁上では 0 で，運動壁上では壁の速度に等しい．図 4.19 のように平行平板の間

(a) せん断応力による加速 $\left(\dfrac{\partial \tau}{\partial y} > 0\right)$　　(b) 定常状態の流れ

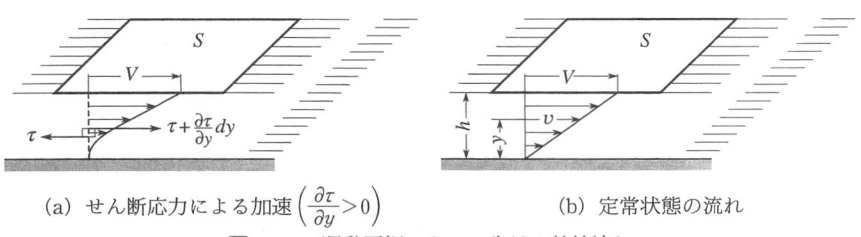

図 4.19　運動平板によって生じる粘性流れ

(距離 h) を満たす空気層の運動を考える．下側の板は固定し，上側の板を一定速度 V で板に平行に急に動かすと，運動板に粘着した流体要素が速度 V で動く．それに隣接する流体要素も流体要素間を熱運動で衝突しつつ行き来する分子の働きで運動量を得て動きだし〔同図 (a)〕，最終的には空気層全域が運動板に引きずられて運動する〔同図 (b)〕．分子運動により運動量がこのように輸送される性質を**粘性**という．局所流れの方向で引きずる向きに働くこの応力を**せん断応力**または**摩擦応力**という．同図 (b) で，下の板から距離 y の位置における速度 v は，$v = V(y/h)$ と書ける．上側の板に働く抗力 F は**粘性係数** μ，速度勾配 V/h，板の面積 S から決まり $F = \mu(V/h)S$ である．一般に，せん断応力 τ は局所流れの速度勾配 $\partial v/\partial y$ のみに依存し，次式で表される．

$$\tau = \mu \frac{\partial v}{\partial y} \tag{4.20}$$

せん断応力 τ により流体要素に働く力は，単位体積あたり $\partial \tau/\partial y$ と書ける．上側の板が運動をはじめてしばらくの間は必ず $\partial \tau/\partial y$ が正の値をとる領域があり，この力が次々に流体層を加速する〔同図 (a) 参照〕．物体壁の摩擦応力 τ_w は $\tau_w = \mu(\partial v/\partial y)_{\text{wall}}$ で与えられる．摩擦抗力の原因はこの τ_w である．

空気の粘性係数は絶対温度 T の増加関数で，$T_r = 288.15\,\text{K}$（常温 15℃）での値 $\mu_r = 1.7894 \times 10^{-5}\,\text{Pa·s}$ を用い，$\mu = \mu_r(T/T_r)^{3/2}(T_r+110.4)/(T+110.4)$ と表される（サザーランドの式）．μ を密度 ρ で割った値，$\nu = \mu/\rho$ を**動粘性係数**という．標準状態（1気圧，15℃）の密度 ρ_r は $1.225\,\text{kg/m}^3$ であるから，$\nu_r = 1.4607 \times 10^{-5}\,\text{m}^2/\text{s}$ である（表 2.2 参照）．

風洞による模型実験の結果と実物の結果の間に成り立つ関係を与えるのは，次に述べる力学的相似則である．代表長さが l_1，l_2 の幾何学的に相似な二つの物体をそれぞれ速度 V_1，V_2 の流れの中に置く．ρ，μ，ν も添え字で区別する．流れ場の任意の流体要素において，① 圧力による力，② 粘性力，③ 慣性力がつり合って力の三角形をつくる．① の力は動圧×面積で $\rho V^2 l^2$ に比例し，② の力はせん断応力×面積で $\mu V l$ に比例する．③ の力は質量 (ρl^3)×加速度 $(V^2/l) = \rho V^2 l^2$ に比例し，したがって，① の力の場合と同様である．それゆえ，粘性力に対する慣性力の比，すなわち

$$Re = \frac{慣性力}{粘性力} = \frac{\rho V^2 l^2}{\mu V l} = \frac{lV}{\nu} \tag{4.21}$$

が添え字1, 2の流れで等しい場合 ($l_1 V_1/\nu_1 = l_2 V_2/\nu_2$),二つの流れの任意の対応点での力の三角形は相似となる．その結果，流線および圧力分布は相似を保ち，揚力係数 C_L や抗力係数 C_D は同一の値をとることになる．これをレイノルズの**力学的相似則**という．また，Re を**レイノルズ数**という．一般に，C_L や C_D はレイノルズ数の関数である．レイノルズ数の違いにより空気力係数の値が異なることを**寸法効果**という．

翼弦長 1 m の翼が 360 km/h = 100 m/s の風 ($\nu = 1.5 \times 10^{-5}$ m^2/s) を受けるときは，$Re = 6.67 \times 10^6$ である．このように翼や胴体まわりの流れのレイノルズ数は大きい値である．この場合，物体壁近傍には必ず慣性力と粘性力が同程度の大きさをもつ**境界層**とよばれる薄い層が形成され，剝離，失速現象や伴流抗力に深くかかわるので，粘性の影響は決して無視できない．

（2） 層流境界層と乱流境界層

図 4.20 は一様流中に置かれた翼型のまわりの流線を示し，境界層が細かい点で示されている．境界層の外側は粘性の影響が及ばない領域であり，境界層が薄いまま翼面に付着している場合には，粘性を省略した完全流体の理論が適用できる．この場合の抗力はほとんど摩擦抗力のみである．境界層には流体粒子が整然と運動する**層流**の状態と渦運動により流体粒子が激しく混ざりあう**乱流**の状態がある．翼の前縁部では層流であっても下流にいくと乱流となり，境界層は一気に厚さを増す．乱流の渦運動は境界層外縁近くのエネルギーの大きい流体を壁近くに運び，逆に壁近くの流速の遅い流体を外縁のほうに運ぶ．そのため図 4.21 に示すように**乱流境界層**の速度分布は**層流境界層**に比べてより一様である．乱流の場合，流速は時間的に激しく変動するが，図に示す速度は

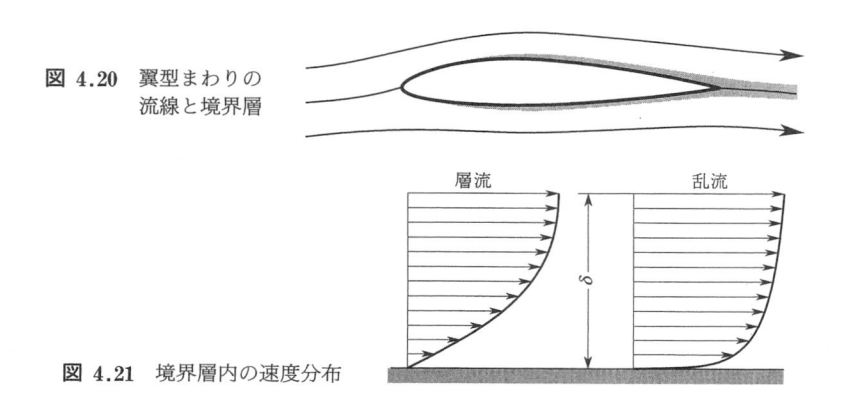

図 4.20 翼型まわりの流線と境界層

図 4.21 境界層内の速度分布

時間平均値である．また図中の δ は**境界層厚さ**を表す．乱流境界層の壁近傍には**粘性底層**とよばれる速度勾配の強い領域があり，摩擦応力は層流に比べてかなり大きくなる．その原因は乱流渦運動にある．そこで，乱流摩擦を低減させるために，乱流渦を人為的に抑制する方法の研究が続けられている．たとえば，物体表面に流れ方向に長い微細な溝を密に加工して鮫肌（さめはだ）のようにすると，壁近傍の渦運動が抑制されることがわかってきた．この溝は**リブレット**とよばれる．粘性底層の厚さ（$5\nu(\tau_w/\rho)^{-1/2}$）の 2〜3 倍程度の深さと幅（ピッチ）をもつ V 字断面のリブレットを用いると，摩擦応力は滑面に比べ最大で 8% 程度減るという実験結果が得られている．

さて，翼弦長 l の平板翼（滑面）を速度 V の流れに平行に置く場合の摩擦抗力 D_f は，**摩擦抗力係数** C_f を導入すると，S を板の両面を合わせた全表面積として，次のように表される．

$$D_f = C_f \frac{1}{2} \rho V^2 S \tag{4.22}$$

式（4.22）における C_f はレイノルズ数 lV/ν の関数である．前縁から距離 x の位置における境界層厚さ δ と壁面の摩擦応力 τ_w の表式を境界層の全域が層流および乱流の場合に対し表 4.2 に示す．さらに，摩擦抗力係数を図 4.22 に

表 4.2

	層流	乱流
C_f	$1.328/\sqrt{Re}$	$0.455/(\log_{10} Re)^{2.58}$
δ/l	$4.91\sqrt{x/l}/\sqrt{Re}$	$0.377\left(\dfrac{x}{l}\right)^{0.8}/Re^{0.2}$
$\tau_w / \dfrac{\rho V^2}{2}$	$0.644/\sqrt{\dfrac{Vx}{\nu}}$	$0.0587/\left(\dfrac{Vx}{\nu}\right)^{0.2}$

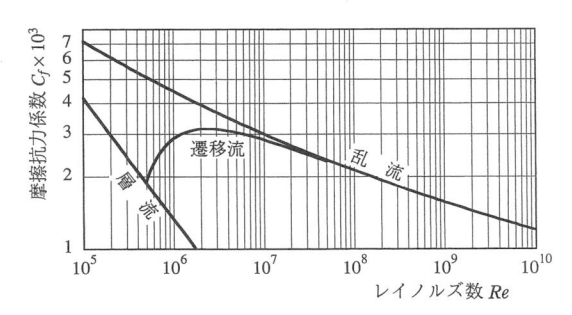

図 4.22 平板の摩擦抗力係数

示す．層流の摩擦抗力が乱流の場合に比べて非常に小さいことがよくわかる．

層流が流速の変動などの撹乱を受けて安定を失い，乱流に移行する現象を層流から乱流への**遷移**という．遷移は，一般に撹乱の強さとレイノルズ数に依存し，それらが大きいほど遷移しやすくなる．撹乱の強さとして，流速変動の振幅の速度 V に対する比をとると，それが 0.1％ 程度の場合，迎え角 0 の滑面平板に沿う境界層は前縁からの距離 x に基づくレイノルズ数 $xV/\nu \geqq 5\times10^5$ の領域では乱流状態とみてよい．この場合の摩擦抗力係数を求めると，次式を得る（ただし，強さ 10％ 程度の撹乱があると，$xV/\nu \geqq 3.3\times10^4$ で乱流に遷移することもある）．

$$C_f = \frac{0.455}{(\log Re)^{2.58}} - \frac{1700}{Re} \qquad (4.23)$$

層流境界層は圧力が下流に減少する加速流の場合には安定化し，層流状態が維持される．翼面に沿う流れを加速流の状態に長く保つ工夫として，最大厚さ位置をできるだけ後方にさげる方法がある．層流領域が広くなると摩擦抗力は当然小さくなる．このように設計された翼型を**層流翼型**という．図 4.10 に示した翼型は典型的な層流翼型の例である．その特徴は $C_L = 0.4$ 付近で見られる層流翼型特有の低抗力特性にある．ただし，レイノルズ数 lV/ν が 5×10^7 では遷移点が前縁近くに移り，層流領域は狭まる．また，**表面粗さ**は層流境界層を撹乱し，遷移を促進させるので，層流翼型の大敵である．

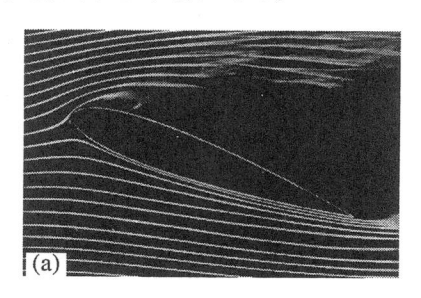

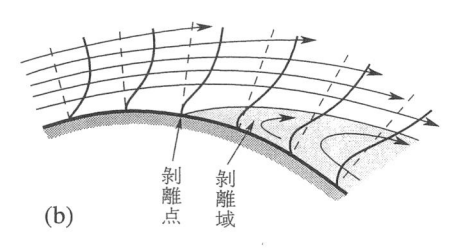

図 4.23 失速した翼まわりの流れと剝離点付近の速度分布

（3） 伴流抗力

図4.23に失速した翼まわりの流れの可視化写真（a）と剥離点前後の流れの様子（b）を示す．仮に，粘性を省略したベルヌイの式をもとに考えてみると，圧力の増減は運動エネルギーの増減によるので，運動エネルギーをほとんどもたない（流速は壁で0）境界層の壁近くの流体要素は圧力上昇の領域へは一歩も進めないはずである．実は，逆圧力勾配下の境界層の壁近くでは，せん断応力 τ は壁からの距離 y とともにほぼ直線的に増加するようになる．その結果 τ の大きい側の流体が小さい側の流体を下流向きに引きずる力が生じ，その大きさは，前述と同様，単位体積あたり $\partial\tau/\partial y$ と書ける．この力は乱流境界層の場合には渦運動によるせん断応力が加わるので大きい値となり，剥離は起きにくい．しかし，層流境界層の場合はこの力はごく弱く，わずかな逆圧力勾配でも容易に剥離することになる．境界層が剥離すると，翼の背後に渦を巻く圧力の低い領域，すなわち**伴流**が形成される．

たとえば，一様流中の直径 D の円柱の表面上では，図4.24に示すように，$Re=DV/\nu=10^5$ では $\theta=78°$ で剥離し，$C_D=1.25$ であり，$Re=2\times10^5$ では $\theta=94°$ で層流から乱流に遷移して $\theta=130°$ で剥離し，$C_D=0.534$ である．これらの抗力は，おもに，物体前部の高圧部と後部伴流域内低圧部の圧力差によるもので，これを**伴流抗力**という．この例のように層流剥離よりも乱流剥離の場合のほうが伴流域が狭くなって抗力は小さくなり，前者の43%程度の値となる．翼型のような**流線形物体**では，小さい迎え角ではその抗力のほとんど全部が摩擦抗力であり，迎え角が大きくなるにつれて伴流抗力が加わる．翼の失

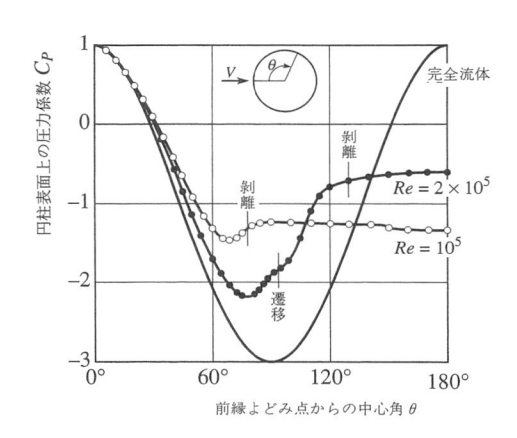

図 4.24 円柱まわりの表面圧力分布

速は，大きな迎え角のために翼上面の境界層が剥離し，循環が減少して揚力が下がり，伴流域が拡大して伴流抗力が急増する現象である．層流境界層のほうが乱流境界層より剥離しやすいから，わざと翼表面に突起を出し（**渦発生装置**という）境界層を乱流にしたり，もともと乱流の場合でも強い渦運動を導入したりして，剥離を防止する方法が実用化されている．剥離を防止するための**境界層制御法**としては，このほかに，境界層を翼内に吸い込む方法，音波を用いたり小翼を振動させたりして境界層に強い渦を導入する方法などが研究されている．

なお，翼の失速には，① 前縁半径（前縁の丸み）の小さい翼の前縁近くで層流剥離により失速する**前縁失速**型，② 平板翼のような薄翼では 4°程度の小さい迎え角から前縁直後で層流剥離するが，乱流に遷移しつつ翼面に再付着し，迎え角が増すと再付着点が徐々に後縁に向かう**薄翼失速**型，③ 後縁近くでの乱流剥離が迎え角が増すと前縁のほうに徐々に移動する**後縁失速**型などがある．危険なタイプは迎え角が 10°程度を越すと急に失速する前縁失速型である．

4.5 有 害 抗 力

飛行機の抗力は，誘導抗力，摩擦抗力，伴流抗力のほかに，高亜音速機や超音速機では造波抗力が加わるが，さらに次に述べる**干渉抗力**を考慮に入れなければならない．これらのうち誘導抗力を除いた抗力を合わせて**有害抗力**という．

機体全体の抗力は**主翼**，**尾翼**，**胴体**，**エンジン**などの各部分の抗力の和と考

表 4.3 飛行機各部分の有害抗力係数

部　　分	説　　明	$C_{D\pi}$	関係面積
翼	普通仕上げ $t/c=10\sim20\%$	$0.005\sim0.009$	S
尾部翼	普通仕上げ $t/c=8\sim12\%$	$0.006\sim0.008$	S_t
胴体	流線形で突起物なし	0.05	A_c
胴体	機首にエンジンをつけた小型機	$0.09\sim0.13$	A_c
胴体	大型輸送機	$0.07\sim0.10$	A_c
ナセル（在来型）	小型機の翼上のもの	0.25	A_c
ナセル（在来型）	大型機の翼前縁に取り付けた比較的小さいもの	$0.05\sim0.09$	A_c
ナセル（ターボジェット）	翼に取り付けたもの	$0.05\sim0.07$	A_c
翼タンク	翼端の下につるしたもの	0.10	A_c
翼タンク	翼端に取り付けたもの	0.06	A_c
翼タンク	翼の下，内げん（支持装置を含む）	$0.19\sim0.21$	A_c
フラップ	スパンの 60% のフラップを 30°〜40°降ろしたとき	$0.02\sim0.03$	S

4.5 有害抗力

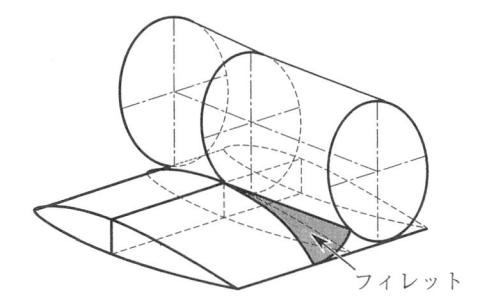

図 4.25 胴体と主翼（低翼）との結合部

フィレット

えられる．各部分の抗力係数 $C_{D\pi}$ は表 4.3 に求められている．それぞれの関係面積 A_π は，たとえば翼では平面積，胴体などでは流れに垂直な最大断面積 A_c をとる．動圧を $\bar{q}$ で表すと，全有害抗力 D_P は

$$D_P = \sum C_{D\pi} A_\pi \bar{q} \tag{4.24}$$

と表される．しかし，たとえば主翼と胴体との結合部には図 4.25 のようなすみ肉（フィレット）を付ける工夫を行わない場合には，逆圧力勾配により境界層が剥離し抗力を増大させる．このように各部の抗力の和より大きい抗力が発生する場合，その増分を干渉抗力という．このような増分を見込んで，設計にあたっては D_P の 10% 程度を干渉抗力として余分に見積もる．

有害抗力を動圧で割った値を**相当平板面積**という．これを f，全機の有害抗力係数を C_{DP}，主翼面積を S と書くと

$$f = \frac{D_P}{\bar{q}}, \quad C_{DP} = \frac{D_P}{\bar{q}S} = \frac{f}{S} \tag{4.25}$$

である．相当平板面積とは抗力係数を 1.0 と仮定した平板（面は流れに垂直）の面積で全有害抗力を表す考え方〔4.1 節（3）項参照〕であり，ヘリコプタのように固定翼のないものでは，この f で有害抗力の大きさを表すことができる．

機体全体の抗力係数 C_D は**飛行機効率** e を導入して次式で表される．

$$C_D = C_{DP} + \frac{C_L^2}{e\pi A} \quad e = 0.7 \sim 0.85 \tag{4.26}$$

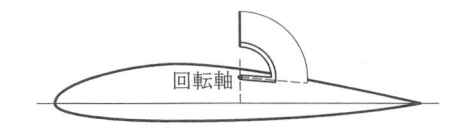

回転軸

図 4.26 スポイラ

4. 揚力と抗力

なお，飛行機効率 e は誘導抗力 D_i が式（4.18）の δ を用いて表現されることや抗力係数には図 4.9, 4.10 の翼型の抗力特性に見られるように，C_L^2 にほぼ比例する成分があることから導入されたものである．

着陸時などの空気ブレーキとして抗力を増大させたいときには，図 4.26 のように**スポイラ**を出して伴流抗力を増大させる．これはまた補助翼の代わりに操縦にも使える．

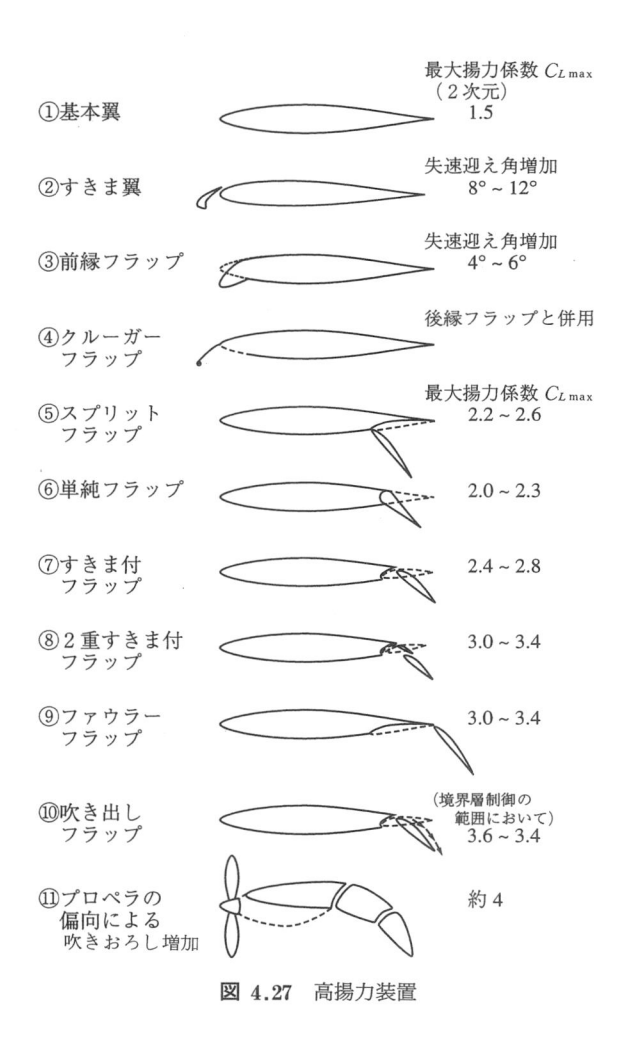

		最大揚力係数 $C_{L\max}$ （2次元）
①基本翼		1.5
②すきま翼		失速迎え角増加 $8° \sim 12°$
③前縁フラップ		失速迎え角増加 $4° \sim 6°$
④クルーガーフラップ		後縁フラップと併用
⑤スプリットフラップ		最大揚力係数 $C_{L\max}$ $2.2 \sim 2.6$
⑥単純フラップ		$2.0 \sim 2.3$
⑦すきま付フラップ		$2.4 \sim 2.8$
⑧2重すきま付フラップ		$3.0 \sim 3.4$
⑨ファウラーフラップ		$3.0 \sim 3.4$
⑩吹き出しフラップ		（境界層制御の範囲において） $3.6 \sim 3.4$
⑪プロペラの偏向による吹きおろし増加		約 4

図 4.27 高揚力装置

4.6 高揚力装置

飛行機の離着陸の安全性を高めるには，離着陸時の飛行速度をできるだけ小さくするように設計する．水平飛行時の速度 V は，機体重量 $W=mg$ と揚力 $L=(1/2)\rho V^2 SC_L$ のつり合い〔6.1節参照〕より

$$V=\left(\frac{2W}{\rho SC_L}\right)^{1/2} \tag{4.27}$$

で与えられる．W, S, ρ は決まった値であるから，V を小さくするには C_L を大きくする必要がある．このため，主翼には離着陸時だけ最大揚力係数 C_{Lmax} を大きくするために種々の考案が加えられている．これを**高揚力装置**という．高揚力装置は揚力を増加させると同時に抗力も増加させるので，揚抗比が低下する．着陸時にはこの特性は有利であるが，離陸時には，抗力増大による損失よりも揚力増大による利益のほうが勝る範囲で用いる．揚力を増大させるには，原則的に次の手段が必要となる．すなわち，①迎え角の増加，②キャンバの増加，③翼面積の増加，④循環の増加，である．

高揚力装置の例を図4.27に示す．翼前縁付近と後縁付近に装置したものに大別されるが，前者には**すきま翼，前縁フラップ，クルーガーフラップ**があり，フラップを主とする後者には**2重すきま付きフラップ**など複数の小翼を組み合わせたものもある．すきま翼は，主翼とスラットとよばれる小翼とのすきまを下から上に吹き上げる気流で上面境界層流れにエネルギーを与え，図

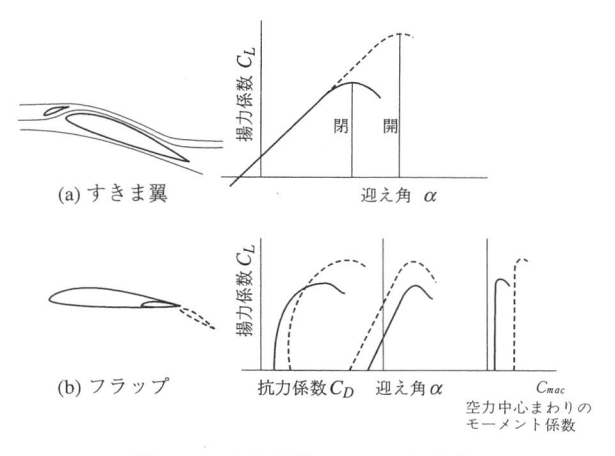

図 4.28　すきま翼とフラップの特性

4.28(a)のように大きい迎え角まで失速を抑制するように工夫したものであり，小型機には固定スラットや大きい迎え角になると自動的に前に飛び出す形式のものが利用されている．前縁フラップやクルーガーフラップはキャンバを増加させて高揚力を得るものである．一方，フラップはキャンバと迎え角を増加させる効果があり，**ファウラーフラップ**にはさらに翼面積を増加させる働きがある．フラップの上面には強い負圧が生じ，そこへ主翼上面の境界層流れが導かれることにより，翼上面の負圧が増大し，揚力が増す．図4.28(b)のようにフラップを下げると，同じ迎え角で揚力が増し，失速角はむしろ減少する．抗力も増加させ，着陸進入時に滑空角が増し，機体の地面に対する姿勢を変えずに迎え角が大きくなるので，視界がよく，好条件を与える．前縁高揚力装置と後縁スラップを併用すると，失速角が増し，同一迎え角におけるC_Lも増すので，C_{Lmax}の増加は著しい．B 747機では両者が併用され，着陸時は$C_{Lmax}=2.55$である．

後縁フラップを大きく下げるとフラップ上面の流れが剥離し，抗力が増す．その対策としてジェットエンジンなどによる高圧空気をパイプで導き，フラップ上面に高速で吹き出して剥離を防止する吹き出しフラップが考案されている．また，一般に，後縁からジェットを吹き出し，その方向を偏向板またはノズルで制御する方式を**ジェットフラップ**という．ジェットを斜め下に向けると揚力成分が得られる．垂直離着陸機においては，推進用エンジンの排気を直接下方に向けて機体重量を支える方式も実用化されている．

4.7　高速飛行の空気力学

（1）　音速と圧縮性

空気の**音速**aは絶対温度Tの平方根に比例し，$T=288$ Kにおいて340 m/sである．流動による圧力変化に伴って空気の密度，温度および音速が変化する（表2.2参照）．密度変化が流れに及ぼす影響を**圧縮性の影響**という．流速をその場の音速で割った流れの**マッハ数**M，あるいは飛行速度Vを飛行高度での音速aで割った飛行マッハ数M_∞が0.3を越すと，圧縮性の影響が現れてくる．逆に0.3以下であれば非圧縮性流れとみなしてよい．非圧縮性流れの音速は無限大であるから，マッハ数は流速によらずつねに0である．翼型の揚力係数に及ぼす圧縮性の影響は次式で表される．

$$C_L = \frac{C_{L0}}{\left(1-M_\infty^2\right)^{1/2}} \qquad (4.28)$$

ここで，C_{L0} はある一つの翼型の非圧縮性流れにおける揚力係数，C_L はその翼型のマッハ数 M_∞ の**圧縮性流れ**における揚力係数である．この関係式は**プラントル-グラワートの法則**とよばれ，M_∞ が 0.7 程度に至るまで実験とよく一致する．

飛行速度が音速以下の**亜音速**であっても，翼に沿う局所流れが音速に達する可能性がある．そのような飛行マッハ数の最小値を**臨界マッハ数**という．臨界マッハ数は薄い翼ほど大きくなる．臨界マッハ数の具体的な値はすでに表 4.1 に示されている．

一般に，空気流は粘性と圧縮性に依存し，先述の力学的相似則の条件としては，レイノルズ数とともにマッハ数も一致させる必要がある．すなわち，揚力係数や抗力係数はマッハ数とレイノルズ数の関数である．

（2） 抗力発散マッハ数

飛行マッハ数 M_∞ が臨界マッハ数を越すと，翼まわりの流れが局所的に超音速になる領域ができ，それが亜音速に減速する位置に強い**衝撃波**が生じる．衝撃波は非常に薄く，減速に伴う圧力の上昇は不連続的に生じ，境界層は強い逆圧力勾配を受ける．そのために図 4.29 の写真のように境界層が剥離し厚い伴流域ができ，抗力は急増，揚力は急減する．このような衝撃波による失速現象

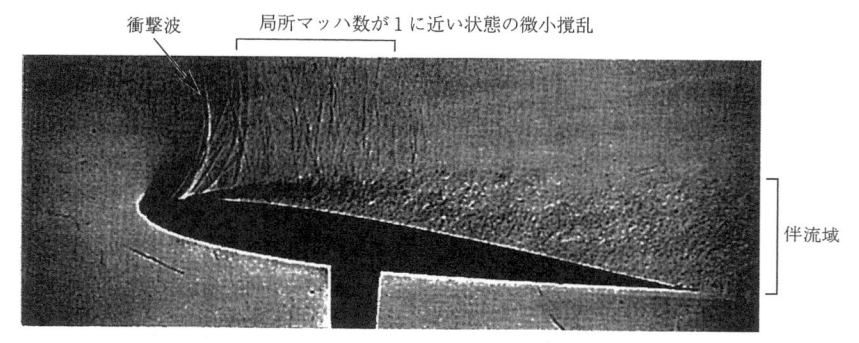

図 4.29 衝撃波による境界層の剥離 （$M_\infty = 0.7$，$\alpha = 7°$ の翼型まわりの流れ）
(H. H. Pearcey, Shock-Induced Separation and its Prevention by Design and Boundary Layer Control, in Boundary Layer and Flow Control, Vol. 2, edited by G. V. Lachman, Pergamon Press. 1961 をもとに作成)

60 4. 揚力と抗力

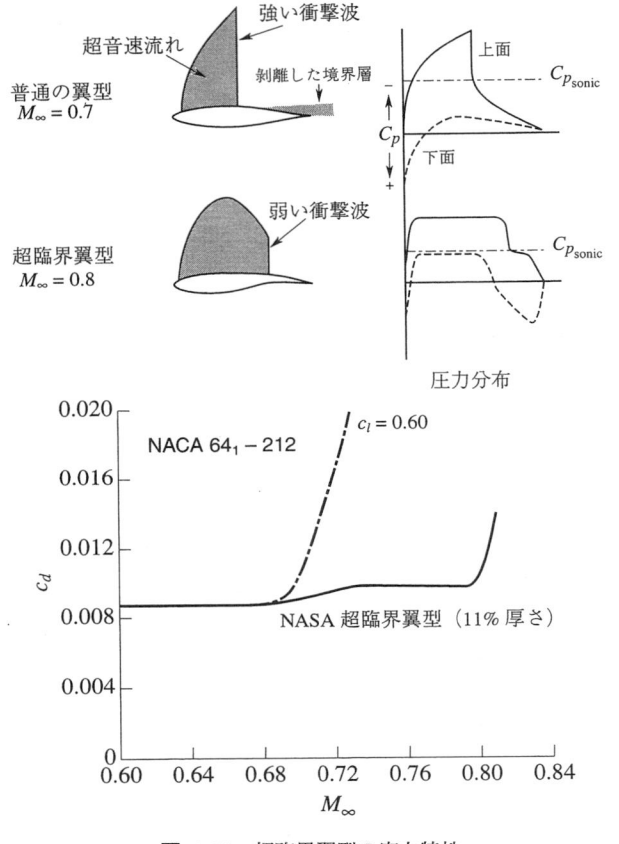

図 4.30 超臨界翼型の空力特性

を**衝撃失速**といい，衝撃失速で抗力が急増し始めるマッハ数を**抗力発散マッハ数** M_{dd} という．

亜音速域と超音速域が混在し，衝撃波に支配される流れを**遷音速流**という．

（3） 超臨界翼型（スーパークリティカル翼型）

遷音速流特有の衝撃失速が起きると，揚力の急減や抗力の急増に加え，剥離点や衝撃波の発生位置が不規則に振動し，空気力も大きく変動する．また，尾翼や操舵面が伴流の中に入ると操縦が困難となり，飛行の安全が脅かされる．そこで，このような現象を緩和できる翼型，すなわち抗力発散マッハ数の高い翼型の開発が進められた．その一つに**超臨界翼型**がある．この翼型は図 4.30 に示すように，翼上面が普通の翼型に比べてより平坦な形に設計されている．

超臨界マッハ数における衝撃波の発生位置を普通の翼型の場合よりも後方に移動させて，弱い衝撃波によって亜音速に減速させることを狙った設計である．また，衝撃波の下流の翼後半部も揚力に大きく寄与するようにキャンバを与え，その下面側を正圧となるように工夫されている．もちろん，翼の下面側の流速は音速を越すことはない．

（4）後 退 翼

高速輸送機の翼の平面形の代表的なものは図 4.31 に示す**後退翼**と**デルタ翼**である．これらの翼において，前縁が翼スパンの中心線に直角な方向となす角を**後退角**という．衝撃失速を最も簡単かつ効果的に緩和する方法は翼に後退角 Λ を与えることである．後退角の原理は明解である．飛行マッハ数 M_∞ に対し，前縁に垂直な速度成分のマッハ数は $M_\infty \cos\Lambda$，平行な成分のマッハ数は $M_\infty \sin\Lambda$ となるが，翼が無限長であるとし，非粘性流れを仮定すると，平行成分は流れにまったく影響せず，翼の特性は前縁に垂直な成分だけで決まる．これは臨界マッハ数や抗力発散マッハ数が $1/\cos\Lambda$ 倍になることを意味する．ただし，翼は現実には無限長ではない．また，胴体が存在し，境界層の影響も受ける．実験によると，実際の効果としては，$\cos\Lambda$ の代わりに $(\cos\Lambda)^{1/2}$ を用いるほうがよいようである．

なお，翼の各断面の 1/4 翼弦長点や 3/4 翼弦長点をスパン方向に結んだ直線をそれぞれ **1/4 翼弦長線**，3/4 翼弦長線という．後退翼にもプラントルの翼理論を適用できるが，その場合，束縛渦は 1/4 翼弦長線にあるとし，吹きおろし速度を 3/4 翼弦長線上で評価するとよいことがわかっている．この場合，後退角は前縁ではなく 1/4 翼弦長線に基づき定義する．

後退翼で注意すべき点は，翼端に向かう外向きの流れにより，翼端付近の境

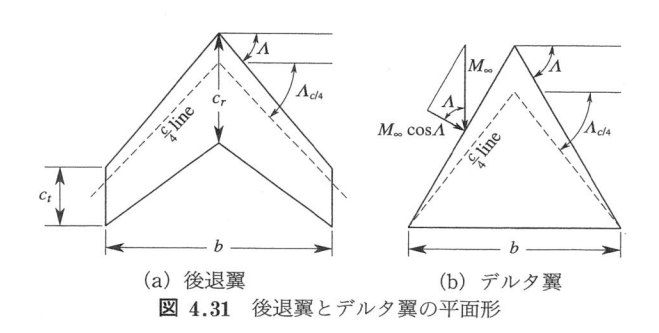

図 4.31 後退翼とデルタ翼の平面形
(a) 後退翼　(b) デルタ翼

界層が厚くなり剝離しやすくなる．翼端失速が起きると，主翼後端の揚力を失い頭上げモーメントが働く．そこで，翼端までの中ほどに境界層フェンスを立て外向き流れを緩和する方法がとられる．一方，前進翼を採用した場合には，翼端から翼付根に向かう内向き流れとなり，失速域は翼付根に移る．前進翼，後退翼のいずれの場合も翼付根に大きいねじりモーメントが働く難点がある．

（5） 超音速機とデルタ翼

図 4.32 は超音速後退翼の概念図であるが，翼の先端から発生する微小な撹乱の影響域を破線で示している．微小撹乱の伝播速度は音速であり，静止流体中では球面状に伝播するが，流れがあるとそれに乗って伝わるので，前方から超音速流がやってくるときには上流にはまったく伝わらず，頂角が 2μ の**マッハ円錐**の内部に限られる．ここで，$\mu = \sin^{-1}(1/M_\infty)$ である．すなわち，マッハ円錐面に直角な速度成分のマッハ数は，当然 1 である．翼の前縁がマッハ円錐の内部に入るように後退角を与えると，前縁に垂直な速度成分のマッハ数は亜音速となり，衝撃波の発生を回避できる．そして，翼の特性にとって重要な前縁に垂直な翼断面まわりの流れは実質的に亜音速流となる．このように翼前縁がマッハ円錐の内側に入る場合，これを**亜音速前縁**という．

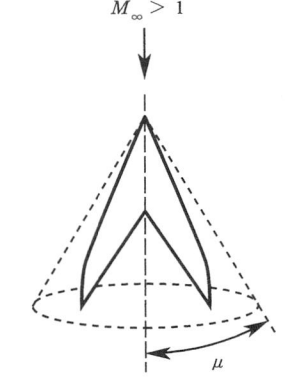

図 4.32 超音速後退翼（破線はマッハ円錐を表す．$\mu = \sin^{-1}\dfrac{1}{M_\infty}$）

翼の後退角を大きくすると，翼端と胴体のすきまがわずかになり，そこを翼面として埋めてデルタ翼とするほうが強度的に有利になる．コンコルド機の主翼にはこのデルタ翼を発展させた**オージー翼**が採用されている．この場合，離着陸時に迎え角を大きくとると，翼前縁で流れが剝離し，図 4.33 に示すように渦をつくる．この渦は翼上面に低圧領域を発生させ揚力の増加に貢献するの

図 4.33 オージー翼

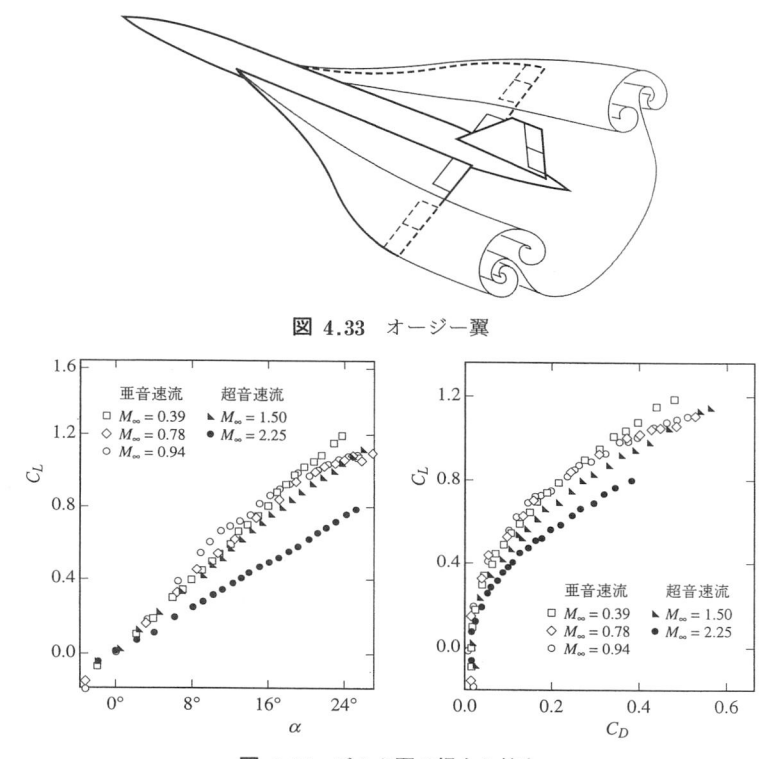

図 4.34 デルタ翼の揚力と抗力

で，コンコルド機においては積極的に利用されている．もちろん，渦がつねに翼に付着して離れないように迎え角の制御を行う必要がある．なお，デルタ翼は大きい頭下げモーメントをつくる．そのため，胴体先頭部付近に取りつけた小翼（**カナード**）の揚力でバランスをとる方法がよく採用される．

亜音速および超音速デルタ翼（アスペクト比 $A=2.31$，後退角 $60°$）の空力特性の例を図 4.34 に示す．$M_\infty=1.5$（マッハ角 $\mu=41.8°$）の場合，翼前縁は亜音速前縁であり，空力特性は $M_\infty=0.39$，0.78，0.94 の亜音速の場合と大差ない．一方，$M_\infty=2.55$（$\mu=26.4°$）の場合，翼前縁はマッハ円錐の外側に出る．このような前縁を**超音速前縁**という．この場合，前縁に垂直な速度成分は超音速であり，亜音速前縁の場合に比べると空力特性は劣る．

（6） 面 積 法 則

翼，胴体，エンジンなどを結合した全機の造波抗力を低減させる指針として，

ウィットコムにより遷音速域で発見された**面積法則**がよく知られている．彼は，機体軸に垂直な面で翼胴結合体を切ったときの断面積の軸方向分布に注目し，それが滑らかな分布になるように翼胴結合部およびその前後で胴体の断面積を減らすと，造波抗力を低減できることを風洞実験で示した．また，翼胴結合体の造波抗力は，それと同じ断面積分布をもつ回転体の断面積にほぼ等しくなることも示した．今日，超音速流中で造波抗力が最小となる形状の回転体は**シアーズ–ハーク回転体**とよばれている．造波抗力を低減させるには，断面積分布をシアーズ–ハーク回転体のそれに近づけることが重要である．もちろん，全機の揚抗比の向上は，全機形状の空力設計によって，一定の揚力に対し誘導抗力，摩擦抗力および造波抗力の総和をいかに最小化するかによる．

(7) ウエーブライダ

飛行マッハ数が5〜6を越した領域は**極超音速**とよばれる．極超音速輸送機として考えられている形態は，やはり細長いデルタ翼が基本である．しかし，翼前縁をマッハ円錐内に入れると，コンコルド機よりさらに細長くなり，離着陸時の低速飛行が困難になる．逆に前縁をマッハ円錐の外側に出すと強い衝撃波が発生することになる．そこで，衝撃波を翼の下面だけに発生させ，衝撃波による圧力上昇を揚力に利用するという提案がなされている．この翼を**カレット翼**という．図4.35に示すように，前縁から発生する衝撃波は，両前縁がつくる平面内にある．衝撃波に乗って飛ぶ形態であることから，このような極超音速機を**ウエーブライダ**とよぶ．極超音速機では機体とエンジンの一体化，すなわち，衝撃波を通過した高温・高圧空気に燃料を直接噴射して推力を得る方

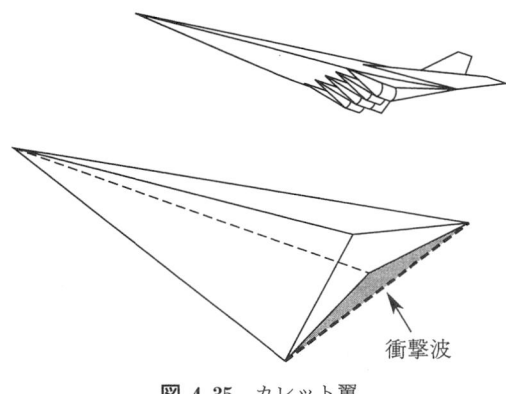

図 4.35 カレット翼

4.7 高速飛行の空気力学　**65**

法が考えられる．

　さて，図 4.36 は最大揚抗比を飛行マッハ数に対し図示したものである．揚抗比を大きくするには低速機ではアスペクト比の大きい長方形翼が採用される．また，すでに述べたように高亜音速機，超音速機，極超音速機ではそれぞれ後退翼，細長いデルタ翼，カレット翼が採用される．実線と破線はこれらの機体について 1978 年にキュヒマンが行った評価と予測の結果である．一方，1 点鎖線は将来の技術目標として，$L/D = 4(M_\infty + 3)/M_\infty$ の関係を図示したものである．

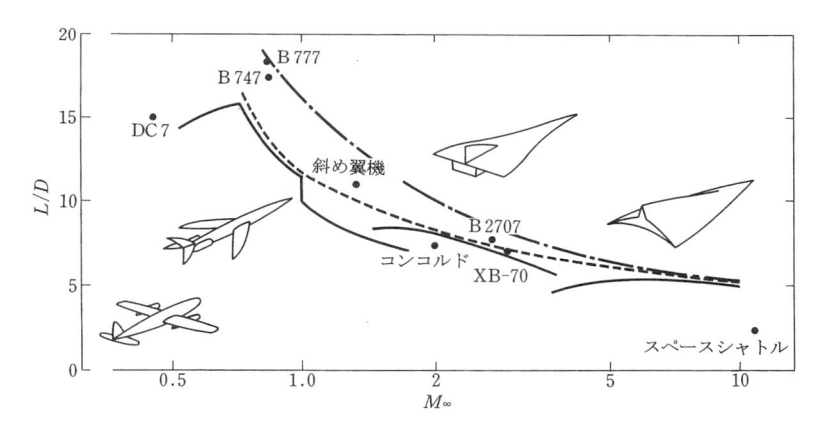

図 4.36 最大揚抗比と飛行マッハ数
(Küchemann, D., The Aerodynamic Design of Aircraft, Pergamon Press, 1978 をもとに作成)

(8) 計算流体力学

　スペースシャトルの飛行マッハ数は 25 を越える．その機体先頭部や翼前縁の形状には丸みをもたせている．これは，大気圏突入時に造波抗力を利用して減速をはかるためであり，また，減速時に運動エネルギーが空気の分子運動のエネルギーに吸収され，機体表面に高温にさらされるので，この**空力加熱**に対する耐熱の配慮からである．

　このような高温高速の流れを風洞で再現することはなかなかやっかいである．そこで，流体の運動方程式を計算機で解く**計算流体力学**の発展に力が注がれた．マッハ数 5，迎え角 30° で飛行する宇宙往還機まわりの流れをこの方法で計算した結果を図 4.37 に示している．三つの断面を選び，各断面内の圧力分布を

66 4. 揚力と抗力

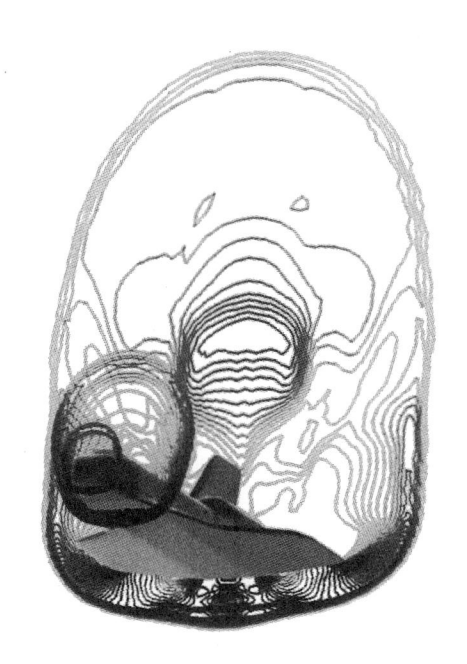

図 4.37 宇宙往還機まわりの流れ

等値線で表したものであり，衝撃波の発生位置（下面側から上面側に延びる等値線が密集したところ）をよくとらえている．計算流体力学は今日では，翼型や航空機の空力設計に欠くことのできないツールとなっている．また，複雑な熱流体現象の解明の問題などにも広く応用されている．

5. 推　　　　進

　航空用推進機関は図 5.1 のように分類される．まず，二つの大分類は，燃料の燃焼に空気中の酸素を利用する方式のエンジンである**空気吸入式エンジン**と，燃料とその燃焼に必要な酸化剤とをもっている非空気吸入方式のエンジンである**ロケットエンジン**に分けられる．さらに，空気吸入式エンジンは**レシプロエンジン**と**ジェットエンジン**に分けられる．ジェットエンジンは，**ラムジェットエンジン**と**ガスタービンエンジン**に分類される．ラムジェットエンジンは，ジェットのすべてのエネルギーを推力に利用するものであり，マッハ数が3を越える超音速域で効率よく作動できる．一方，ガスタービンエンジンはジェットのエネルギーの一部がタービンを回転させるための軸動力として使われるので，その一部のみが推力に変換される．ガスタービンエンジンはさらに，推力発生の機構あるいは推力の大きさにより**ターボジェットエンジン**，**ターボファンエンジン**と**ターボプロップエンジン**に分類される．なお，ターボジェットエンジンを**ピュアジェットエンジン**とよぶことがある．また，一般にガスタービンエンジンをジェットエンジンとよぶ．

```
                    航空用推進機関
              ┌──────────┴──────────┐
      非空気吸入式エンジン        空気吸入式エンジン
       (ロケットエンジン)         ┌──────┴──────┐
                            ジェットエンジン    レシプロエンジン
                     ┌──────┴──────┐
              ガスタービンエンジン    ラムジェットエンジン
        ┌────────┼────────┐
  ターボジェットエンジン  ターボファンエンジン  ターボプロップエンジン
  (ピュアジェットエンジン)                    (ターボシャフトエンジン)
```

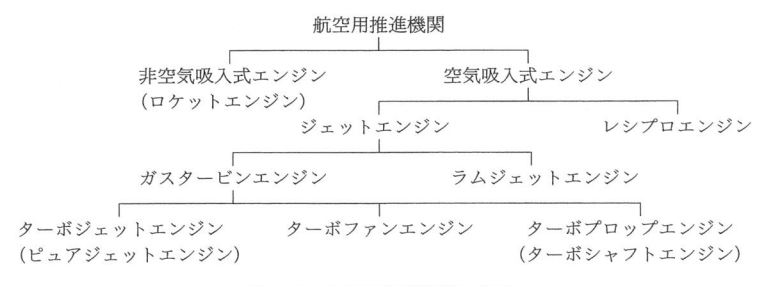

図 5.1　航空用推進機関の分類

　本章では高性能エンジンを代表するガスタービンエンジンに重点をおいて，その原理と構成，性能について述べた後，プロペラ推進，将来の航空エンジン，環境適合性について述べ，さらにロケット推進について述べる．

68　5. 推　　　進

5.1　エンジン推力とその効率

　亜音速，あるいは超音速で飛行するほとんどの飛行機に搭載されるエンジンは空気吸入式エンジンであり，原理的には吸入した空気を加速して排出することにより，推力を発生させる．代表的なエンジンはガスタービンエンジンであり，それらの断面図を図 5.2 に示す．いずれの場合も，吸入した空気の一部分に燃料を付加して燃焼させ，高速ガスとして排出することによって推力が発生する．

　空気吸入式エンジンの推力発生の原理を図 5.3 に示す．空気は速度 V で吸入され，領域 E でエネルギーの供給を受けた後加速され，速度 V_J で排出されるものとする．簡単化のために，速度 V と V_J は断面 AC，BD を通じて一様とする．また，同時に AC，BD 断面は十分に上流，下流に位置しており，圧

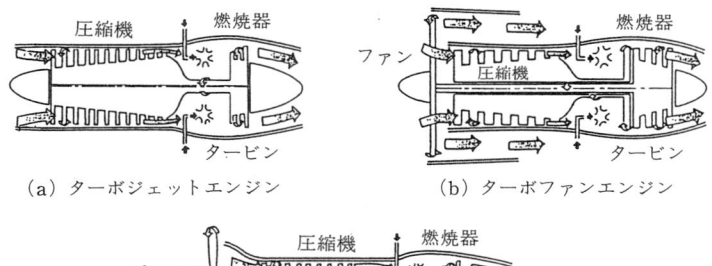

(a) ターボジェットエンジン　　(b) ターボファンエンジン

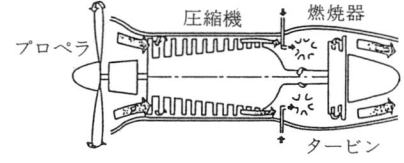

(c) ターボプロップエンジン

図 5.2　ガスタービンエンジン

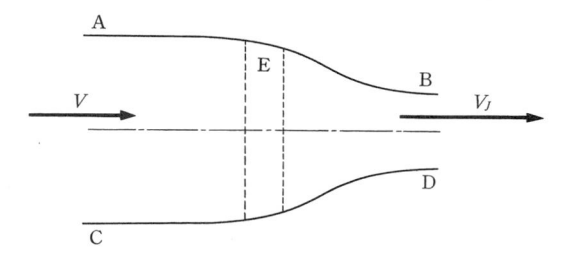

図 5.3　推力発生の原理

力は，乱されていない空気中の圧力と同じであるとする．したがって，速度 V は系への流入速度であり，飛行速度と等しくなる．発生する**推力**は運動量の時間的変化に等しく，以下のように表される．

$$F = \dot{m}(V_J - V) \tag{5.1}$$

ここで，$\dot{m}$ は単位時間に系を通過する空気の**質量流量**を表す．ターボジェットとターボファンの場合には，通常燃料の付加量は小さいので無視される．

空気流を速度 V から V_J に加速するのに必要な動力は，単位時間あたりの運動エネルギーの時間的変化に等しく，$\dot{m}(V_J^2 - V^2)/2$ である．**推進効率** η_p は，**有効推進仕事** $FV = \dot{m}V(V_J - V)$ と，必要な動力 $\dot{m}(V_J^2 - V^2)/2$ との比として定義され，次のようになる．

$$\eta_p = 2V(V_J - V)/(V_J^2 - V^2) = 2/(1 + V_J/V) \tag{5.2}$$

速度 V と V_J は入口と出口での飛行機に対する相対速度を表しているので，系全体としては乱されていない空気流に対して，相対速度 $(V_J - V)$ の空気流を排出することになる．この空気流に与えられた運動エネルギーは単位時間あたり $\dot{m}(V_J - V)^2/2$ であり，有効な仕事とはならないので，**無効仕事**とよばれる．空気を加速するのに要する動力は，この無効仕事と有効推進仕事 FV との和である．したがって，推進効率のより正確で違った形の表現は以下のように書ける．

$$\eta_p = FV/\{FV + \dot{m}(V_J - V)^2/2\} \tag{5.3}$$

当然，上式は式 (5.2) と等しくなる．

推進効率の式 (5.2) は，推力を発生するためには V_J/V は 1 より大きくなければならないが，高い推進効率を達成するには 1 に近い値をとることが望ましいことを示している．また，発生推力の式 (5.1) は以下のように書き直すことができる．

$$F = \dot{m}V(V_J/V - 1) \tag{5.4}$$

これより，V_J/V が 1 より少しだけ大きければ推力を発生させることができて，式 (5.2) からわかるように，高い推進効率が得られる．一方，要求される大きな推力を達成するには，$\dot{m}V$ の値を大きくすればよい．もし，飛行速度 V が大きくないなら，空気流量 $\dot{m}$ を大にすることが必要である．

ターボジェットやターボファンエンジンを特徴づけるのに使用される評価尺度は，単位時間あたりの空気流量 $\dot{m}$ に対する発生推力 F の比 $F/\dot{m}$ として定義される**比スラスト** F_s である．上記の単純なモデルに対しては次のようにな

る．

$$F_s = F/\dot{m} = (V_J - V) \tag{5.5}$$

比スラストを用いると，推進効率は式 (5.3)，(5.5) より次のように書ける．

$$\eta_p = F_s \dot{m} V / \left\{ F_s \dot{m} V + \frac{1}{2}\dot{m}(V_J - V)^2 \right\} = 1 / \left(1 + \frac{1}{2}\frac{F_s}{V}\right) \tag{5.6}$$

すでに述べたように，発生すべき推力が与えられたとき，高い推進効率を得るためには，$\dot{m}V$ を大きくしなければならないが，これは式(5.6)中の F_s/V を小さくすることと等価である．

なお，工学上慣用されているエンジンの性能指標である**比推力** I_{sp} は発生推力 F と単位時間あたりの燃料（あるいはプロペラント）の重量流量 $g_0 \dot{m}_f$ （g_0：標準重力加速度）を用いて，次のように定義されている．

$$I_{sp} = \frac{F}{g_0 \dot{m}_f} \tag{5.7}$$

この比推力の単位は秒 (s) であり，1 kgf の燃料重量の消費によって，1 kgf の推力を何秒間出すことができるかを表し，エンジンの性能指標として用いられる．

また，SI 単位系で用いられる**比推力** I_s は燃料の重量流量の代わりに，燃料の質量流量 $\dot{m}_f$ を用いて，次のように定義される．

$$I_s = \frac{F}{\dot{m}_f}$$

この比推力の単位は m/s である．

推進機関の総合的な効率は推進効率 η_p に依存するだけでなく，熱力学的過程の効率にも関係する．ターボジェットやターボファンに対して，**熱効率** η_{th} は加えられた運動エネルギーの増加と燃料の発熱量との比として定義される．この定義が示すように，エンジンの主要な機能はエンジンを通過する気流の運動エネルギーを増すことである．空力的な損失と熱力学的な損失は避け難く，燃料の燃焼によって放出されたエネルギーのすべてが空気の加速に使えるわけではない．当然，熱効率 η_{th} は 1 より小さい．推進機関の**総合効率** η_o は推進効率と熱効率との積として，次のように定義される．

$$\eta_o = \eta_p \eta_{th} \tag{5.8}$$

一方，推力を発生させるために推進機関が消費する燃料の消費量を表すのに，**比燃料消費率**が用いられる．これは，ターボジェットやターボファンエンジンで単位時間あたりに消費される燃料の質量あるいは重量を Q，発生する推力

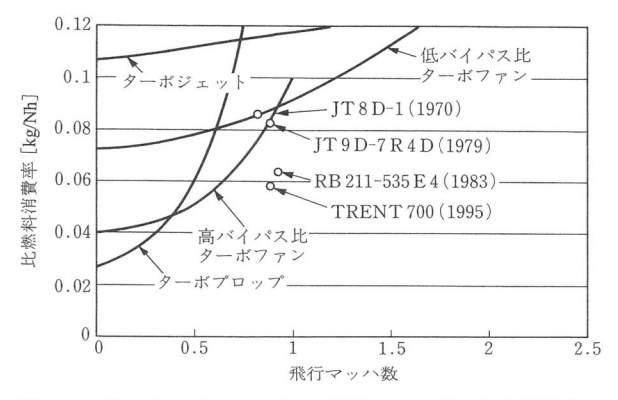

図 5.4 ガスタービンエンジンの飛行マッハ数と比燃料消費率

を F とすると，$c = Q/F$ として定義される．すなわち，比燃料消費率は単位推力を発生するために必要な単位時間あたりの燃料消費量を表す．ターボジェットや低バイパス比のターボファンに対しては巡航速度の範囲では飛行速度に対する c の変化が小さいので，この定義を飛行機の性能計算等に用いると便利である．ターボプロップエンジンの場合，軸動力とプロペラ効率が与えられると，推力が飛行速度に反比例するので，上のように定義された比燃料消費率 c は一定値ではなく，飛行速度に比例することになる．したがって，ターボプロップエンジンに対しては，比燃料消費率の定義に推力の代わりに，動力 $P_c = FV$ が用いられる．飛行機の性能計算に用いる定義としては $c' = Q/P_c$ になる．なお，P_c は**等価軸馬力**とよばれる．

各種のガスタービンエンジンについて，飛行マッハ数と比燃料消費率の関係を示すと図 5.4 のようになる．図中にはボーイング社の B 727 用エンジン JT 8 D-1 (1970)，B 747 用エンジン JT 9 D-7 R 4 (1979)，B 757 用エンジン RB 211-535 E 4 (1983)，B 777 用の TRENT 700 型エンジン (1995) の比燃料消費率を示している．25 年で約 30% も比燃料消費率が低下したことがわかる．

5.2 ターボジェットとターボファンエンジン

民間旅客機のガスタービン推進システムは図 5.2(a) に示すような，**ピュアジェット**の形態から出発した．空気取入口からの空気流は，多段圧縮機を通過し，燃焼器に入り，そこで燃料を加えられて燃焼することで，高温・高圧とな

る．この高温・高圧のガスはタービンを通過し，そこでは圧縮機を駆動するのに必要な動力が消費される．タービンを通過した流れは推進ノズルを経て速度を増し，同時に圧力を減じ，大気圧への最後の膨張はノズルを出た後に生じる．この場合，大きな推力を得るにはどうしても排出速度を大きくしなければならず，速度の8乗に比例して増大する空気力学的騒音が問題になる．世界初のジェット旅客機として登場したイギリスの**コメット**はこの方式を採用した．不幸にもコメットはアンテナの付け根部分の疲労破壊による空中爆発を起こした．続いて，アメリカの旅客機 B 707 が参入することによりジェット機時代を迎えるに至った．同時に，空港周辺の騒音や排気ガスによる環境破壊が新しいエンジンによりもたらされた．排気ガス公害もさることながら，エンジンからでる回転機騒音と噴流騒音はきわめて大きいものであった．そこで，図 5.5 のように圧縮機を二分し，燃焼器を通らない**バイパス流れ**を設けた．燃焼器を通過し，高温ガスとして排出される部分を**コア流れ**とよぶ．また，コア流れを発生させるターボファンエンジンの部分を**コアエンジン**あるいは**コア**とよぶ．バイパス流れとコア流れの流量の比を**バイパス比** B といい，エンジンの性能を考えるうえで重要な値である．バイパス流れの流量 $\dot{m}_b$，噴出速度を V_b とし，同様にコア流れの流量と噴出速度を $\dot{m}_c$，V_c とすると，エンジン全体の排出速度 V_2 は，出口直後で完全混合する場合には，発生推力の関係から次のように与えられる．すなわち

$$V_2 = (\dot{m}_b V_b + \dot{m}_c V_c)/(\dot{m}_b + \dot{m}_c) = (B V_b + V_c)/(B+1) \qquad (5.9)$$

B のかなり大きいときは，$B+1 \fallingdotseq B$ と近似でき，上式は

$$V_2 = V_b + V_c/B \qquad (5.10)$$

と簡略化される．これより，バイパス比が大きいほどエンジン全体の排出速度 V_2 は，より速度の小さいバイパス側速度 V_b に近づくことがわかる．よって，式 (5.2) より推進効率はますます増加するが，式 (5.1) からこのままでは推力が減少することになる．そこで，エンジン外径を増やして取り込み流量 $\dot{m}$

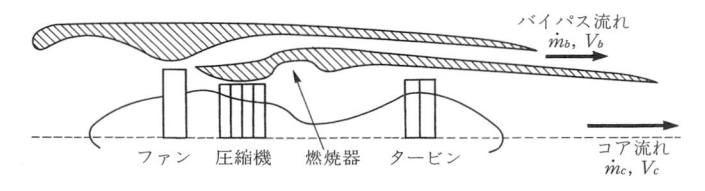

図 5.5 バイパスエンジン

を増やしておかねばならない．しかし，構造と強度上，むやみにバイパス比を増やすことはできない．1950年代はバイパスエンジンの初期であり，その当時のピュアジェットで培われた既存技術の延長として $B=1$ 程度の**低バイパス**エンジンが大勢を占めた．したがって，式 (5.9) より $V_2=(V_b+V_c)/2$ であるから，バイパスとコア流れの速度を単純平均したことになる．バイパスエンジンの採用により噴流騒音が減少し，かつ推進効率が上がるという好ましい傾向になったが，$B=2$ にまですると外径が大きくなり圧縮機からの回転騒音が大きくなった．多段圧縮機を単一のファンで置き換える試みがなされ，1970年初頭に**高バイパス**エンジンが現れた．図 5.2(b) に概念的な形態を示す．ボーイング社の B 747（ジャンボジェット），ダグラス社の DC 10，エアバス社の A 300 などの旅客機は $B=6$ 程度の高バイパスエンジンを搭載している．ファンをつけているものを総称して**ターボファンエンジン**という．ターボファンエンジンのバイパス比 B はエンジンの作動条件により，ある程度は変化する．初期のバイパスエンジンは 1 よりも小さいバイパス比を有していたが，現在のエンジンでは 3 から 6 の範囲にある．

ターボジェット，ターボファンエンジンのいずれに対しても，$\dot{m}V$ は空気取入口の運動量抵抗として知られている．なぜなら，この項が空気取入口に接近する空気流の運動量流束に等しく，推力に抗する力になるからである．$\dot{m}V_j$ によって表される推力を**グロス推力**とよび，運動量抵抗 $\dot{m}V$ との差を**正味推力**とよぶ．

5.3 ターボファンエンジンのおもな構成要素

（1） 空気取入れダクト

空気取入れダクトは通常，空気の速度を減じて静圧を増す**ディフューザ**の機能を果たす．つまり，自由流れの運動エネルギーを効率よく圧力に変換する．普通，このダクトはエンジンではなく，機体の一部とみなされる．しかしながら，当然空気取入れダクトはエンジン性能に大きな影響を与えるので，エンジン全体を議論する際には考慮に入れなければならない．空気取入れダクトは三つの重要な機能を有している．まず，形状が固定された条件下で，必要とされる空気流量を供給すること，第二に，全圧損失を最小にして，減速できること．言い換えると，圧力回復率を最大に保つこと．第三に，断面内で流れが一様に保たれること．最後に，これらの機能とともに，抵抗を最少にし，外部流との

74　5. 推　　進

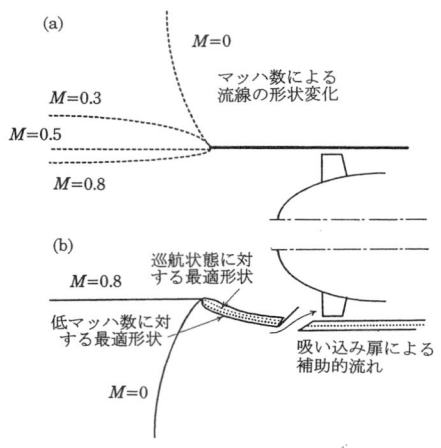

図 5.6　亜音速ディフューザの模式図

干渉をできるだけ避けることが要求される．

　図 5.6 に亜音速ディフューザの模式図を示す．図 (a) の破線は種々の飛行マッハ数における流線の形状を示す．巡航時 ($M=0.8$) には，流線の形状を考慮し，ディフューザ外側の流れのマッハ数の増加を最小に押さえるために，先端が薄くなるので，ディフューザの最適な形状は図 (b) の破線のようになる．しかしながら，離陸時および $M=0.3$ 以下の低亜音速時には，この鋭い前縁をまわり込んで流入する空気流れが剝離を引き起こす．そのため，図 (b) の実線のようにカウル前縁を丸めて，流入角に対する敏感さを減らした形状が用いられる．さらにボーイング B 747 の初期型では，空気の流入を円滑にするため，吸い込み扉も設置されたが，ファン騒音増加の原因となることが知られている．

（2）圧　縮　機

　燃料と空気が大気圧下で燃焼反応するだけでは動力を発生できず，タービンを駆動したり，ノズルでガスを加速するには必ず圧力上昇が要求される．**圧縮機**には遠心式と軸流式がある．**遠心式圧縮機**は構造が簡単で，強度もあり，異物などの吸入に対して強いが，空気流量が少なく外径が大きくなる傾向にある．したがって，小型の航空機エンジンやターボチャージャなど自動車用に使われている．

　一方，**軸流式圧縮機**は図 5.7 に示すように半径方向に翼をもつ静止している部分と回転する部分が交互に並んでいる．翼の断面は薄い翼型をしている．静

5.3 ターボファンエンジンのおもな構成要素 **75**

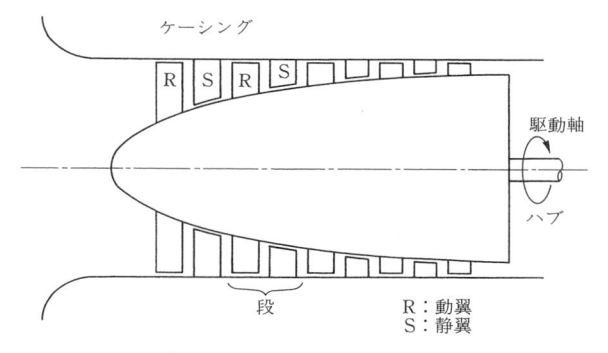

図 5.7 軸流圧縮機の模式図

止している翼は**静翼**，回転している翼は**動翼**とよばれる．静翼はまたその機能からディフューザともよばれる．1段の動翼列と1段の静翼列をあわせて**段**とよぶ．軸流圧縮機は遠心式に比べて取り扱える空気流量も大きく，多段構造にすることが可能で，高い圧力比を実現できる．したがって，大推力を要求されるジェットエンジンではたいてい軸流式が選択される．

軸流圧縮機の動翼は，回転によって空気流に運動エネルギーを与え，加速された空気流は，次に静翼列内で減速される．そこでは速度が減じるとともに，次の動翼列に対する迎え角を適切に与える役割も果たす．多段の場合には，さらにこの現象を繰り返すことで高い圧力比が得られる．多くの圧縮機では最後に流れをまっすぐにして燃焼器へ流入させる．

1段あたりに達成される圧力比は**段圧力比** SPR とよばれ，1.2～1.6 である．このような小さい値のため，**高圧力比**を実現するには，多くの段を必要とする．n 段の圧縮機の**総圧力比** TPR は，TPR＝SPR^n で与えられる．たとえば，SPR＝1.35 で 10 段の圧縮機の総圧力比は TPR＝1.35^{10}＝20.0 となる．

軸流圧縮機では，要求される圧力比を実現するには必要なだけ段数を重ねればよい．しかし，この結果，最後段では羽根が非常に小さくなる．一方，最初の段では逆に羽根が大きくなり，**フラッタ**とよばれる振動現象が問題となる．また，圧縮機の性能と効率の向上のために，圧縮機の動翼先端とケーシング面との**先端隙間**を最適に保つ**クリアランスコントロール**も行われるようになってきた．また，正常な運転状態から空気流量を減じると，圧縮機翼面上に剥離領域が生じ，圧縮機**ストール**（**失速**）あるいは**サージング**とよばれる不安定な流量変動現象が生じるので，これらの現象を積極的に防止する制御が試みられる

ようになった．近年，圧縮機は非常に大きな圧力比が要求されるようになり，2軸あるいは3軸の形式が採用されている．その際，その各々が異なったタービンに繋がれることになる．それぞれは，円柱状の同軸形式になる．前方の圧縮機を**低圧**圧縮機，後方のものは高圧下で作動するので**高圧**圧縮機とよばれる．

（3）ファン

高バイパス比を可能にしたターボファンエンジンにおいて，ファンは，ガスタービンの圧縮機というよりも，むしろ多翼プロペラというべき1段のファンを使用している．そのファンだけで装着時の推力のほとんどを発生する．コアエンジンの仕事はファンを駆動する軸動力を供給することである．ファン圧力比は，これまでは1.6～3.0の範囲であったが，たとえばB777用のエンジンGE90では設計の基本方針としてファン圧力比を現実に実現可能な最小値とすることが定められ，最終的に1.5という値が採用されている．どの推力レベルでも，ファン圧力比を低下させると，推進効率が向上するため，必要駆動動力が小さくなる．その結果，より大型で大きなファンが必要となるが，その一方でコアをより小さくし，また温度を下げることができる．

以下では特に，大型高バイパス比ターボファンエンジンのファンの特徴について記述する．図5.8には大型エンジンのバイパス比の推移を示しているが，これまでほぼ5前後であったものが，B777用のエンジン（P&W 4084, GE90，トレント800）では，6.8から9と大幅に引き上げられている．圧力比もこれまでの1.7程度から1.5程度に下げられている．これらのエンジンには，1970年代から1980年代にNASAを中心に開発が行われた，徹底的に効

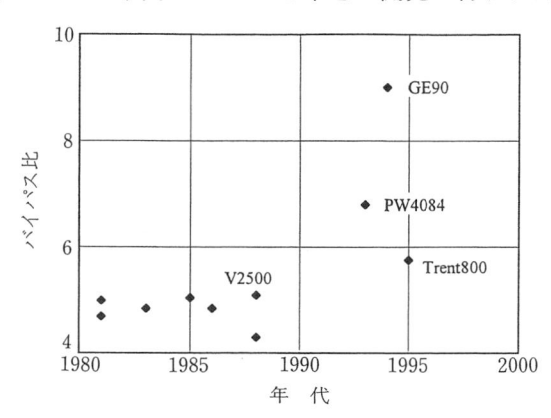

図5.8 大型エンジンのバイパス比の推移

率改善を追求した新しいエンジン(**EEE** または **E³ エンジン**とよぶ)の技術が多く取り入れられている．特に注目されているのは，中間シュラウドのない軽量な翼幅の広い**ワイドコード動翼**を採用して，大型化した点であり，これらのエンジンでは直径が 2.8 m を越えている．このワイドコード翼により，ファン効率の向上，サージ余裕の増加，耐 **FOD**（異物吸い込みによる破損）性の向上など利点が多いが，翼断面積が増加するため，大型のファンに用いるには翼の軽量化が必要であった．この目的のために複合材を使用したり，中空化する技術が進み実用化された．

（4） 燃　焼　器

圧縮機出口を通過して空気は**燃焼器**に入る．代表的なガスタービン燃焼器の模式図を図 5.9 に示す．図の上半部には旋回成分をもつ 1 次空気と燃料によって生成された燃焼ガスが形成する再循環領域と，燃焼生成物がタービンノズルに入る前に，空気で希釈・冷却される様子を示している．下半部には燃焼器内筒を冷却する方法を示しており，隙間を通して空気を導入し，燃焼器内壁に薄い空気の膜を作っている．このような冷却方法を**フィルム冷却**という．図に示すように燃焼器のはじめの部分で燃料が噴射され，流入空気の一部と混合される．可燃性混合気が点火され，定圧下で熱エネルギーを放出し，燃焼ガスは膨張する．燃焼器の重要な機能として，一様な温度分布をもつ燃焼ガスをタービンに供給することが求められる．

燃料と空気の質量比，すなわち**燃空比**は 0.04 から 0.15 の間にあり，この範囲をはずれると燃焼は継続できない．小さいほうを**希薄可燃限界**，大きいほうを**過濃可燃限界**とよぶ．もちろん，実際の燃焼器では，効率のよい燃焼を行うためにもっと狭い範囲で制御している．すべての空気が燃料と混合されるわけではなく，25〜40％ の空気が燃焼現象に寄与している．同時に過剰な空気は，タービンの耐熱温度以上に燃焼ガスが加熱されないように，希釈する役目を果

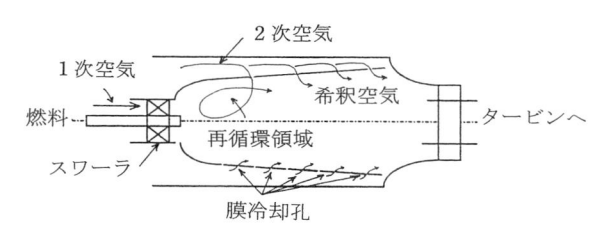

図 5.9　代表的なガスタービン燃焼器

たしている．

　燃焼を継続するには，三つの要素が重要である．一つは，温度が燃料の発火温度以上に保たれていること．二つめは，燃料と空気が十分に混合するために乱れが必要なこと．最後に，燃焼器内に十分滞留することがあげられる．火炎の伝播速度が 18〜30 m/s なので，燃焼器内での流速がこの値を越えないことが要求される．もし，この値を越えるようなことがあると，火炎の吹き消えが生じる．

（5） タービン

　燃焼器から出てきた熱い燃焼ガスは高速で**タービンブレード**を通過する．タービンの目的は高速の熱い流体から機械的な仕事を引き出し，圧縮機を駆動することである．また，燃料ポンプやオイルポンプなどの補機類を駆動する動力の供給源ともなっている．ターボプロップやターボファンエンジンの場合，プロペラやファンの駆動のために，タービンからより多くの動力を引き出す設計になっている．

　通常，タービンは中心の軸と同軸に配置されたディスクをもち，その周方向に半径状に羽根が装着されている．タービン中心軸とともに回転する羽根を**タービン翼車**とよぶ．タービンが効率よく作動するには，ガスはタービン羽根の前縁に，ある角度をもって流入しなければならない．この角度は，通常，**案内羽根**あるいは**ノズル**とよばれる固定された羽根によって実現される．高速度のガスがタービン羽根を通過するとき，各タービン羽根に揚力が発生する．この

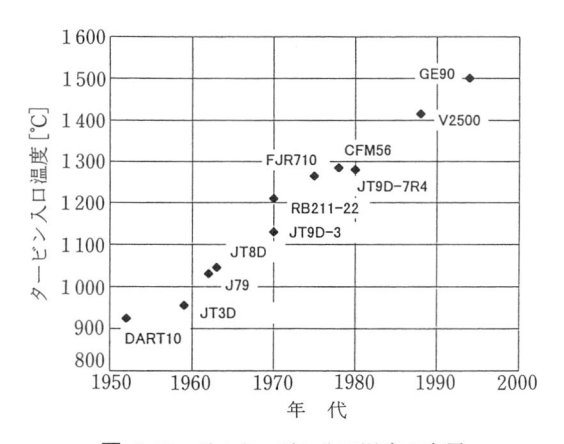

図 5.10　ガスタービン入口温度の変遷

ようにして，タービン翼車は高速回転をし，軸にトルクを伝え，圧縮機に伝達される．より多くの軸動力が要求される場合には，同軸上にさらに1，2段，翼車を付加すればよい．圧縮機と同様に二つの動翼列の間には静翼の列があり，前段の動翼列で偏向されたガス流の方向を元に戻す働きをする．タービン内での膨張過程は，ガス流れから動力を引き出す唯一の過程である．そのため，これは最も重要な構成要素であり，ガスタービンという名称はここに由来する．

エンジンの効率を向上させるには，タービン入口温度の高温化が望まれる．近年，タービン羽根用の耐熱材料の開発，冷却方法の進歩と相まって，タービン入口温度は，1 500°C 以上にも達している．図 5.10 にはタービン入口温度上昇の変遷を示しているが，おおよそ 10°C/年の割合で上昇している．

（6） 排気ノズル

タービンの出口断面において，ガスの静圧は外部の大気圧力よりも十分高く，ガスはさらに膨張し，エンジンの後部に設置された**排気ノズル**でジェット速度を増大させ，推力を発生することが可能である．排気ノズルは出口でガスの静圧が大気圧と等しくなるように設計される．排気ダクトは通常軸対称であり，2次元的である．使用速度域が亜音速か超音速かによって，狭まりノズルになる場合と，末広がりノズルになる場合がある．通常のエンジンでは，着陸時に推力を逆向きに発生させる**スラストリバーサ**が装備されており，着陸滑走時の制動距離の短縮に寄与している．

5.4 エンジンの性能

（1） 性能の関係式

ターボジェットエンジン内の流れの流体力学的性質を支配するレイノルズ数が一定に保たれ，同一の燃料を用いる場合には，そのエンジンの推力 F および単位時間あたり消費される燃料の質量流量 Q は，エンジンの回転数，空気温度および飛行マッハ数に関係し，以下のように表される．

$$F/\delta = f_1(N/\theta^{1/2}, M) \tag{5.11}$$

$$Q/(\delta\theta^{1/2}) = f_2(N/\theta^{1/2}, M) \tag{5.12}$$

ただし

N：エンジンの回転速度

$\theta = T/T_0$：海面上の標準大気温度 T_0 に対する大気温度 T の比

$\delta = p/p_0$：海面上の標準大気圧 p_0 に対する大気圧 p の比

M：飛行マッハ数

である．

上式を用いると，比燃料消費率 c は次のように表せる．
$$c = Q/F = \theta^{1/2} f_3(N/\theta^{1/2}, M) \tag{5.13}$$

式 (5.11)，(5.12) の関係より，エンジン回転数と飛行高度が一定の場合には，推力も比燃料消費率も飛行マッハ数のみの関数となることがわかる．さらに，高度 11〜20 km では，空気温度比は一定値 $\theta = T/T_0 = 0.75187$ であるので，F/δ および c は指定したエンジン回転数に対して，マッハ数 M のみの関数となる．一般に，大気温度の上昇はエンジン回転数の低下と等価な効果をもたらし，推力を減少させる．使用するエンジンについて，式 (5.11)，(5.12) に関するデータが与えられると，エンジンの推力および比燃料消費率がエンジン回転数，飛行マッハ数，大気温度および大気圧の任意の組み合わせに対して求められることになる．なお，ターボジェットエンジンに対するエンジン回転数の定格値は飛行機の運航状態に対応して**最大離陸推力，最大上昇推力，最大巡航推力**の三つの状態に対して通常与えられる．スロットルレバーを操作することによって定格値以下の値で運用することもできる．したがって，推力および燃料消費率も通常，離陸，上昇，巡航の各飛行状態に対して与えられ，これを用いて，飛行機の各種の性能を試算することができる．

（2） 民間機用ターボファンの最大推力

最大推力 F_m は，前述のように，離陸，上昇，巡航の各モードに対して適切な見積もりによって得られる．一方，飛行機の性能計算をする場合，F_m の飛行速度と高度に対する変化についての知識が必要である．まず，一定高度で飛行速度が変化した場合の影響を調べる．最大推力に対応する回転数は定格値に固定され，式 (5.11) により推力は飛行マッハ数のみに依存する．したがって，同一高度では音速一定のため真対気速度のみに依存することになる．高度一定で，マッハ数あるいは対気速度が増大する場合，一定回転数を仮定すると，推力に二つの重大な影響が生じる．一つは，式 (5.1) が示すように空気取入口の運動量抵抗 $\dot{m}V$ が増大した結果，推力が低下することであり，離陸滑走時のように，低い前進速度の場合には，この効果が大きい．一方，前進速度 V が大きい場合には，2 番目の効果が重要になる．すなわち，ファンあるいは圧縮機への流入**ラム圧**が増加することである．エンジンに流入した空気がディフューザで飛行速度から十分低速まで減速され，その結果ラム圧の上昇を引き起

こす．そのため，総体的な圧力比は大きくなり，推力増加に結びつく．

ターボファンにとって，最大推力に影響を及ぼす他の重要な変数は飛行高度である．もし，M と $N/\theta^{1/2}$ が一定で，エンジン内でレイノルズ数が変化する影響が無視できるなら，推力は直接高度変化による大気圧力に比例する．11〜20 km の高度における標準大気では，温度は一定であり，エンジン回転数が一定なら，ある飛行マッハ数に対して $F \propto \delta$ となる．一方，0〜11 km の範囲では高度上昇に伴う温度の降下により，エンジン回転数が一定に保たれるなら，$N/\theta^{1/2}$ が増加し，結局 F/δ が大幅に増加する．

（3） 民間機用ターボファンの比燃料消費率

関数関係式（5.12）により，エンジン回転数と大気温度が一定なら，比燃料消費率 c は飛行マッハ数に依存する．特に，バイパス比 B が大きいときには，c はマッハ数 M とともに増加する．パイロットがスロットルレバーを絞って推力を定格値以下に下げたとき，それに連動して比燃料消費率が変化する．

5.5 プロペラ推進

（1） 基　　礎

プロペラ推進は，噴流により推進力を得るジェットエンジンの代わりに，レシプロエンジンまたはガスタービンでプロペラを回し推力を発生させる．ガスタービンに図 5.2(c) のように，パワータービンをつけプロペラを駆動するエンジンを**ターボプロップ**あるいは**ターボシャフトエンジン**という．タービンは高速回転しないと効率が低下するので，プロペラへは減速歯車を介して連結する．一般に，プロペラ面からの流出速度 V_2 はジェットエンジンに比べればきわめて小さいので，大きい推力を得るにはプロペラ外径を大きくとる必要がある．外径 D のプロペラが毎秒 N 回転するとき，プロペラ先端の周速度は πND になる．ここで，飛行速度が V_1 であるとすると，**進行率** J は次のように定義

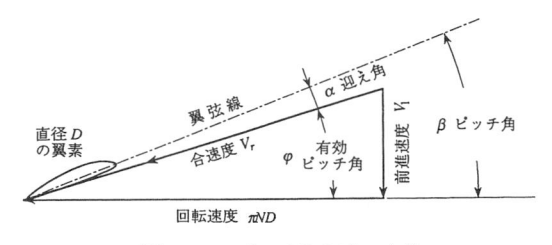

図 5.11 プロペラのピッチ角

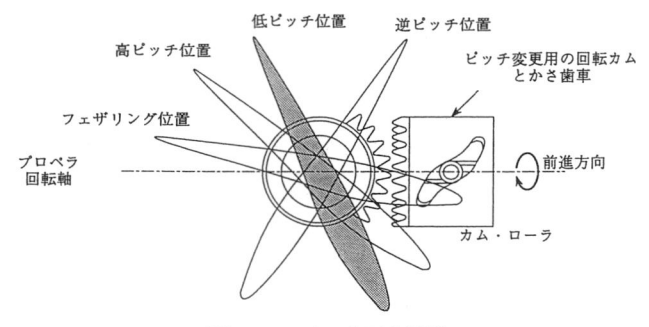

図 5.12 ピッチ可変機構

される.

$$J = V_1/ND \tag{5.14}$$

進行率は，図5.11に示すようにプロペラへの相対流入角の正弦に円周率をかけたものに相当し，プロペラ羽根の迎え角を決定する重要なパラメータである．また，推力 T および駆動に必要なパワー P は，次元解析によって，次のように無次元表示できる．

$$T = C_T \rho N^2 D^4 \tag{5.15}$$
$$P = C_P \rho N^3 D^5 \tag{5.16}$$

ここで，ρ は空気密度であり，C_T，C_P は**推力係数，パワー係数**とよばれる．また，**プロペラ効率** η は必要なパワー P に対する有効仕事 $V_1 T$ の比として，次のように定義される．

$$\eta = V_1 T/P = J C_T/C_P \tag{5.17}$$

また，**ピッチ角** β を図5.11のように定義する．ターボファンエンジンのファンは翼枚数が多いので，ピッチ角を飛行中に変化させることはできないが，プロペラの場合は可変にして，飛行状態に応じて迎え角 α を最適な値にすることができる．可変機構の典型的な方式を図5.12に示す．ピッチ角を負の位置にすると逆推力が発生するので，これを着陸滑走時の空気ブレーキとして用い，地上滑走距離を短くすることができる．また，エンジンが故障したときには，ピッチ角を90度近くにしてプロペラを停止させ空気の流れの抵抗にならないようにすることができる．このようなプロペラの作動状態を**フェザリング**とよぶ．

（2） 高速ターボプロップの基本概念

プロペラ推進はプロペラ作動面通過後の流速 V_2 が比較的小さいので，プロペラ外径を大きくして空気流量 $\dot{m}$ を確保すれば，ジェット推進よりはるかに

5.5 プロペラ推進

よい推進効率が得られる．さらに，ピッチ角を可変とすることにより，離着陸から巡航までどの飛行状態でも最適効率を達成することができる．したがって，プロペラ推進は基本的に高効率な推進法である．

プロペラ先端での**相対流入マッハ数** M_1 は，飛行マッハ数を M とすると次の関係で結ばれる．

$$M_1 = M\sqrt{1+(\pi/J)^2} \tag{5.18}$$

したがって，与えられた M に対して，プロペラ回転数を低くして，進行率 J を大きくすれば M_1 の増加を押さえることができるが，これにも限度があり M_1 が 1 に近づくにつれて空気の圧縮性のため衝撃波が生じ，翼面剝離等のため急速に効率が低下する．たとえば，$J=3.14$ として，$M_1=0.9$ を限界とすると，$M=0.64$ となることから，通常のプロペラ機はせいぜい巡航マッハ数 0.6 が限度である．

図 5.13 は NASA ルイス研究センターで行った直径 60 cm 程度のプロペラ模型による風洞実験結果である．後退角をつけると，かなり高い巡航マッハまで効率の低下を遅らせられることを実証した．このような高速で回転している翼に後退角をつける概念は古くからあったが，曲げることにより強い遠心力を受け，強度的に成立しなかった．ところが近年，複合材薄翼製造技術の進歩により，後退角つきプロペラが可能になった．さらに，ピッチ角可変機構技術の進歩と相まって，翼枚数も従来のプロペラより多く 8〜10 枚程度にできるので，外径も少し小さくできる．このような形態の推進システムを**高速ターボプロッ**

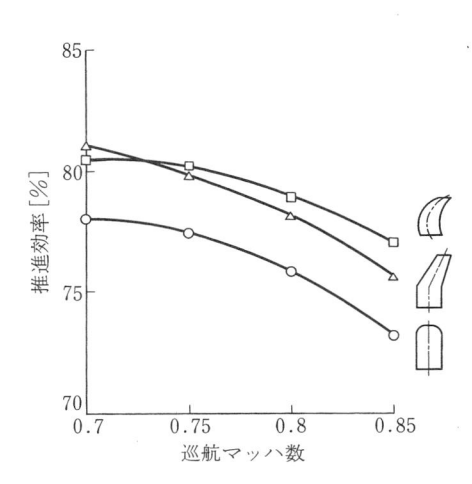

図 5.13 推進効率に対する後退角の効果

84　5. 推　　進

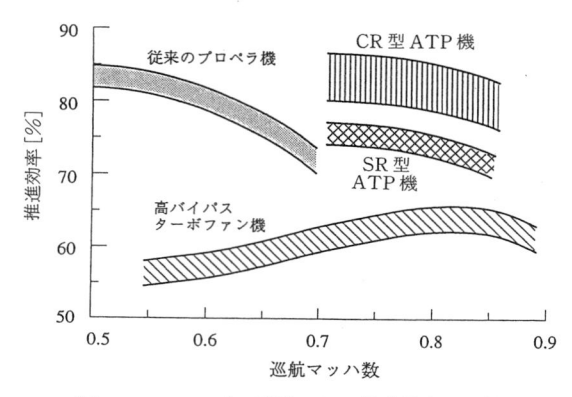

図 5.14 エンジン形態による推進効率の比較

プ **ATP** とよぶ．

ATP は 1970 年代の石油危機を契機にプロペラメーカーであるハミルトンスタンダード社の提案のもとに NASA を中心にはじめられたものである．後退角をつけることを前提にして，従来型プロペラ機，ターボファン機，ATP 機の推進効率を飛行マッハ数に対して比べると，図 5.14 のようになる．この図からみて巡航マッハ数を 0.75 に選べば，ターボファン機なみの巡航速度で，推進効率が 70% 台の高効率を確保し，ターボファンを高バイパス化することによっても越えられない壁を越えられる可能性がある．

（3） 二重反転プロペラ

図 5.15 のように前方と後方の翼列をそれぞれ逆回転する**二重反転プロペラ**（**CR**）は大推力を必要とするとき使われてきた．非圧縮流体を仮定すると，プロペラ前方の全圧 H_1 は次式で与えられる．

$$H_1 = p_1 + \rho V_1^2 / 2 \tag{5.19}$$

ここで，p_1 は静圧を表す．また，後方では旋回流の**スワール速度** W_2 が加わるので全圧は次のようになる．

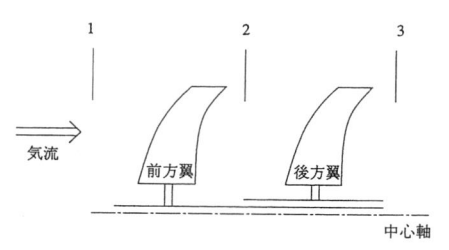

図 5.15 二重反転プロペラ

$$H_2 = p_2 + \rho V_2^2/2 + \rho W_2^2/2 \tag{5.20}$$

プロペラの作動面からある程度離れると，$p_1 = p_2$ とおけるので，上の二つの式より，推力に直接かかわる軸流速度の加速は次のように表せる．

$$(V_2 - V_1) = \{2(H_2 - H_1)/\rho - W_2^2\}/(V_2 + V_1) \tag{5.21}$$

式 (5.20) で V_2^2 の項は全圧上昇を減ずる方向に作用するのでスワールによる推力の損失であり，**単一回転（SR）**のプロペラでは本質的に避けられない．しかし，二重反転の場合は次のようになる．

$$(V_3 - V_1) = \{2(H_3 - H_1)/\rho - W_3^2\}/(V_3 - V_1) \tag{5.22}$$

これより，W_2^2 の項は2列の翼を通過することによりキャンセルされ，新たに W_3^2 がスワール損失になることがわかる．しかし，二重反転ならば $W_3 = 0$ にできるので，騒音特性は別として，単に性能だけからみれば，二重反転方式は大推力で効率のよいプロペラ推進といえる．したがって，高速ターボプロップも SR，CR の両面から検討がなされている．図 5.14 より，CR の推進効率はスワール成分の回収などで，SR の推進効率より高くなることが期待できる．

5.6 将来の推進機関

(1) 亜音速域

ボーイング社が中心となって国際共同開発した B 777 は 300～400 人乗りで 1996 年に就航した．同機は形態として一見，目新しいものはないが，四発エンジン思想を捨てて双発エンジンとしたところに新規性がある．このために，従来の2倍の推力 40 tf クラスの巨大な**超高バイパス（UHB）**エンジンが世界の三大エンジンメーカー，**ゼネラル・エレクトリック（GE）**，**ロールス・ロイス（R.R.）**，**プラット・アンド・ホイットニー（P&W）**をそれぞれ核とした国際共同開発によって出現した．前述のように，バイパス比が大きいほど熱力学的には燃料消費は下がるが，ますます外径が大きくなり，そのためエンジン装着効率が悪く，バイパス比 9 が実用上の限界と考えられている．ところがこのような超高バイパス比を採用するとコアエンジン側に非常に大きな負担をかけることになる．そこで，P&W 社は十分な運転経験があるエンジン PW 4000 をコアにして，十数枚のピッチ可変のファンをつけた**ダクトプロパルサ**を開発する方針である．これは本質的には可変機構をもつプロペラに抵抗の少ないスリムナセルをかぶせたものといえる．このようにすると，ナセルで流入風速を減速できるので後退翼の必要がなくなり，消音材を使用することが

できる.また,静翼がつけられるのでスワール損失が減少し,あまり大きな犠牲を払うことなく,バイパス比11を実現でき,前述のUHBエンジンより10％の燃費改善が期待できる.

(2) 超音速,極超音速域

次世代に向けて行われている開発技術の一つに**超音速旅客機**が挙げられる.イギリスとフランスが主体になって完成させた超音速旅客機コンコルドはマッハ2で飛行したが,ピュアジェットエンジンなので騒音が格段に大きく,当然,燃費も悪く,わずか16機を生産したにすぎなかった.そこで,これらの問題点を克服した旅客機をもう一度考え直そうとする動きが世界的にあり,アメリカでは**HSCT**計画といわれている.250人の旅客を乗せてマッハ2〜3程度で航続距離7400kmを飛び,環境に優しく,燃費のよい飛行機がとりあえずの目標である.たとえば,太平洋路線を例にとると,日本からアメリカ西海岸までマッハ2.4で飛べば約3時間で到着でき,商用,観光旅行に大きな変革をもたらすことになる.

超音速エンジンの空気取入口にはマッハ数が1以上の流れがくる.これをマッハ数1以下の亜音速,正確には0.6程度に減速しないと,ファン先端の相対速度が大きくなりすぎて作動できない.したがって,亜音速ディフューザが必要になる.しかし,超音速ではターボファンエンジンよりピュアジェット,すなわちターボジェットのほうが高い比推力が得られる.そこで,空港付近の亜音速飛行時には騒音の低いターボファンにして,超音速飛行に移ればファン後方に設けたバルブを閉じて,ターボジェットに変える方式のエンジンが考えられており,このようなエンジンを**バリアブルサイクルエンジン（VCE）**とよぶ.

一つの形態として検討されているのは**全域超音速ファン（STFF）**である.元来ファンの先端部は超音速で作動しているが,流入軸速度は亜音速である.STFFは流入軸速度まで超音速にし,先端から根本までの全域を超音速で作動させる.このようにするとディフューザが不要になり,流れの拡散過程で起こる損失が避けられ,かつ低バイパスエンジンなので亜音速特性がよくなる.図5.16に示すように,インレットとディフューザだけあればラム圧縮できるので,燃焼させて推力を得ることができる.このようなエンジンを**ラムジェットエンジン**とよぶ.マッハ3を越えるとこの方式が有利となり,図5.17のようにターボジェットと併用し,離陸からマッハ1まではターボのみが作動し,

5.6 将来の推進機関

図 5.16 ラムジェットエンジン

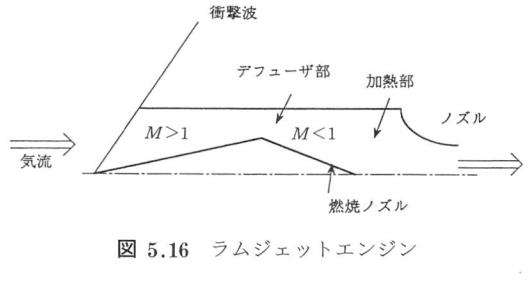

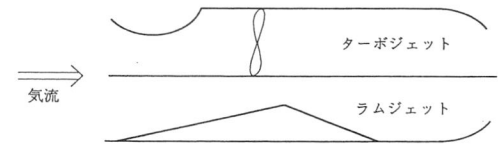

図 5.17 ターボジェットとラムジェットの組み合わせ

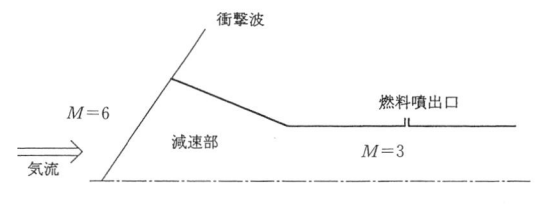

図 5.18 スクラムジェットエンジン

マッハ3まではターボ/ラムの併用，3以上ではラムのみとする．

しかし，マッハ6を越えるあたりから全温度〔8.3節(4)項参照〕と全圧〔4.2節(4)項参照〕が飛躍的に大きくなり，材料の強度限界に達する．そこで，図5.18のようにマッハ6以上の飛行では，亜音速に落とさないで，マッハ3程度で燃焼させる**スクラム**ジェットエンジンが構想されている．ラムジェット，スクラムジェットともそれ自身では離陸できないので，ターボジェットと併用することになる．空気取入口の形状変化でラムからスクラムへ移行できるので，ターボジェット，ターボ/ラムジェット，ラム，スクラムジェットと飛行速度に応じて作動形態を変える**極超音速**エンジンとなる．スクラムジェットを用いた**宇宙往還機**の開発がアメリカ合衆国で進められている．低軌道にある宇宙基地に向かって通常の飛行場からターボジェットで飛び出し，ラムジェット，スクラムジェットと切り替えてマッハ数25の巡航速度に達し，宇宙基地に近づいた地点で，宇宙用の小型宇宙船をだし，人間と物資の交換を行い，基地の周

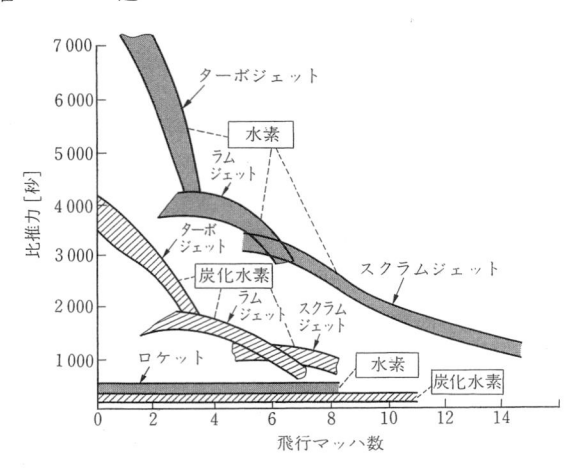

図 5.19 各種エンジンの飛行マッハ数と比推力

りをまわって再び地球の飛行場に帰還するシナリオが作られている．マッハ数が25になると空気取入口にきわめて強い衝撃波が形成され，減速されるので，空気圧縮が自動的に行われる．同時に温度も上昇し，酸素 O_2 と窒素 N_2 を主成分とする空気が解離し，酸素原子 O，窒素酸化物 NO，窒素原子 N が生成されるという問題に直面する．特に，原子状で存在する O は反応しやすいので，カーボン系の材料を劣化させるといわれており，早急に解決しなければならない課題の一つである．

21世紀の推進システムに必要な燃料についても種々検討されている．ジェット機で広く使われているジェット燃料 Jet-A は安価であるが，高温になると不安定な反応を起こすので，超音速機の燃焼には Jet-8 や Jet-7 など高価な燃料を使う必要がある．将来的には，従来の炭化水素系から水素へと使用する燃料が移行することも考えられる．図 5.19 に燃料の違いによる比推力を比較しているが，水素を使用すると空気吸入式エンジンでは2〜3倍の増加が期待できる．また，水素は液体や**スラッシュ**（固体と液体が共存する状態）の状態で搭載され，その温度は−250℃なので，機体やエンジンの冷却が必要となる高速域でのエンジンに適しているといえる．

5.7 飛行機の環境適合性

旅客機がプロペラからジェットエンジンに切り替わりつつあった1960年代

から，空港周辺の環境問題が発生した．当時は航空機公害とよばれ，騒音と窒素酸化物 NO_x の低減が叫ばれた．初期のころは，ジェット機の騒音源はエンジンに集中しており，空気力学的騒音の大きさが広く認識された．エンジンの前方へは圧縮機の回転により生じた風速の 6 乗に比例する双極音，後方からジェットの噴出速度の 8 乗に比例して大きくなる四極騒音が出る．したがって，まず取り組むべき効果的な騒音低減は，ジェットの噴出速度を減じることであった．研究の結果，騒音発生機構が解明され，設計の段階で低騒音な翼枚数の組み合わせなどが選定されるようになった．また，ハニカム構造を用いた有効な消音材が実用化された．これらによって，コメット機のころに比べて 30 dB の低減レベルを実現した．

今後開発が予想されているエンジンはバイパス比 8 以上なので，騒音の点では問題はない．したがって，航空機騒音は亜音速機については，図 5.20 のような**機体騒音**の低減化に焦点が移行すると思われる．着陸体勢に入ると，まず脚格納扉を開き，脚を出し，滑走路に近づくとフラップをおろすが，このとき，空気流れと機体表面の突起物との干渉により機体騒音が生じる．このような騒音は**汚い音**ともよばれ，エンジン騒音より大きく，かつ飛行機は比較的浅い角度で空港へ進入するので，騒音の影響が及ぶ範囲が広くなる．

音のエネルギーの大きさを示す単位として dB（デシベル）が使われる．人間の耳は周波数が 500 Hz 以下になると，徐々に感じなくなることを考慮して補正したのが dB（A）であり，新聞雑誌等に書かれるデシベルはおおむね後者である．航空機騒音では，人間が感じるうるささを加味して補正した感覚騒音レベル **PNL** [dB] が使用される．また，離発着の回数，すなわち音の繰り返しの度合いや継続時間を考慮した**等価感覚騒音レベル ECPNL** [dB] も重要になる．さらに，昼間，夕刻，夜間の時間帯による補正を加えた**うるささ指**

図 5.20　機体騒音

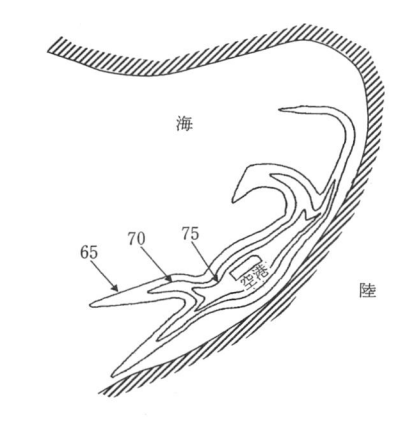

図 5.21 音圧等高線
(WECPNL コンタ, 単位 dB)

数 **WECPNL** が航空機騒音の環境影響評価に用いられている．騒音を法的に規制し監視する動きが強まり，**ICAO** の国際会議で**航空機騒音委員会 (CAN)** が設けられた．その後，CAN は ICAO Annex 16 とよぶ騒音規制法案をだし，加盟国に従うよう呼びかけた．一方，アメリカ合衆国は独自に FAR（**連邦航空規則**）PART 36 とよぶ国内法を制定した．これらは両方ともほぼ同じ内容のものである．また，法的な騒音はエンジン全開での離陸時および指定された条件での着陸進入時における離陸測定点，着陸進入測定点および側方測定点の 3 地点で測定して決められる．飛行機が離着陸することにより空港周辺には，図 5.21 のような**音圧等高線（コンタ）**が形成される．

次に，排気ガスについて述べる．ジェットエンジンはジェット燃料とよばれる低質の燃料を大量に使うので，エンジン回転数が低いタキシングでは一酸化炭素や未燃炭化水素などの不完全燃焼成分が大量に発生する．一方，離陸から巡航にかけては完全燃焼に近くなるので NO_x が問題になる．2段燃焼や可変幾何形状燃焼器の開発など，低 NO_x 化が検討され，一部実用化している．

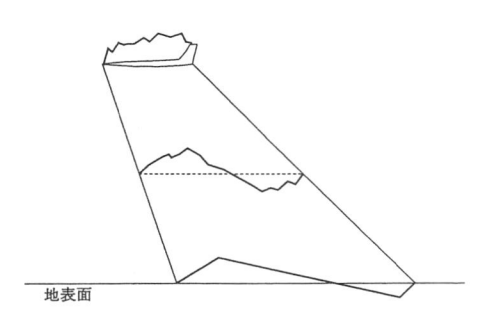

図 5.22 ソニックブーム

ICAOでは機体重量ごとに規制値を定めているが，騒音と同様，新しく開発されたものだけがほぼ規制値を満足している．また，少ないとはいえ，高空でNO_xや二酸化炭素を排出しているので，オゾン層の破壊や地球温暖化に関係しているが，その定量的な寄与度はまだ明確でない．

　亜音速機に関しては徐々に騒音は下がる方向に向かい，排出ガスもクリーンになりつつある．しかし，超音速旅客機が参入することになれば，プロペラからジェットに移行したときのように，航空輸送体系は大きく変貌し，再び環境との適合性が問題となるであろう．超音速機は図5.22のような衝撃波を発生し，それらが地上に達するころには，大部分が統合されてNパルスとよばれる急激な圧力変動になる．このような衝撃波音は**ソニックブーム**とよばれる．超音速飛行では亜音速エンジンよりサイクル温度が上昇するので，NO_xとCO_2の排出量が一般に増加する．また，超音速機用エンジンのジェット噴出速度は基本的に大きく設計してあるので，亜音速飛行する空港周辺でも高い騒音レベルが予想される．環境との適合性が図られ，経済的な要因が解決されたとき，超音速旅客機は国際線の主力になる．

5.8 ロケット推進

(1) ロケットによる推力

　ロケットの推進力は，プロペラントの高速噴出に対して構造体が受ける反作用であり，噴出ガスの運動量に対応する力を受ける．図5.23にロケットの燃焼室とノズルの概略を示す．燃焼室，ノズルの外面に一様に働く外圧と，エンジンの内部にかかるガス圧力の分布の様子は図のようになり，推力は周囲の流体の影響を受ける．飛行方向の推力は，ノズルの軸に直角な平面に投影した面積に働く圧力を積分したものである．ロケットは地上から宇宙空間まで広範囲な高度を飛行するので，エンジンのノズル出口圧力と周囲の圧力との間に差が生じる．したがって，ロケットの推力は次式で表せる．

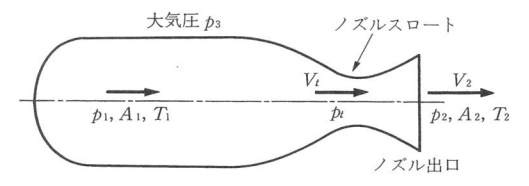

図 5.23 燃焼室とノズル壁に働く力

$$F = \dot{m}_p V_2 + (p_2 - p_3) A_2 \tag{5.23}$$

上式の第1項は運動量推力であり，**プロペラント質量流量** $\dot{m}_p$ とロケットに対する相対排気速度 V_2 の積である．第2項は圧力推力であり，排気圧 p_3 が外気圧 p_2 よりも小さい場合には負となり，全体の推力が小さくなって望ましくない．そのため排気ノズルの設計では，排気圧が外気圧と等しいか，または少し高めにするのが普通である．

この推力を，プロペラント質量流量で割った値を**有効排気速度** V_E とよび，以下のように表される．

$$V_E = F/\dot{m}_p = V_2 + (p_2 - p_3) A_2/\dot{m}_p \tag{5.24}$$

簡単な熱力学的解析により，燃焼ガスの噴出速度 V_2 は燃焼ガスの温度が高く，分子量が小さいほど大きいことが知られている．したがって，一般的には水素を多く含むプロペラントを用いるほど性能がよい．

推力 F を全作動時間 t で積分した値が**全推力** I_t であり

$$I_t = \int_0^t F \, dt \tag{5.25}$$

と表される．推力 F は一般に時間に対して変動するが，もし F が一定で，プロペラントの質量流量 $\dot{m}_p$ も一定ならば，式 (5.7) より，**比推力** I_{sp} は次のように定義される．

$$I_{sp} = \frac{F}{\dot{m}_p g_0} = \frac{V_E}{g_0} \tag{5.26}$$

I_{sp} の単位は秒（s）で表され，ロケットの性能を評価する指標となる．なお，SI 単位系での比推力 I_s は次のように定義される．

$$I_s = \frac{F}{\dot{m}_p} = V_E \tag{5.27}$$

この場合，単位は m/s となる．

（2） 化学ロケット

ロケット推進システムは，エネルギーの種類，目的，飛行体の種類，大きさ，燃料の種類によって分類することができる．はじめに，現実の宇宙への打ち上げに使用されている**化学ロケット**について述べる．

一般に，燃料と酸化剤からなる**化学プロペラント（推進薬）**が高圧燃焼反応によって発生するエネルギーにより，反応生成ガスは非常な高温度にまで加熱されることになる．このガスは続いてノズルで膨張し，高速で噴射される．化学ロケット推進装置は，推進薬の物理状態により，**液体ロケット**と**固体ロケット**

図 5.24 グレイン形状

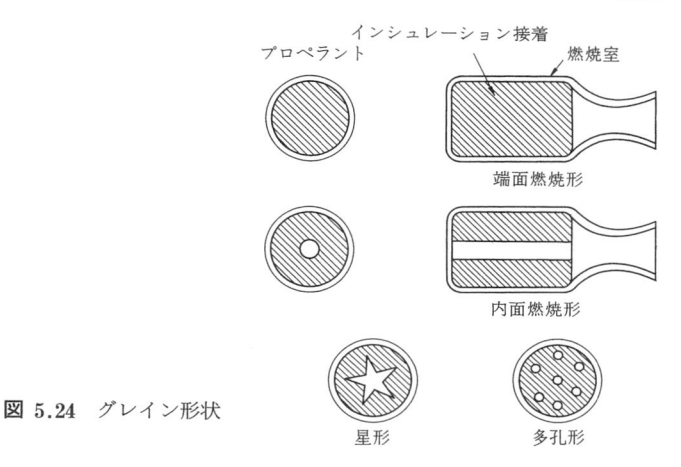

に分けられる.

a) 固体ロケット

　固体ロケットのエンジンは電動機のように**モータ**とよばれることが多い．固体ロケットモータの特徴は，構成要素が少ないことであり，ケース，プロペラント，ノズルで構成される．固体ロケットモータはプロペラントが燃焼室に密閉されており，推力も 2〜1 100 万 N まで広範囲にわたっている．燃焼室に封入された**固体プロペラント**を**グレイン**といい，図 5.24 に示すように，その断面形状は多種多様で，プロペラントの材料と幾何学的形状でモータ性能が決まる．グレインの成形には，押し出し，押し込み注型，型押しなどがあり，点火すると露出した表面の全部に火炎が広がり，高温のガスが発生し，ノズルから噴射される．大部分の固体ロケットでは一つの燃焼室に 1 個のグレインが装塡されている．最近では直接ケースにグレインが鋳込まれるケースボンド型が主流になっている．

　歴史的に見て，固体プロペラントは均質なグレインからなる**ダブルベース系**プロペラントがまず用いられ，次いで結合材としての高分子化合物が登場するに及んで不均質なグレインでできた**コンポジット系**とよばれるプロペラントが使用されるようになった．

　ダブルベース系プロペラントは均質グレインで，通常は固体成分としてのニトロセルロースをニトログリセリンに溶かし，少量の添加剤を加えたものである．主原料はいずれも揮発性であり，燃料，酸化剤および**バインダ**（**結合材**）

表 5.1 固体ロケットプロペラントの特性

プロペラントのタイプ	I_{sp} 範囲 [s]	火炎温度 [K]	密度 [g/cm³]	金属含有率 [重量%]	燃焼速度 [cm/s]	加工法
DB	220〜230	2 533	1.61	0	1.14	押し出し
DB/AP/Al	260〜265	3 873	1.80	20〜21	1.98	押し出し
PVC/AP/Al	265〜270	3 973	1.80	20	1.40	溶剤注型
PS/AP/Al	240〜250	3 033	1.72	3	0.69	注型
PU/AP/Al	260〜265	3 273〜3 573	1.77	16〜20	0.69	注型
PBAN/AP/Al	260〜263	3 473	1.77	16	1.40	注型

Al：アルミニウム，AP：過塩素酸アンモニウム，DB：ダブルベース，PVC：ポリ塩化ビニル，PS：ポリサルファイド，PBAN：ポリブタジエンアクリル酸アクリロニトリル，PU：ポリウレタン

表 5.2 主要固体ロケットプロペラントの組成

ダブルベース		コンポジット		コンポジットダブルベース	
原料成分	重量%	原料成分	重量%	原料成分	重量%
ニトロセルロース	51.5	過塩素酸アンモニウム	70.0	過塩素酸アンモニウム	20.4
ニトログリセリン	43.0	アルミニウム粉末	16.0	アルミニウム粉末	21.1
ジエチルフタレート	3.2	ポリブタジエン	11.8	ニトロセルロース	21.9
エチルセントラリット	1.0	エポキシ硬化剤	2.2	ニトログリセリン	29.0
硝酸カリウム	1.2			トリアセチン	5.1
カーボンブラック	<1			安定剤	2.5

の役目をする．

　コンポジット系プロペラントは不均質グレインである．酸化剤の結晶と粉末の燃料（普通はアルミニウム）を，ポリブタジエンなどの合成ゴムまたはプラスチックのバインダで固める．コンポジットプロペラントの多くは，製造と取り扱いの点でダブルベースプロペラントよりも危険性が少ない．

　表5.1にこれらのプロペラントの特性を示す．表5.2は固体プロペラントの三つのタイプについての代表的な組成をまとめたものであるが，実際にはモータの用途やメーカーによっても，その精密な組成や製造工程が異なる．重量割合や微量成分の添加などを含めてプロペラントの組成を決定することを**テーラーリング**とよぶ．

b） 液体ロケット

　液体プロペラントを使用するロケットエンジンを液体ロケットとよぶ．この種のロケットでは，プロペラントを1種類使う**一液式**と，酸化剤と燃料の2種類の液体を使う**二液式**がある．いずれも，酸化剤と燃料をタンクからパイプとバルブを通して燃焼室へ送り込み，そこで霧状に噴射して，混合・燃焼させ推

力を発生する．液体プロペラントを送り込むのに二通りの方法がある．一つはタンクから圧力をかけて**推力室（燃焼室）**に送り込む方法で，**ガス加圧供給式**とよばれる．その代表的なものを図 5.25(a) に示す．ガス加圧式は，小型で燃焼圧力も低い小推力ロケットに用いられる．その場合，タンク圧力が高いと，タンクの強度を高める必要があり，重くなって質量比が小さくなってしまうので，できるだけ低い圧力で燃焼させる．

一方，**ターボポンプ供給式**では，ターボポンプを使用して，低圧のタンクから高圧の燃焼室へプロペラントを供給するシステムで，大推力または長時間燃焼のエンジンに使用される．近年，液体酸素・液体水素エンジンの発達に伴って，タービンを駆動するガスの発生方法，ポンプを駆動させた後のガスの利用方法で分類されるエンジンサイクルの選択が重要な課題となってきた．以下では，代表的な三つの方法について説明する．

一つめは，**ガス発生器サイクル**であり，図 5.25(b) に概念図を示す．この方式では，プロペラントの一部をガス発生器で燃焼させ，その生成ガスでタービンを駆動した後，ガスを外部に捨て去るもので，推力損失と比推力低下は免れないが，プロペラント供給系と推力発生がまったく別個になっているので，開発が容易である．二つめは**エキスパンダサイクル**とよばれており，ノズル部

(a) ガス加圧供給式　　(b) ターボポンプ供給式
　　　　　　　　　　　　　（ガス発生器サイクル）

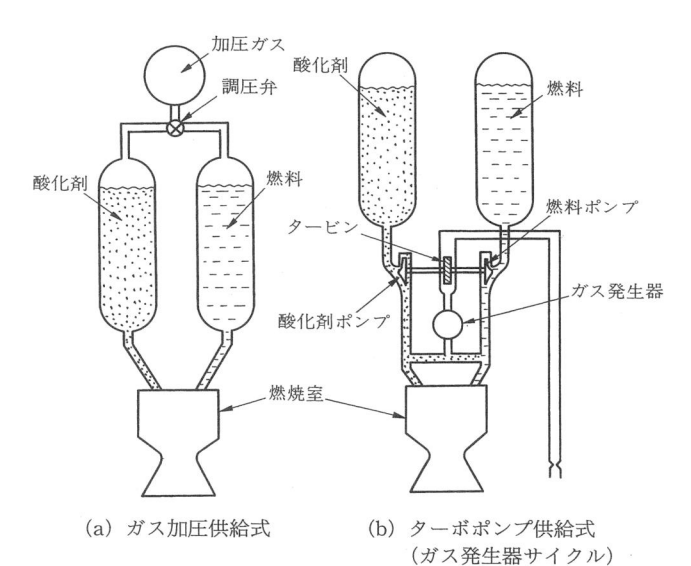

図 5.25　液体ロケットのプロペラント供給方式

の冷却に使用された水素ガスを用いてタービンを駆動した後，ガスをそのまま主燃焼室に導入する方法であり，ガス発生器サイクルより推力低下などは小さいが，水素の温度が十分高くないので，ポンプ出力に制約を受ける．この欠点を補うものとして，三つめに**2段燃焼サイクル**が挙げられる．この方式では，冷却に使用された水素と液体酸素の一部を予備の燃焼室で燃焼させ，そのガスによってタービンを駆動し，さらにそのガスを主燃焼室に導入し，残りの液体酸素とともに再度燃焼させる．ガス発生器サイクルは燃焼室圧が100気圧程度なのに対して，2段燃焼サイクルでは200気圧以上が採用され，大推力を発生するのに適している．しかしながら，着火などの困難さがあり，わが国でもLE-7ではじめて開発に成功した．

液体プロペラントとは(1)酸化剤（液体酸素，硝酸など），(2)燃料（ガソリン，液体水素，アルコールなど），(3)酸化剤と燃料の混合物を指し，2液式プロペラントロケットでは酸化剤と燃料は別々に貯蔵されており，燃焼室の外で

表5.3 液体ロケットプロペラントとその理論的性能

酸化剤	燃料	混合比 質量	平均比重 ρ [g/cm³]	燃焼温度 T_1 [K]	特性排気速度 c^*[m/s]	分子量 M	比推力 I_{sp}[s]
酸素	ヒドラジン	0.74	1.06	3 285	1 871	18.3	201
	水素	3.40	0.26	2 959	2 428	8.9	387
	RP-1	2.24	1.01	3 571	1 774	21.9	286
フッ素	ヒドラジン	1.83	1.29	4 554	2 128	18.5	334
	水素	4.54	0.33	3 080	2 534	8.9	398
N_2O_4	ヒドラジン	1.08	1.20	3 258	1 765	19.5	283

燃焼室圧：6.895 MPa（1 000 psia），ノズル出口圧：0.1013 MPa（14.7 psia）

表5.4 各国で開発された液体酸素，液体水素ロケットエンジンの比較

エンジン名称	製造元	初飛行	エンジンサイクル	真空中推力 [kN]	比推力 I_{sp}[s]	燃焼室圧 [atm]	ノズル開口比	質量 [kg]
J2	Rocketdyne	1966	ガス発生器	1 044	425	54.6	27.5	1 542
SSME	Rocketdyne	1981	2段燃焼	2 296	453.5	230.6	77.5	3 150
RL-10	Pratt&Whitney	1963	エキスパンダ	67	444	27.5	57	132
LE-5	三菱重工・石川島播磨重工	1986	ガス発生器	103	448	37.2	140	255
LE-7	三菱重工・石川島播磨重工	1994	2段燃焼	1 078	445.6	129.9	51	1 714
HM-7	SEP	1979	ガス発生器	62.7	444.2	35.6	82.5	155

混合されることはない．また，液体プロペラントは，その貯蔵温度により極低温プロペラント（液体酸素，液体水素），貯蔵性プロペラント（硝酸，ガソリンなど）に分類される．表5.3には液体プロペラントの酸化剤と燃料の組み合わせに対して，その最適性能を示している．

また，近年の大型液体ロケットのプロペラントとしては，液体酸素と液体水素の組み合わせが選択されている．表5.4には各国の液体酸素と液体水素を使用するエンジンの性能の比較を行っている．

（3） その他のロケット推進

化学ロケット以外のロケットを**非化学ロケット**とよんでいる．以下に，いくつかの非化学ロケットについて述べる．

a） 電気推進

化学反応によらないロケット推進のうち，これまで打ち上げなどに使用された実績のあるシステムは皆無であるが，近い将来実現可能性のあるものに**電気推進**がある．この方法により，衛星などの姿勢制御を行った例はかなりある．電気推進は，太陽光エネルギーや原子力エネルギーを一度電気エネルギーに変換した後，アーク放電などにより推進剤を加熱・電離させ，さまざまな形で推進剤を加速し，その反作用によって推力を発生させる．発生する推力は0.005〜1 Nと小さいのが普通であり，排出ガス速度は1 000〜5 000 m/sの範囲にある．一方，比推力は従来の化学推進に比べて大きいため，推進剤の消費量を低減でき，ペイロード重量の増加や化学推進では達成できないような宇宙ミッションが可能になる．電気推進は，推力発生機構の違いにより，静電加速型のイオン推進，電熱・電磁加速型のプラズマ推進に分類される．前者の代表的なものに**イオンエンジン**があり，後者を代表するものとして，図5.26に示した**アークジェット**と**MPD推進機**および**ホールスラスタ**がある．図5.27に

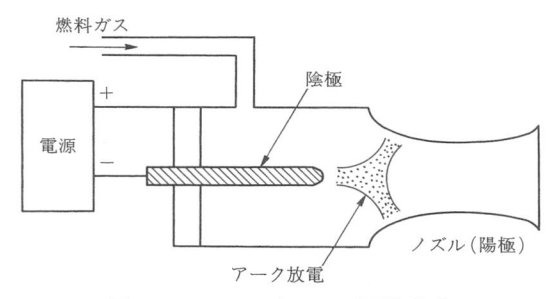

図 5.26 アークジェット式電気推進

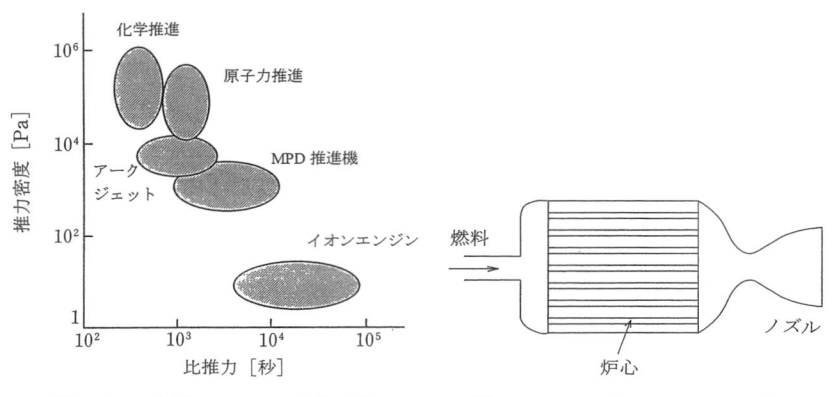

図 5.27 各種ロケットの性能比較　　**図 5.28** 原子力ロケットエンジン

それぞれの推進機関の**推力密度**（噴射孔単位面積あたりの推力）と比推力を示す．アークジェット，MPD 推進機などの電気推進は，化学推進に比べて比推力は大きいが，推力密度は小さいことから，低重力空間で利用され，人工衛星の姿勢制御や軌道保持のための推進装置として，軌道間輸送機や惑星間飛行のための推進装置として用いられることが予想される．

b） 原子力ロケット

原子力をエネルギー源とするロケットは，エネルギー発生方法により，3 種類に分けられる．それは核分裂炉，放射性同位体の崩壊，核融合である．ガスの加熱に原子核内の物理的変化から発生するエネルギーを用いることを除けば，基本的には化学ロケットの延長線上にある．

一つの例として**核分裂ロケット**を図 5.28 に示す．このエンジンでは，ウランの核分裂により熱を生成し，作動流体にそれを伝えて，高温，高圧にしてからノズルで膨張させて加速する．この方法によると，40 000 N 以上の高推力が発生し，比推力は 900 秒にも達する．アメリカ合衆国では 1960 年代に 4 100 MW 級のエンジンが設計され，試験も行われた．問題点としては，2 600 K 以上の高温と強力な放射線に耐えうる材料の開発，出力の制御，炉の冷却，有人飛行に備える軽量の放射能遮蔽物の設計などが残されている．近年，核分裂ロケットは，比推力が高いため，惑星間飛行の時間短縮に寄与でき，宇宙機の小型化，また諸惑星が最適な相対位置にいないときでも，大きな自由度をもって打上げ時期が選べるなどの利点があるため，主として有人惑星探査ミッションの分野で再び関心をもたれるようになった．

6. 飛行機の性能

飛行機の性能には，次の項目が含まれる．
(1) 失速速度，(2) 最大水平飛行速度，(3) 最大上昇速度，(4) 上昇率，
(5) 上昇時間，(6) 上昇限度，(7) 離着陸距離，(8) 航続距離，(9) 航続時間
本章では，これらに関して主要な事項を述べる．

6.1 力のつり合い

図 6.1 は，飛行中の飛行機に働く力と姿勢の関係を示したものである．ここでは，重心まわりのモーメントはつり合っていて姿勢の変化はなく，重心の並進運動のみを考えればよいものとする．飛行機質量を m，飛行速度を V，上昇角を γ，重力加速度を g とすると飛行方向とそれに直角な方向の運動方程式は次のようになる．

$$\left.\begin{array}{l} F\cos\alpha_T - mg\sin\gamma - D = m\dot{V} \\ L - mg\cos\gamma + F\sin\alpha_T = mV\dot{\gamma} \end{array}\right\} \quad (6.1)$$

推力線迎え角 α_T は，一般に小さく，$\sin\alpha_T \fallingdotseq 0$，$\cos\alpha_T \fallingdotseq 1$ と近似してよい．さらに，定常水平飛行の場合には，上昇角 γ，加速度 $\dot{V}$，および上昇角の変

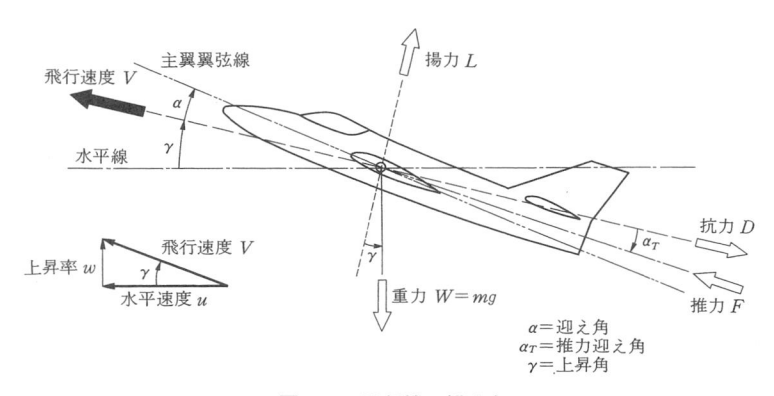

図 6.1 飛行機に働く力

化 $\dot{\gamma}$ は，いずれも 0 となるから，式 (6.1) は次のように簡単になる．

$$\left.\begin{array}{l} F = D \\ L = mg = W \end{array}\right\} \quad (6.2)$$

すなわち，定常水平飛行では，推力は抗力に等しく，揚力は飛行機に働く重力 ($mg = W$：飛行機重量) に等しい．ここで，揚力 L および抗力 D を，それぞれの無次元揚力係数 C_L および無次元抗力係数 C_D で表すと，$L = C_L \rho V^2 S/2$, $D = C_D \rho V^2 S/2$ となるので，式 (6.2) から定常水平飛行速度 V および推力 F について，次の関係が得られる．

$$V = \sqrt{\frac{2mg}{\rho S C_L}} = \sqrt{\frac{2}{\rho}\left(\frac{1}{C_L}\right)\left(\frac{mg}{S}\right)} = \sqrt{\frac{2}{\rho}\left(\frac{1}{C_L}\right)\left(\frac{W}{S}\right)} \quad (6.3)$$

$$F = mg \frac{1}{C_L/C_D} = W \frac{1}{C_L/C_D} \equiv F_{\text{req}} \quad (6.4)$$

ここに，S は主翼面積，ρ は空気密度である．なお，$L/D = C_L/C_D$, $mg/S = W/S$ は，それぞれ**揚抗比**，**翼面荷重**とよばれ，飛行機の性能に関係する重要なパラメータである．

6.2 失 速 速 度

式 (6.3) から，定常水平飛行速度 V は翼面荷重 $mg/S = W/S$，揚力係数 C_L および空気密度 ρ の関数であることがわかる．

V は $\sqrt{C_L}$ に反比例するから，C_L が大きくなると，V は小さくなり，最大揚力係数 $C_{L\max}$ において最小値となる．これより小さい速度では定常水平飛行は不可能となるので，この速度を**失速速度** V_S とよぶ．すなわち

$$V_S = \sqrt{\frac{2}{\rho}\left(\frac{1}{C_{L\max}}\right)\left(\frac{mg}{S}\right)} = \sqrt{\frac{2}{\rho}\left(\frac{1}{C_{L\max}}\right)\left(\frac{W}{S}\right)} \quad (6.3\text{ a})$$

失速速度は，耐空性基準の種々の規定速度の基準となるもので，着陸装置やフラップの位置，ならびにエンジンやプロペラの運転状態によって，$C_{L\max}$ の値が異なるので，各飛行状態の規定に合った最大揚力係数 $C_{L\max}$ および質量 m の値を用いて，V_S を計算しなければならない．

6.3 必要出力と利用出力

式 (6.4) の推力は，速度 V で定常水平飛行するために必要な推力で，これを**必要推力** F_{req} という．また，そのときに必要なパワーは $F_{\text{req}} V$ で，これを

必要パワー P_{req} という．式 (6.3) と式 (6.4) から，必要パワー P_{req} は次のように書ける．

$$P_{req} = F_{req}V = mg\frac{1}{C_L/C_D}V$$
$$= \sqrt{\frac{2(mg)^3}{\rho S}\frac{1}{C_L^3/C_D^2}} = \sqrt{\frac{2(mg)^3}{\rho S}}\frac{1}{C_L^{1.5}/C_D} \quad (6.5)$$

F_{req} と P_{req} を総称して**必要出力**とよぶことにする．

式 (6.4) と式 (6.5) から，必要推力 F_{req} は揚抗比 C_L/C_D に反比例し，必要パワー P_{req} は $C_L^{1.5}/C_D$ に反比例することがわかる．これらの空力因子は，いずれも飛行機の形状と飛行時の迎え角に関係するもので，抗力係数 C_D は低速領域での失速迎え角付近を除いて，次式のように揚力係数 C_L の2次関数で与えられる (4.5節参照)．すなわち

$$\left.\begin{array}{l} C_D = C_{DP} + KC_L^2 \\ K = 1/(\pi eA) \end{array}\right\} \quad (6.6)$$

ここに，C_{DP} は**有害抗力係数**，e は**飛行機効率** (0.7～0.85)，$A = b^2/S$ (b：主翼幅) は主翼の**アスペクト比**（縦横比）である．なお，式 (6.6) の第1式の第2項は**誘導抗力係数**である．

C_L と C_D の関係の一例を図 6.2 に示している．このような C_L-C_D 曲線を**極曲線**とよぶ〔4.2節(5)項参照〕．

式 (6.6) から，揚力係数 C_L がわかると抗力係数 C_D が決まり，必要出力 F_{req} と P_{req} も決まってくる．定常水平飛行では，式 (6.3) から揚力係数 C_L は水平飛行速度 V によって決まるので，飛行速度に対する必要出力の F_{req}-

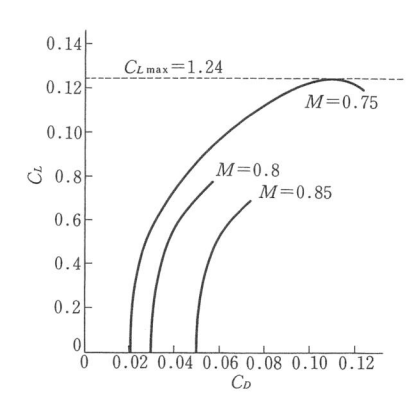

図 6.2 極曲線

V曲線，またはP_{req}-V曲線が描ける．しかし高速領域では，圧縮性の影響を受けて，C_DはC_Lだけの関数でなく，マッハ数Mによっても変化する〔4.7節参照〕．したがって高速機では，F_{req}とP_{req}の算定にあたって，飛行機のC_D-C_L曲線がマッハ数Mによってどのように変化するかを知っておかねばならない．図6.2には，マッハ数の抗力極曲線に及ぼす影響の例を示している．また，図6.3は，式(6.3)，(6.4)，(6.6)の関係を用いて，図6.2の抗力極曲線特性をもつ飛行機の必要推力曲線を，$M=0.75$の場合について，各飛行速度に対して計算し，図示したものである．

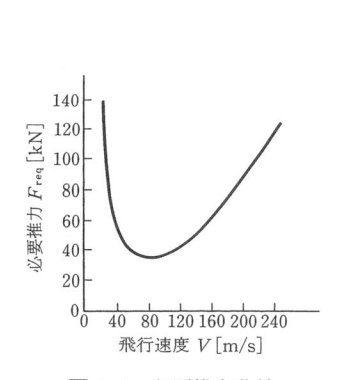

図 6.3 必要推力曲線

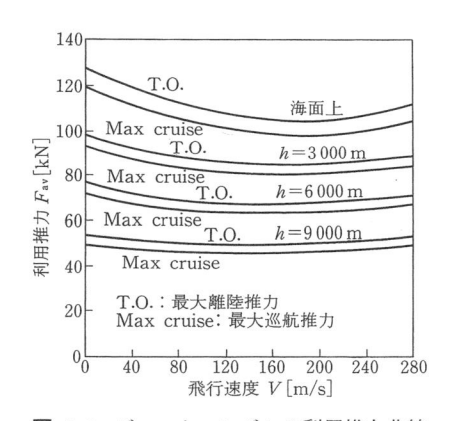

図 6.4 ジェットエンジンの利用推力曲線

エンジン系から供給される有効な推力を**利用推力** F_{av}といい，有効なパワーを**利用パワー** P_{av}という．また，両者をともに**利用出力**とよぶこともある．

エンジンの出力は，一般に大気圧が低くなると減少するので，高度とともに低下する．ジェットエンジンの高度による出力の変化〔5.4節(2)項参照〕の一例を図6.4に示す．

次に，必要推力すなわち抗力が最小となる水平飛行について考える．式(6.3)，(6.4)，(6.6)から，必要推力重量比$F_{\text{req}}/(mg)$を速度の関数で表すと次のようになる．

$$\frac{F_{\text{req}}}{W} = \frac{F_{\text{req}}}{mg} = \frac{1}{C_L/C_D} = \frac{\frac{1}{2}\rho V^2 C_{DP}}{mg/S} + \frac{mg}{S}\frac{K}{\frac{1}{2}\rho V^2} \quad (6.7)$$

式(6.7)から，与えられた飛行機質量のもとで，推力が最小となる速度は，

式 (6.7) を最小にする速度で飛行するときに実現される.すなわち

$$V_{\min T} = \left(\frac{2}{\rho}\right)^{1/2} \left(\frac{mg}{S}\right)^{1/2} \left(\frac{K}{C_{DP}}\right)^{1/4} \tag{6.8}$$

また,このときの揚力係数は次のようになる.

$$C_{L\min T} = \sqrt{\frac{C_{DP}}{K}} \tag{6.9}$$

さらに,抗力係数は次のように与えられる.

$$C_{D\min T} = C_{DP} + K\left(\sqrt{\frac{C_{DP}}{K}}\right)^2 = (2C_{DP}) \tag{6.10}$$

これより,最小必要推力すなわち,最小抗力を与える抗力係数は有害抗力係数の2倍であることがわかる.式 (6.4),(6.7) から明らかなように,これは最大揚抗比を与える抗力係数でもある.

6.4 水平飛行速度性能

定常水平速度 V に対する必要出力曲線と利用出力曲線とを描くと,この両曲線の交点が水平飛行条件を与える.しかし,この両曲線はともに飛行高度によって変化する.

まず,必要推力 F_{req} と必要パワー P_{req} の飛行高度による変化を考える.この場合,圧縮性の影響は考えないことにする.添字 0 は,海面上に対するものであって,添字のない量は,高度 h(空気密度 ρ)に対するものとする.ここで,海面上での必要推力 $F_{0\text{req}}$ および必要パワー $P_{0\text{req}}$ は定常水平速度 V に対して,すでに描かれているものとする.式 (6.3)〜(6.5) の関係から,水平速度,必要推力および必要パワーに対して,次の関係が得られる.

$$\left.\begin{array}{l} V = V_0\sqrt{\dfrac{\rho_0}{\rho}} = \dfrac{V_0}{\sqrt{\sigma}} \\[2mm] F_{\text{req}} = F_{0\text{req}} \\[2mm] P_{\text{req}} = P_{0\text{req}}\sqrt{\dfrac{\rho_0}{\rho}} = \dfrac{P_{0\text{req}}}{\sqrt{\sigma}} \end{array}\right\} \tag{6.11}$$

ただし,σ は空気密度比 $\sigma \equiv \rho/\rho_0$($\rho_0$:海面上の空気密度)である.

これらの式は,迎え角や飛行機の形態などが変わらないという条件で導出した結果である.すなわち,ある飛行状態から他の状態に移るときに C_L および C_D を変化させないという条件のもとで成り立つ関係である.

式 (6.11) の第2式から,同じ迎え角で飛行するときには,必要推力は高度

に無関係であることがわかる．一方，F_{req} に対応する飛行速度 V は，第1式から海面上の水平飛行速度 V_0 の $1/\sqrt{\sigma}$ 倍であるから，結局 $F_{req}\text{-}V$ 曲線は，図 6.5(a) に示すように，高度の増加（σ の減少）とともに，右方へ水平に移動する．

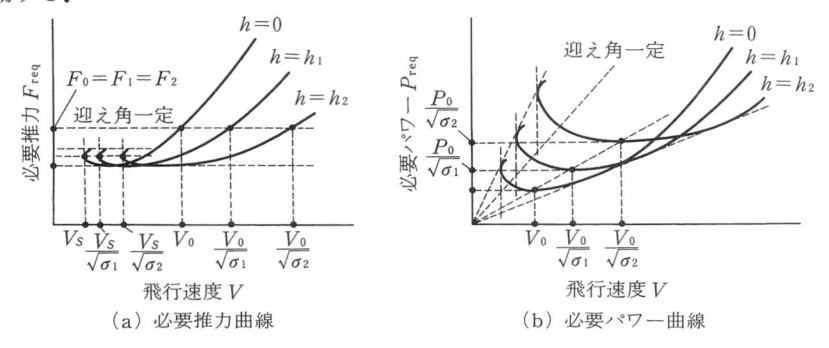

図 6.5 必要出力曲線の高度変化

また，必要パワー P_{req} は式（6.11）の第3式から P_{0req} の $1/\sqrt{\sigma}$ 倍であり，V も V_0 の $1/\sqrt{\sigma}$ 倍であるから，$P_{0req}\text{-}V$ 曲線上の点を原点に結ぶ動径を $1/\sqrt{\sigma}$ 倍すると，新しい高度に対する $P_{req}\text{-}V$ 曲線が図 6.5(b) のように得られる．

図 6.6 は，海面上 0 およびある高度 h におけるジェット機の必要推力および利用推力を速度に対して描いたものである．このように一定高度における必要出力曲線と，これに対応する利用出力曲線の組が与えられると，その高度における飛行機の水平飛行速度性能が決定される．

一般に，図 6.6 のように，必要出力曲線と利用出力曲線は 2 点で交わる．普通，利用出力曲線はスロットル全開の連続最大出力を用いるので，右側の交点は，その高度，その出力における最大水平飛行速度 V_{max} を与える．左側の交点は最小水平飛行速度 V_{min} を与えるものである．一般には，必要出力曲線の左側でその接線が垂直になる点の速度を V_{min} とする．これはフラップ，着陸装置などの可動部分の特定の位置，すなわちある水平飛行形態での失速速度に相当する．

スロットルを絞れば，利用出力曲線は下がることから，右の交点の速度も減ってくる．運用上は，適当な巡航高度を決めて，エンジン出力を目的に合った値に調整し，巡航速度 V を決めている．ジェット機は，高度 10 000〜12 000 m 付

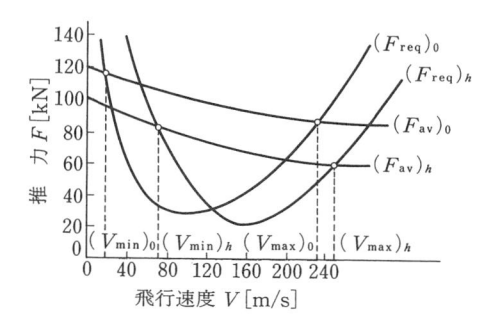

図 6.6 推力曲線と最大,最小水平飛行速度の関係

近を巡航高度とし,連続最大出力に近い出力で巡航するのが有利である.
　一方,利用出力と必要出力との差,すなわち余剰出力が存在する速度領域で飛行すると,飛行機は上昇することになる.これが定常上昇飛行である.なお,余剰出力は次のように表せる.

$$\left.\begin{array}{l} \Delta F = F - D = F_{av} - F_{req} \\ \Delta P = P_{av} - P_{req} = (F_{av} - F_{req})V \end{array}\right\} \quad (6.12)$$

6.5 上昇性能

　定常上昇飛行の場合は,式 (6.1) の $\dot{\gamma}$,$\dot{V}$ は無視してよいが,上昇角 γ はある程度の大きさをもつので,$\cos\gamma \fallingdotseq 1$ としても,$\sin\gamma$ は無視できない.また,推力線迎え角 α_T も無視できる.そこで,式 (6.1) は次のようになる.

$$\left.\begin{array}{l} \Delta F = F - D = mg\sin\gamma = mg\dfrac{w}{V} \\ L = mg = W \end{array}\right\} \quad (6.13)$$

ここに,w は速度の鉛直成分で,**上昇率**とよばれる(図 6.1 参照).もちろん,上昇飛行は $F > D$ の場合であって,逆に $F < D$ ならば,降下飛行となり,そのときの鉛直速度を**降下率**という.
　式 (6.13) の第1式より,上昇率 w を求めると,次のようになる.

$$w = \frac{(F-D)V}{mg} = \frac{\Delta P}{mg} = \frac{\Delta P}{W} \quad (6.14)$$

上昇率を大きくするには,高出力エンジンを装備して,機体質量を軽くすればよい.

余剰パワー $\varDelta P$ が最大になる速度で飛行すれば，上昇率が最大となる．そのときの飛行速度を**最大上昇速度** $V_{w\max}$ という．一方，上昇角 γ が最大になる速度すなわち，**最大上昇角速度** $V_{\gamma\max}$ は式（6.13）から余剰推力 $\varDelta F$ が最大となる速度で飛行するときに実現される．

図 6.7 は，上昇率 w と水平速度 u を座標として描いた速度極曲線である．この原点から曲線上の点に引いた動径が飛行速度 V を，また，その偏角が上昇角 γ を表す．ただし，図は w を誇張して描いたもので，実際の γ は図示したものよりもはるかに小さい．

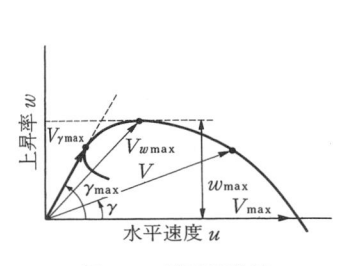

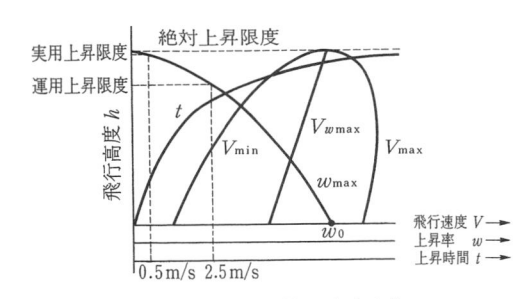

図 6.7 速度極曲線　　　**図 6.8** 飛行性能の高度変化

ジェット機は，全力上昇または，それに近い高出力上昇をする．プロペラ機では，特に必要のない限り，連続最大出力よりかなり低い出力を用いて上昇する．海面上における上昇率 w_0 は，離陸時における上昇性能に関係するので，飛行機の性能のうちで重要な項目の一つである．

上昇率は原則として，高度とともに減少する．上昇率 w を高度 h に対して描いた曲線から，上昇時間と上昇限度を知ることができる．図 6.8 に w-h 曲線を示しているが，$w=0$ となる高度を**絶対上昇限度**という．これは有限時間では到達できない高度であるから，**実用上昇限度**としては $w=0.5\,\mathrm{m/s}$ になる高度と決めている．また，運用上昇限度は $w=2.5\,\mathrm{m/s}$ になる高度である．巡航出力で上昇するときの上昇限度を**巡航上昇限度**という．

任意の高度 h までの上昇時間 t は，高度を n 分割して，次の式で計算できる．

$$t = \int_0^h \frac{dh}{w} \fallingdotseq h \sum_{i=1}^{n} \left(\frac{2}{n}\right)\left(\frac{1}{w_{i-1}+w_i}\right) \tag{6.15}$$

ただし，w_i は高度 $h_i = (i/n)h\,(i=0,1,\cdots,n)$ における上昇率である．

t-h 曲線を図 6.8 に示す．この図には，最大水平速度 $V_{\max}$，最大上昇速度

$V_{w\max}$，および最小速度 $V_{\min}$ もそれぞれ高度 h に対して描いてある．

6.6 離 陸 距 離

図 6.9 は離陸性能解析における区間分けを示している．**地上滑走**は二つの部分，すなわち水平地上滑走および機首の引き起こしをはじめる**ローテーション**からはじめて滑走路を離昇する**リフトオフ**までの迎え角を変化させる間の地上滑走とからなる．リフトオフ後，飛行機はほぼ円弧を描いて遷移飛行し，定められた上昇角に到達する．離陸距離は，地上滑走距離（$s_{GR}+s_{RR}$），遷移飛行距離（s_{TR}），および障害物高度を越えるための上昇飛行距離（s_{CL}）の和として定義される．

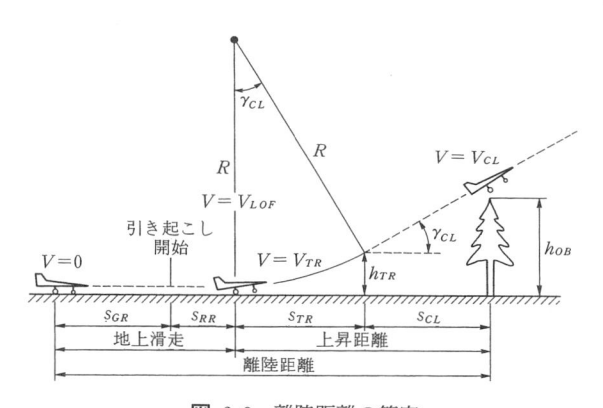

図 6.9 離陸距離の算定

地上滑走中の飛行機に作用する力は，図 6.10 に示すように推力，抗力，および車輪のころがり摩擦力である．摩擦力は摩擦係数 μ と車輪にかかる垂直力（$mg-L$）の積で与えられる．なお，硬い滑走路上のころがり摩擦係数の代表的な値は $\mu=0.03$ である．

地上滑走方向の運動方程式から，飛行機に作用する加速度 a は次のように与えられる．

$$a = \frac{1}{m}[F-D-\mu(mg-L)]$$
$$= g\left[\left(\frac{F}{mg}-\mu\right) + \frac{\rho}{2(mg/S)}\left(-C_{DP}-KC_L^2+\mu C_L\right)V^2\right]$$

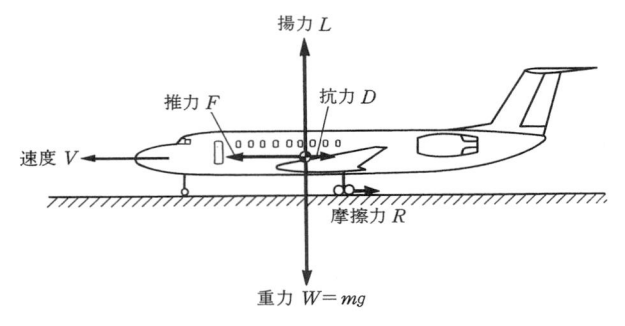

図 6.10 離陸滑走中に働く力

$$= g[K_T + K_A V^2] \tag{6.16}$$

ただし

$$K_T = \frac{F}{mg} - \mu \tag{6.17}$$

$$K_A = \frac{\rho}{2(mg/S)}(\mu C_L - C_{DP} - KC_L^2) \tag{6.18}$$

上式から明らかなように，K_T は推力の項を含むものであり，K_A は空気力に関する項である．加速度 a，速度 V，滑走距離 s の間には，$a = dV/dt$，$ds/dt = V$ より，$a = (1/2)(dV^2/ds)$ の関係がある．したがって，ds を初期速度 V_0 からリフトオフ速度 V_{LOF} まで積分することによって，地上滑走距離 s_{GR} が次のように計算される．

$$\begin{aligned} s_{GR} &= \int_{s_0}^{s_{LOF}} ds \\ &= \frac{1}{2}\int_{V_0^2}^{V_{LOF}^2} \frac{1}{a} d(V^2) \end{aligned} \tag{6.19}$$

式 (6.16) で表した加速度 a を式 (6.19) に代入することによって，s_{GR} は次のように表される．

$$s_{GR} = \frac{1}{2g}\int_{V_0^2}^{V_{LOF}^2} \frac{d(V^2)}{K_T + K_A V^2} = \frac{1}{(2gK_A)} \ln\left(\frac{K_T + K_A V_{LOF}^2}{K_T + K_A V_0^2}\right) \tag{6.20}$$

なお，推力は実際には地上滑走中に幾分変化するので，平均推力を用いなくてはならない．速度の2乗で積分しているので，用いるべき平均推力は V_{LOF} の約70％ ($= \sqrt{2}/2 \times 100$％) の速度に対応する推力となる．また，リフトオフ速度は $V_{LOF} = 1.1 V_S$ (V_S：失速速度) にとられる．

リフトオフの姿勢にローテーションするまでの時間はパイロットの操縦によって異なるが，大型機の場合には，通常約3秒である．この間の加速度の変化は無視できるので，ローテーション中の地上滑走距離は $s_{RR}=3V_{LOF}$（V_{LOF}：m/s）である．小型機の場合はローテーション時間は短く1秒ぐらいである．したがって，この間の地上滑走距離は $s_{RR}=V_{LOF}$ となる．

遷移飛行中は，飛行機はリフトオフ速度 $V_{LOF}=1.1V_S$（V_S：失速速度）から上昇速度 $V_{CL}=1.2V_S$ まで加速される．遷移飛行中の平均揚力は，揚力係数を離陸フラップを作動させたときの最大揚力係数 $C_{L\max}$ の90%，平均飛行速度を $(V_{LOF}+V_{CL})/2=1.15V_S$ として計算する．ここで，飛行機に作用する平均揚力を**荷重倍数** n（運動中の飛行機に作用する慣性力の大きさを飛行機の自重 mg の倍数で表したもの）で表すと次のようになる．

$$n=\frac{L}{mg}=\frac{(1/2)\rho S(0.9C_{L\max})(1.15V_S)^2}{(1/2)\rho SC_{L\max}V_S^2}\fallingdotseq 1.2 \qquad (6.21)$$

一方，遷移飛行軌道の回転半径を R，飛行速度を V_{TR} とすると，離陸開始時において，飛行機は重力加速度と遠心加速度（V_{TR}^2/R）を受けるので，荷重倍数は次のように書くことができ，その値は式（6.21）に等しい．

$$n=1+\frac{V_{TR}^2}{gR}=1.2$$

$$\therefore\quad R=\frac{V_{TR}^2}{g(n-1)}=\frac{(1.15V_S)^2}{0.2g}=6.61\frac{V_S^2}{g} \qquad (6.22)$$

また，遷移飛行の終わりでの上昇角 γ_{CL} は次のように与えられる．

$$\sin\gamma_{CL}=\frac{F-D}{mg}\fallingdotseq\frac{F}{mg}-\frac{1}{L/D} \qquad (6.23)$$

なお，上昇角は遷移飛行の円弧の内角に等しいので，遷移飛行中の水平移動距離 s_{TR} は次のようになる．

$$s_{TR}=R\sin\gamma_{CL}=R\left(\frac{F-D}{mg}\right)\fallingdotseq R\left(\frac{F}{mg}-\frac{1}{L/D}\right) \qquad (6.24)$$

さらに，この間の上昇高度 h_{TR} は次のように計算される．

$$h_{TR}=R(1-\cos\gamma_{CL}) \qquad (6.25)$$

障害物高度 h_{OB} を遷移飛行区間の端までに越える場合には，遷移飛行距離は次のようになる．

$$s_{TR}=\sqrt{R^2-(R-h_{OB})^2} \qquad (6.26)$$

最後に，障害物高度 h_{OB} を越えるために上昇する間に飛行する水平距離 s_{CL}

は，次のように計算される．

$$s_{CL} = \frac{h_{OB} - h_{TR}}{\tan \gamma_{CL}} \tag{6.27}$$

必要な障害物高度 h_{OB} としては，小型機の場合は 50 ft (15 m)，輸送機の場合は 35 ft (10.5 m) である．前述のように，障害物の遷移飛行中に越える場合には $s_{CL}=0$ である．

ある特定の飛行速度 V_1 で，一つのエンジンが故障したとき，飛行機にブレーキをかけて停止させるまでの制動距離と離陸を続行したときの離陸距離とが同一となる．このような場合の滑走路長を**平衡滑走路長**という．なお，エンジン故障があった場合に，離陸を続行するか，断念し，制動させるかを決定する飛行速度 V_1 を**離陸決定速度**という．

エンジンが離陸決定速度以下で停止したときには，パイロットは離陸を断念し，飛行機を停止させなくてはならない．一方，離陸決定速度以上でエンジンが停止したときには，パイロットは離陸を続行しなくてはならない．

平衡滑走路長を正確に算定するためには，種々の速度 V_1 において，一つのエンジンが停止したときの離陸距離と速度 V_1 でブレーキをかけたときの停止距離とを計算することによって，離陸距離と制動距離とが等しくなる離陸距離を求める必要がある．

パイロットは通常，エンジン停止に気づき，ブレーキをかけるまでに約 1 秒間かかるとされている．また，逆推力の使用は平衡滑走路長の計算には認められていない．

6.7 着 陸 距 離

着陸は離陸の逆であり，図 6.11 のように行われる．着陸性能解析においては飛行機質量を指定しなくてはならない．その値は離陸質量から離陸質量の 85% の間にとるのが普通である．

着陸進入は障害物高度 h_{OB} から始められる．進入速度 V_{AR} は $V_{AR}=1.3V_S$ (V_S：失速速度) である．進入水平距離は，進入角を γ_{CL} とし，**フレア高度** h_{FL} を h_{TR} として，式 (6.27) から計算される．

着地速度 V_{TD} は $V_{TD}=1.15V_S$ である．飛行機は V_{AR} から V_{TD} までフレア中に減速される．フレアにおける平均速度 V_{FL} は $V_{FL}=(V_{AR}+V_{TD})/2=1.23V_S$ である．したがって，フレア中の円弧の軌道半径 R は V_{FL} を用いて，

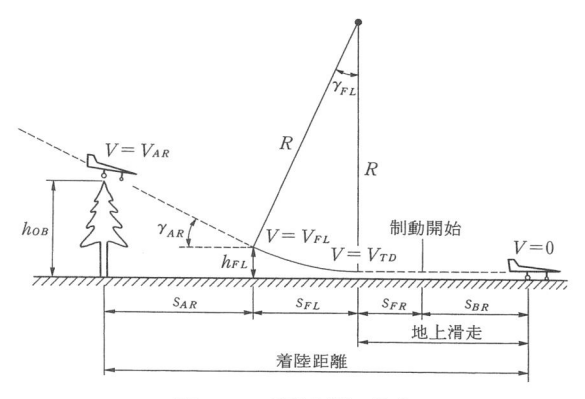

図 6.11 着陸距離の算定

式 (6.22) と同様に次のように計算される．

$$R = \frac{V_{FL}^2}{g(n-1)} = \frac{(1.23 V_S)^2}{g(n-1)} \tag{6.28}$$

荷重倍数 n としては，$n=1.2$ が通常用いられる．

フレア高度は式 (6.25) から，またフレア中の水平飛行距離は式 (6.24) から計算される．

着地後，飛行機はパイロットがブレーキを作動させるまでの数秒間は自由滑走する．したがって，この間の滑走距離は V_{TD} に仮定した時間遅れ (1〜3 秒) を乗じて計算される．制動距離は離陸滑走距離の式 (6.20) と同じである．この際，初期速度は V_{TD} であり，最終速度は 0 である．また，推力の項はアイドル推力である．なお，ジェット機で逆推力装置を使用する場合には，推力は負で最大前進推力の 40〜50% である．逆推力装置は低速度では，排気ガスの再吸入のおそれがあるために用いることができない．逆推力装置の**カットオフ速度**は，エンジンメーカーによって定められているが，通常 50 kn (26 m/s) である．したがって，地上滑走距離は式 (6.20) を用いて，逆推力の区間とアイドル推力の区間に分けて計算しなくてはならない．

6.8 航続距離

飛行機の**航続距離**は飛行速度に空中での飛行時間を乗じたものである．また，空中における飛行時間，すなわち**航続時間**は燃料の総量を単位時間に消費され

る燃料質量すなわち**燃料消費率**で割ったものである．ここで，燃料消費率は飛行機の質量が単位時間に減少する量 $\dot{m}$ に等しく，必要推力 F と**比燃料消費率** c (5.1節参照) の積として与えられる．すなわち

$$\dot{m} = -cF \tag{6.29}$$

ここで，単位量の燃料消費によって，飛行機が飛行する距離 dR/dm について考える．すなわち

$$\frac{dR}{dm} = \frac{dR/dt}{dm/dt} = \frac{V}{-cF} = \frac{V}{-cD} = \frac{V(L/D)}{-cmg} \tag{6.30}$$

これを，**比航続距離**あるいは**瞬間航続距離**とよぶ．

瞬間航続距離を飛行機の m_i (巡航開始時の質量) から m_f (巡航終了時の質量) への質量変化 (消費燃料質量 $m_b = m_i - m_f$) に関して積分すると航続距離 R が得られる．すなわち

$$R = \int_{m_i}^{m_f} \frac{V(L/D)}{-gcm} dm = \frac{V}{gc} \frac{L}{D} \ln\left(\frac{m_i}{m_f}\right) \tag{6.31}$$

式 (6.31) は**ブレーゲの航続距離の式**とよばれている．式 (6.31) の積分においては，速度 V，比燃料消費率 c，および揚抗比 L/D が一定であると仮定した．

ブレーゲの航続距離の式をプロペラ機に適用する場合には，比燃料消費率として，プロペラの等価推力比燃料消費率を用いる必要がある (5.1節参照)．

ブレーゲの航続距離の式で質量変化を含まない項すなわち $(V/c)(L/D)$ は**レンジパラメータ**とよばれ，巡航性能の指標である．ジェット機の場合，比燃料消費率は飛行速度にほとんど関係しないので，レンジパラメータは次のように展開することができる．すなわち

$$\frac{V}{c}\left(\frac{L}{D}\right) = \frac{V}{c}\left(\frac{C_L}{C_{DP} + KC_L^2}\right) = \frac{2(mg)/(\rho VS)}{cC_{DP} + \{4K(mg)^2 c\}/(\rho^2 V^4 S^2)} \tag{6.32}$$

式 (6.32) を速度 V に関して微分し，0 とおくことによって，最大航続距離を与える速度が得られ，それに対応する揚力係数および抗力係数は次のようになる．

$$V_{\max R} = \left(\frac{2mg}{\rho S}\right)^{1/2}\left(\frac{3K}{C_{DP}}\right)^{1/4} = 1.32 V_{\min T} \tag{6.33}$$

$$C_{L\max R} = \sqrt{\frac{C_{DP}}{3K}} \tag{6.34}$$

$$C_{D\max R} = \left(C_{DP} + \frac{C_{DP}}{3}\right) = 1.33 C_{DP} \tag{6.35}$$

これより,ジェット機の最大航続距離を与える抗力係数は有害抗力係数の1.33倍であることがわかる.これは,有害抗力係数の2倍である最大揚抗比$(L/D)_{\max}$を与える抗力係数よりも小さい.しかし,飛行機の航続距離を最大にするためには,より高速(31.6%増)で飛行しなくてはならないので,動圧が増加し,実際の抗力の大きさは増える.結果として,最大航続距離を与える飛行速度で飛行するときの実際の抗力は最大揚抗比を与える速度で飛行する場合の抗力より大きくなる.両者の比は,抗力係数の比(1.33/2.00)と飛行速度の比(1.32)の2乗を乗じて,$(1.33/2.00)(1.32)^2=1.152$となる.

抗力は揚抗比に反比例するので,最大航続距離に対する速度での揚抗比は最大揚抗比の$1/1.152=0.868$である.

6.9 航続時間

前述のように,飛行機が空中を飛行できる時間,すなわち航続時間 t_E は燃料容量を燃料消費率で割ったものである.ここで,単位量の燃料消費によって空中を発行できる時間,すなわち**瞬間航続時間**を次のように定義する.

$$\frac{dt_E}{dm} = -\frac{1}{cF} = \frac{1}{-gcm}\left(\frac{L}{D}\right) \tag{6.36}$$

したがって,航続時間 t_E は,dt_E を質量に関して m_i(初期質量)から m_f(最終質量)まで積分することによって,次のように計算される.

$$t_E = \int_{m_i}^{m_f} \frac{1}{-cF} dm = \int_{m_f}^{m_i} \frac{1}{gcm}\left(\frac{L}{D}\right) dm = \left(\frac{L}{D}\right)\left(\frac{1}{gc}\right)\ln\left(\frac{m_i}{m_f}\right) \tag{6.37}$$

航続時間を最大にするためには,式(6.37)からわかるように,揚抗比 L/D が最大,すなわち最小必要推力で飛行すればよい.

7. 飛行機の安定性と操縦性

　飛行機がどのように飛行するか，また飛行機をどのように操縦するかについて取り扱うのが飛行機の**安定性**と**操縦性**の問題である．安定性とは，飛行機がつり合い飛行中に，突風などの攪乱を受けて動揺したときに，元のつり合い状態に戻ろうとする性質である．攪乱を受ける飛行機をパイロットが快適に操縦できるためには，飛行機は十分な安定性をもつことが必要である．

　飛行機が自由に飛行できるためには，まずつり合い飛行を実現できなければならない．次に，飛行機を広範囲な飛行速度と飛行高度の組合せから希望する飛行状態に変更できることが必要である．このようなつり合い飛行状態の維持あるいは飛行状態の変更時における運動特性を**操縦性**とよんでいる．また，安定性と操縦性を総称して，**飛行性**とよぶ．

　このような飛行機の性質を取り扱うためには，6章で無視した姿勢の変化，すなわち飛行機の重心まわりの回転運動を考える必要がある．そこで，この章では，飛行機を剛体と考えて，重心の並進運動と重心まわりの回転運動を取り扱うことにする．

7.1　静的安定と動的安定

　飛行機が定常飛行をしている場合には，飛行機の重心および重心まわりに作用する合力および合モーメントはともに0である．言い換えると，飛行機の重心に作用する合力と合モーメントが0であると，飛行機には並進加速度も回転加速度も生じない．このような飛行状態を**つり合い状態**という．

　安定はつり合い状態の性質であり，静的安定と動的安定の二つの概念がある．**静的安定**とは，攪乱を受けた後，飛行機がつり合い状態に戻ろうとする性質をいう．図7.1は静的安定の種類を説明したものである．図(a)の場合には，最下点からボールをずらすと重力の作用によってボールは最下点に戻ろうとする．したがって，最下点は静的安定である．一方，図(b)の場合には，つり合い点を見つけることができたとしても，ボールがその点からずれたとき元に

7.1 静的安定と動的安定　**115**

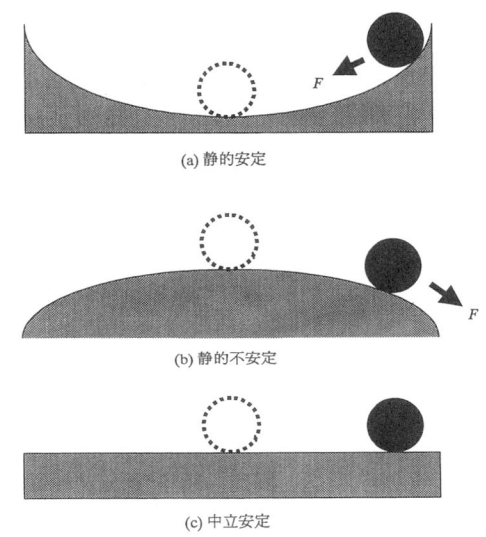

(a) 静的安定

(b) 静的不安定

(c) 中立安定

図 7.1 静的安定のいろいろな状態

戻そうとする力は作用しない．したがって，その点は**静的不安定**である．また，図(c) の場合には，どの点でもつり合い状態となることができるので，ある点から他の点にずらされてもその点にとどまることができる．このような点を**中立安定**とよぶ．

　この簡単な例からわかる重要な点は，静的安定なつり合い点がある場合には，元の位置からずれた位置において，元のつり合い状態に戻そうとする復元力あるいは復元モーメントが飛行機に作用するということである．

　静的安定に対して，動的安定は，飛行機がつり合い状態からずれたとき，その運動が時間とともにどのように変化するかに関する性質である．図 7.2 は攪乱後の飛行機の運動の例を示したものである．この図で，(a)，(d)，(e)，(f) は元の状態に戻ろうとするから静的安定であるが，図(b) は元の状態に戻ることがないので，静的不安定である．さらに図(a)，(d) は，その運動が時間とともに減衰している．このような性質をもつものを，**動的安定**であるという．また，図(e) は静的安定であるが，その振幅が時間とともに増大しているから，動的不安定である．一方，図(f) は静的には安定であるが，その運動が減衰せず，同じ運動状態がいつまでも繰り返される．このような運動を動的中立安定という．また図(c) は静的にも，動的にも中立安定である．動的安定であるた

116　7．飛行機の安定性と操縦性

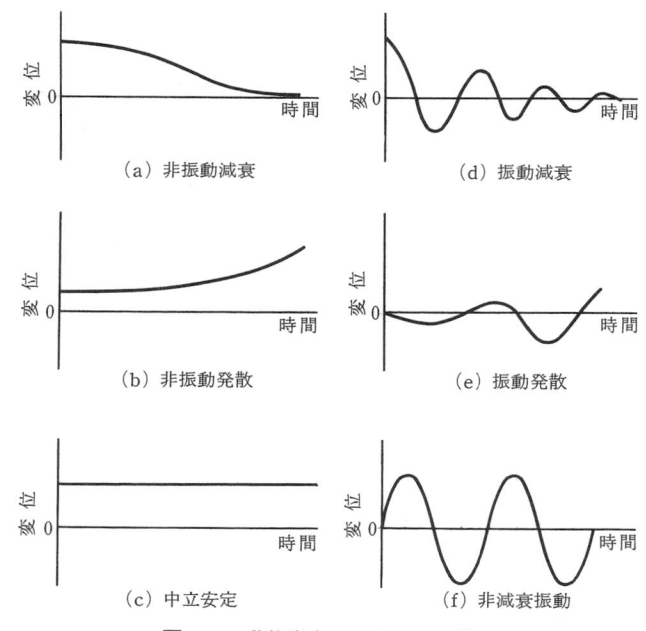

図 7.2　動的安定のいろいろな状態

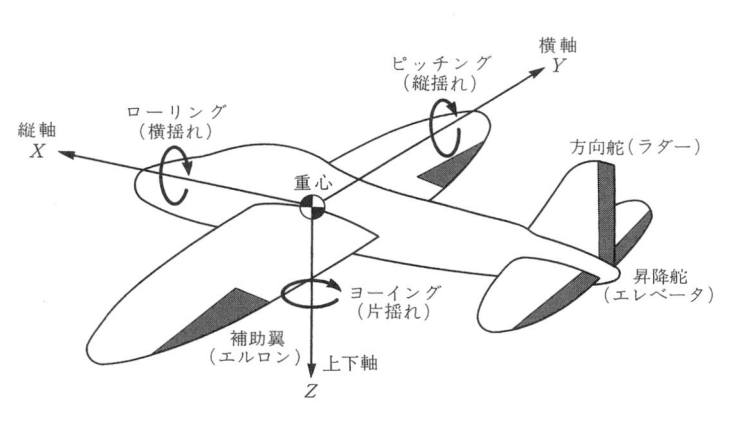

(a) 非振動減衰
(b) 非振動発散
(c) 中立安定
(d) 振動減衰
(e) 振動発散
(f) 非減衰振動

図 7.3　航空機の座標軸と回転運動

めには，速度を減少させる運動方向と逆向きに作用する減衰力あるいは減衰モーメントが必要である．

　飛行機の運動は，機体を剛体と考えると，図7.3に示すように重心の3軸方

向の並進運動と 3 軸まわりの回転運動からなる．一般の飛行機は左右対称に作られている．そこで，これらの運動を対称面の運動とそれ以外の運動に分けて考えるのが便利である．すなわち，縦軸 X 方向と上下軸 Z 方向の並進運動，および横軸 Y まわりの**ピッチング**（**縦揺れ**）は，対称面内の運動であり，**縦の運動**とよばれる．また，横軸 Y 方向の**横すべり**，縦軸 X まわりの**ローリング**（**横揺れ**），および上下軸 Z まわりの**ヨーイング**（**片揺れ**）は，非対称面内の運動であり，**横および方向の運動**とよばれる．これら二組の運動は，特殊な運動を除けば互いに干渉しないので，飛行機の安定も，これら二組の運動に分けて別々に取り扱う．

7.2 縦の安定

縦の安定としては，縦軸方向と上下軸方向の並進運動，およびピッチングに対する安定を考えなければならない．このうち並進運動は，運動方向にはつねに速度を減少させる空気抵抗が作用し，本質的に安定なものであって問題にならない．そこで普通，静的縦安定というのは，ピッチングの静的安定のことである．しかし，ピッチングは迎え角の変化を伴い揚力変化が起こるので，上下運動に影響することに注意しなければならない．

縦の静的安定は，もっぱら水平尾翼の効果と，飛行機の重心と主翼の空力中心の相対位置に依存する．

まず，簡単のため，水平尾翼がないものとして，主翼の空力中心（a.c.）〔4.2 節（5）項参照〕と重心（c.g.）との関係について考える．主翼の揚力傾斜を a_w，無揚力線（揚力が 0 となる迎え角の方向）からの迎え角を α_w とすると，空気力としては，空力中心に迎え角に比例する揚力 $L_w = a_w \alpha_w$ と一定のモーメント M_0 が作用する．したがって，図 7.4(a) のように，空力中心の

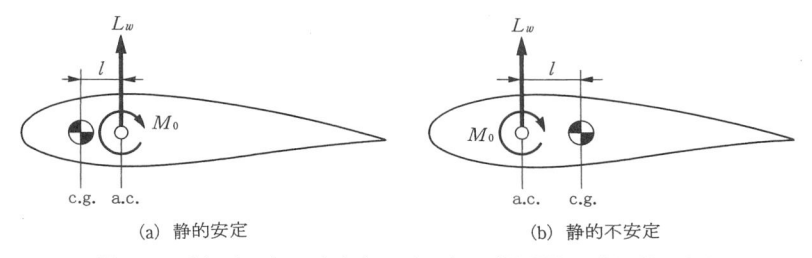

(a) 静的安定　　　　　　　　(b) 静的不安定

図 7.4　重心（c.g.）と空力中心（a.c.）の位置関係と縦の静的安定

前方に重心がある場合には，重心まわりのモーメントは次のようになる．

$$\left. \begin{array}{l} M_{cg} = M_0 - lL_w \\ L_w = \left(\dfrac{1}{2}\rho V^2 S\right)(a_w \alpha_w) \end{array} \right\} \quad (7.1)$$

ただし，ピッチングモーメントの方向は頭上げを正とし，l は重心と空力中心との距離，また，ρ は空気密度，V は飛行速度，S は主翼の面積である．

式（7.1）のピッチングモーメントを無次元表示すると次のように書くことができる．

$$\left. \begin{array}{l} C_m \equiv \dfrac{M_{cg}}{\dfrac{1}{2}\rho V^2 S \bar{c}} = C_{\mathrm{mac}} - \dfrac{l}{\bar{c}}(a_w \alpha_w) \\ \\ C_{\mathrm{mac}} \equiv \dfrac{M_0}{\dfrac{1}{2}\rho V^2 S \bar{c}} \end{array} \right\} \quad (7.2)$$

ただし，C_{mac} は主翼の空力中心まわりのピッチングモーメント係数であり，また $\bar{c}$ は主翼の平均空力翼弦〔4.2節（5）項，式（4.12）参照〕である．

つり合い水平飛行は，重心まわりのピッチングモーメントが 0（$C_m = 0$），揚力が飛行機に作用する重力に等しくなる（$L_w = mg = W$：飛行機重量）飛行状態があれば実現できる．図 7.4(a) の単独翼の場合には，次のような迎え角 α_0 と飛行速度 V_0 をとれば，つり合い水平飛行となる．すなわち

$$\alpha_0 = \dfrac{C_{\mathrm{mac}}}{\left(\dfrac{l}{\bar{c}}\right) a_w} \quad (7.3)$$

$$V_0 = \sqrt{\dfrac{mg}{\dfrac{1}{2}\rho S a_w \alpha_0}} \quad (7.4)$$

ここで，通常使われる正のキャンバ（上に凸な反り）をもつ翼型では $C_{\mathrm{mac}} < 0$ であることに注意する必要がある．したがって上式を満たすには，負のキャンバをもつ翼型を使うか，正のキャンバをもつ後退翼の翼端を捩り下げる方法が考えられる．なお，上記のように飛行機に作用する力とモーメントがつり合っている飛行状態を**トリム状態**という．

ここで，何らかの攪乱によって，つりあい条件を満たす飛行状態から迎え角だけが α_0 から $\Delta\alpha$ だけ変化した場合を考える．このとき，揚力は

7.2 縦の安定

$$L_w = \left(\frac{1}{2}\rho V_0^2 S\right) a_w (\alpha_0 + \Delta\alpha)$$

となり，重心まわりのモーメントおよびモーメント係数は，次のようになる．

$$\left.\begin{array}{l} M_{cg} = -\left(\dfrac{1}{2}\rho V_0^2 S\right) l a_w \Delta\alpha \\[6pt] C_m = -\dfrac{l}{\bar{c}} a_w \Delta\alpha \end{array}\right\} \qquad (7.5)$$

式 (7.5) からわかるように，迎え角の変化 $\Delta\alpha$ とは逆向きのピッチングモーメントが飛行機の重心まわりに作用する．このことは，重心が空力中心の前方にある場合には，迎え角の変化を元に戻そうとする復元モーメントが作用し，静的安定であることを示している．

一方，図 7.4(b) のように，重心が空力中心より後方にある場合には，迎え角がつり合い迎え角から変化したとき，迎え角の変化の方向と同じ方向のモーメントが作用し，迎え角変化がさらに大きくなることがわかる．すなわち，重心が空力中心の後方にある場合には，静的不安定であり，以下に述べるように水平尾翼が必要となる．

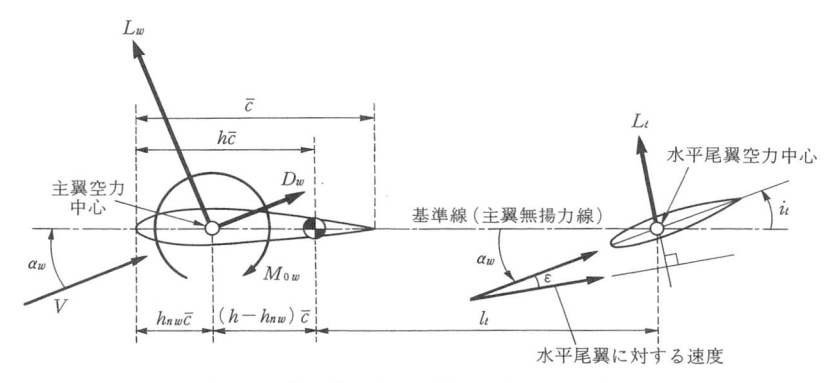

図 7.5 縦の静的安定に対する水平尾翼の働き

次に，水平尾翼の静的安定に対する効果について考える．そのために，飛行機の重心が主翼の空力中心の後方にあるとき，図 7.5 のように水平尾翼を配置した場合を考える．このような飛行機の重心まわりのモーメントは，次のように与えられる．

$$M_{cg} = M_{0w} + L_w (h - h_{nw}) \bar{c} - L_t l_t \qquad (7.6)$$

ただし，L_w，L_t は主翼，水平尾翼の揚力であり，近似的に垂直方向に作用す

るものとし，抗力の寄与は省略した．また，M_{0w} は主翼の空力中心まわりのモーメントである．上式では，水平尾翼の空力中心まわりのモーメントは小さいものとして無視した．さらに，l_t は重心と水平尾翼の空力中心との距離である．なお，h，h_{nw} は平均空力翼弦の前縁から測った重心およ空力中心の位置を表し，平均空力翼弦 $\bar{c}$ を単位として測った無次元量である．

　ここで，主翼の無揚力線からの迎え角を α_w とすると，水平尾翼の迎え角 α_t は次のように与えられる．

$$\alpha_t = \alpha_w - \varepsilon - i_t \tag{7.7}$$

ただし，i_t は主翼に対する水平尾翼の**取り付け角**である．また，ε は，気流が主翼上を通過することによって生じる気流方向の変化を示し，**吹きおろし角**である〔4.3節（3）項参照〕．

　吹きおろし角は，主翼の迎え角によって変化し，次のように表すことができる．

$$\varepsilon = \varepsilon_0 + \frac{d\varepsilon}{d\alpha} \alpha_w \tag{7.8}$$

したがって，主翼の迎え角が α_w であるときの主翼および水平尾翼の揚力は，次のように書くことができる．

$$L_w = \left(\frac{1}{2}\rho V^2 S\right)(a_w \alpha_w) \tag{7.9}$$

$$L_t = \left(\frac{1}{2}\rho V^2 S_H\right)(a_t \alpha_t) = \left(\frac{1}{2}\rho V^2 S_H\right) a_t \left\{\left(1-\frac{d\varepsilon}{d\alpha}\right)\alpha_w - (\varepsilon_0 + i_t)\right\} \tag{7.10}$$

ただし，a_t は水平尾翼の揚力傾斜であり，S_H は水平尾翼の面積である．

　式（7.9），（7.10）を式（7.6）に代入すると次のようになる．

$$\begin{aligned}
M_{cg} &= \left\{M_{0w} + \frac{1}{2}\rho V^2 S_H l_t a_t (\varepsilon_0 + i_t)\right\} \\
&\quad + \left(\frac{1}{2}\rho V^2 S\right)(h - h_{nw})\bar{c}(a_w \alpha_w) \\
&\quad - \left(\frac{1}{2}\rho V^2 S_H\right) l_t a_t \left(1 - \frac{d\varepsilon}{d\alpha}\right)\alpha_w \\
&= M_0 + \left(\frac{1}{2}\rho V^2 S\bar{c}\right) a_w \left\{(h - h_{nw}) - V_H \frac{a_t}{a_w}\left(1 - \frac{d\varepsilon}{d\alpha}\right)\right\}\alpha_w
\end{aligned} \tag{7.11}$$

$$\tag{7.11 a}$$

$$M_0 = M_{0w} + \frac{1}{2}\rho V^2 S_H l_t a_t (\varepsilon_0 + i_t) \tag{7.12}$$

$$V_H = \frac{S_H l_t}{S\bar{c}} \tag{7.13}$$

式（7.11 a）を無次元表示すると次のようになる．

$$C_m \equiv \frac{M_{cg}}{\frac{1}{2}\rho V^2 S\bar{c}}$$

$$= C_{m0} + a_w \left\{ (h - h_{nw}) - V_H \frac{a_t}{a_w}\left(1 - \frac{d\varepsilon}{d\alpha}\right) \right\} \alpha_w \tag{7.14}$$

$$C_{m0} \equiv \frac{M_0}{\frac{1}{2}\rho V^2 S\bar{c}} = C_{mac} + V_H a_t (\varepsilon_0 + i_t)$$

　静的安定に対する水平尾翼の働きは，式（7.11）の第3項で表され，主翼の迎え角の変化と逆向きのピッチングモーメントを与える．すなわち，水平尾翼は飛行機の静的安定を増加させる働きをもっていることがわかる．したがって，図7.5のような重心と主翼の空力中心の配置では静的不安定である飛行機を，水平尾翼を取り付けることによって静的安定化させることができる．また，水平尾翼の効きは，式（7.13）で定義された V_H によって決まることがわかる．水平尾翼の効きをよくするためには，水平尾翼の面積（S_H）を大きくするか，取り付け位置（l_t）を後方におくことが必要である．V_H は縦の静的安定に重要なパラメータであり，**水平尾翼容積**とよばれている．

　以上のことから，飛行機が静的安定であるためには，迎え角の変化と反対向きのピッチングモーメントが作用する必要があるので，式（7.11 a）あるいは（7.14）から，次式が成り立たねばならない．すなわち

$$(h - h_{nw}) - V_H \frac{a_t}{a_w}\left(1 - \frac{d\varepsilon}{d\alpha}\right) < 0 \tag{7.15}$$

また，水平つり合い飛行が実現できるためには，トリム状態，すなわち揚力が飛行機重量とつり合い，重心まわりのピッチングモーメントが0となる飛行状態が存在しなくてはならない．このことは，式（7.15）が成り立ち，さらに次の条件を満足できれば可能である．すなわち

$$M_0 = M_{0w} + \frac{1}{2}\rho V^2 S_H l_t a_t (\varepsilon_0 + i_t) > 0 \tag{7.16}$$

これは，無次元表示では，次のように書ける．

$$C_{m0} = C_{mac} + V_H a_t (\varepsilon_0 + i_t) > 0$$

なぜなら，式 (7.15), (7.16) が成立する場合には，つり合い飛行条件 $L_w = mg = W$ (揚力が飛行機重量に等しい), $M_{cg} = 0$ (重心まわりのピッチングモーメントが 0 である) を満足する，次のような正の迎え角 α_0 および水平飛行速度 V_0 が存在するからである．すなわち

$$\alpha_0 = \frac{-C_{m0}}{\left\{(h - h_{nw}) - V_H \dfrac{a_t}{a_w}\left(1 - \dfrac{d\varepsilon}{d\alpha}\right)\right\} a_w} \tag{7.17}$$

$$V_0 = \sqrt{\frac{mg}{\dfrac{1}{2}\rho S a_w \alpha_0}} \tag{7.18}$$

以上の結果をまとめると，飛行機が静的安定であるためには，重心まわりのピッチングモーメント係数 C_m が迎え角 α に対して，図 7.6 のように，$\alpha = 0$ で正の値をとり，右下がりであることが必要である．また，同図には重心位置が静的安定に及ぼす影響を説明している．すなわち，重心位置が後方に移動すると静的安定が悪くなる．

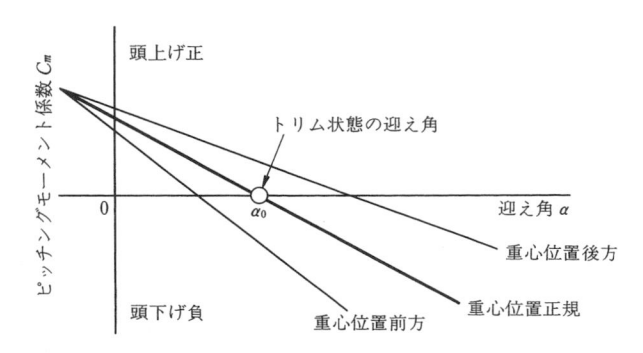

図 7.6 重心まわりのピッチングモーメント係数

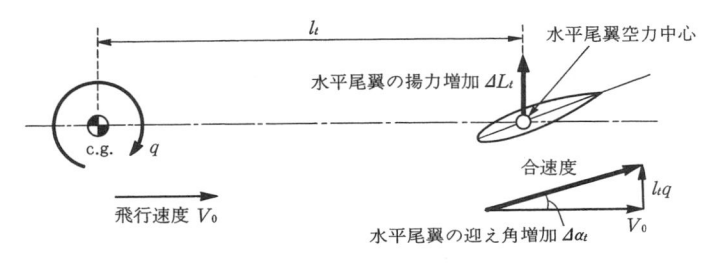

図 7.7 ピッチングに対する水平尾翼の減衰作用

7.2 縦 の 安 定

7.1 節で述べたように，動的安定は運動を減衰させる性質に関係する．そこで，ピッチング角速度が生じた場合に，その運動に対応してどのようなピッチングモーメントが飛行機に作用するかを考える．

図 7.7 は，重心まわりにピッチング角速度 q で頭上げ運動する場合を示している．このとき，水平尾翼は，重心まわりに半径 l_t，角速度 q で円運動をすることになるので，大きさ $l_t q$ の下向きの速度成分をもつ．したがって，水平飛行速度を V_0 とすると水平尾翼は，迎え角 $\Delta\alpha_t = (l_t q)/V_0$ の気流を受けることになる．その結果，水平尾翼の空力中心には大きさ $\Delta L_t = a_t \Delta\alpha_t (1/2)\rho V_0^2 S_H$ の上向き揚力が作用する．これによって，飛行機の重心まわりには，次のような頭下げのピッチングモーメントが発生する．

$$\Delta M_{cg} = -l_t \Delta L_t$$

$$\Delta C_{mcg} \equiv \frac{\Delta M_{cg}}{(1/2)\rho V_0^2 S \bar{c}} = -V_H a_t \frac{l_t q}{V_0} \tag{7.19}$$

このピッチングモーメントの向きは，ピッチング角速度の向きと逆向きであるので，ピッチング角速度を減少させるように作用する．

このように，水平尾翼は，静的安定に寄与するのみならず，動的安定にも重要な役割を果たしていることがわかる．

一般に，飛行機の縦の運動には，二つの運動の形すなわち固有モードが存在する．一つは図 7.8 のように，運動が数秒間で減衰する**短周期モード**とよばれる運動で，飛行機の操縦性や乗り心地に直接関係する．他の一つは図 7.9 に示すような周期が数 10 秒のゆっくりとした減衰の小さな運動で，**長周期モード**

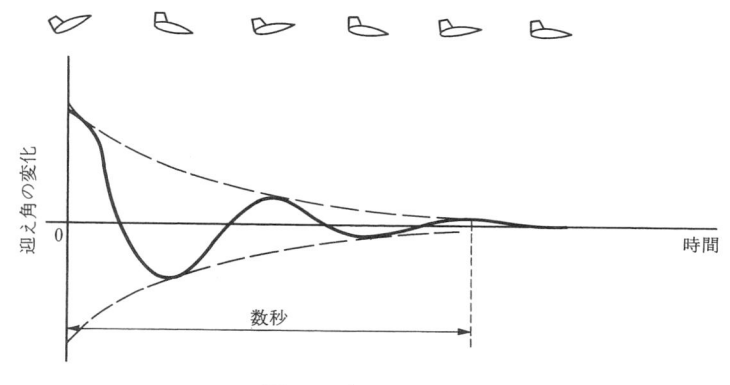

図 7.8 短周期モード

図 7.9 長周期モード

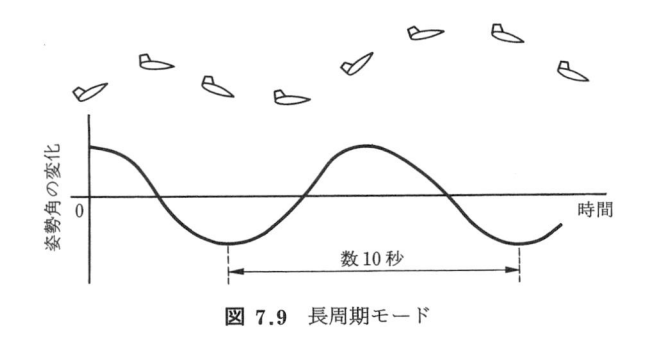

あるいは**フゴイドモード**とよばれる．この運動は，パイロットによって容易に制御できる．

7.3 横および方向の安定

ローリング，ヨーイングおよび横すべりの三つの運動は，次節で説明するように互いに関連し，からみ合うが，横と方向の静的安定をそれぞれ次のように解釈する．

ローリングに対して，これを復元する性質を**静的横安定**という．主翼に上反

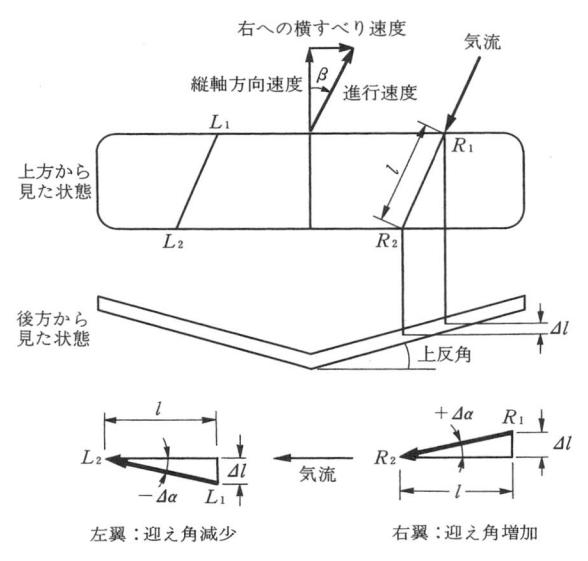

図 7.10 横すべりに対する主翼上反角の働き

7.3 横および方向の安定

角をもたせておくと，**ローリング**に伴う**横すべり**によって，この静的横安定が得られる．図7.10は，飛行機がローリングによって右に**バンク（傾斜）**した後，右へ横すべりをした状態を描いている．図でわかるように，横すべりによって生じる気流の方向に対して右翼では迎え角が増し，左翼では迎え角が減ることになる．したがって，右翼の揚力が増し，左翼の揚力が減って，ローリングに対する復元モーメントを発生する．このような復元作用を**上反角効果**という．

上反角と同じ効果が，主翼に後退角をもたせることでも得られる．図7.11のように後退角をもつ翼の場合には，単純後退翼理論〔4.7節（4）項参照〕によれば，翼に働く有効速度成分は**1/4翼弦長線**に垂直な速度成分である．すなわち，横すべりによって生じる気流の1/4翼弦長線に垂直な速度成分は，右翼のほうが左翼より大きい．揚力は，速度の2乗に比例するから，右翼の揚力が増加し，左翼の揚力が減少するので，ローリングに対する復元モーメントが生じる．

一方，主翼と胴体の流れの干渉も上反角と同じ効果を発生する．この効果は，主翼と胴体の結合位置に依存し，高翼機では上反角効果は強められるが，逆に低翼機では不安定な干渉効果を生じる．したがって，高速・高翼機で大きな後退角をもつ飛行機では，この安定が強すぎるので，逆の上反角すなわち下反角をもたせた飛行機が存在する．

また，横すべりに対して，そのすべった方向に機首を向ける性質を**静的方向安定**という．これは飛行機が気流すなわち風のほうに向くことであるから，**風見安定**ともいう．この作用を与えるのは垂直尾翼である．すなわち，図7.12のように右に横すべりをした場合には，垂直尾翼は横すべり角に応じた迎え角をもつことになるので，その結果，垂直尾翼に発生する揚力 L_v によって，気流の方向に機首を向けようとするヨーイングモーメントが生じる．

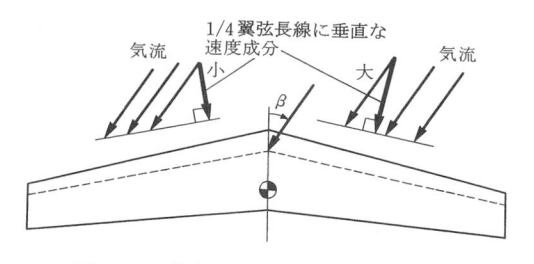

図7.11 横すべりに対する後退角の働き

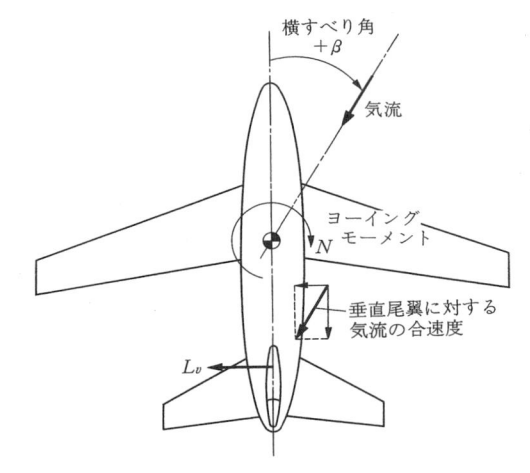

図 7.12 横すべりに対する垂直尾翼の働き

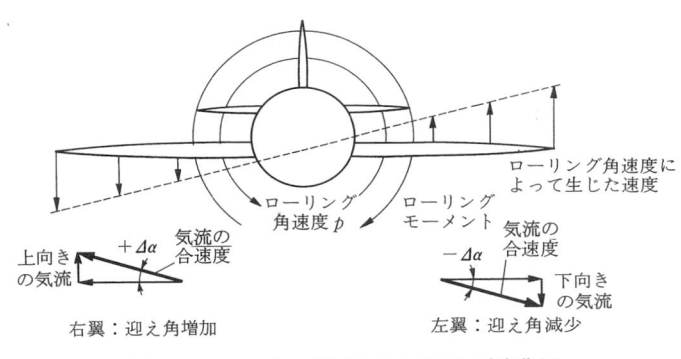

図 7.13 ローリングに対する主翼の減衰作用
（前方から見た状態）

次に，動的安定について考える．図7.13のように，重心まわりにローリング角速度 p で運動している場合には，右翼では下向きの速度をもち，左翼では上向き速度をもつことになるので，迎え角の増減に応じて，右翼の揚力は増え，左翼の揚力が減るので，ローリング角速度の向きとは反対方向のローリングモーメントが発生する．すなわち，飛行機には主翼の働きによって，ローリング角速度を減らすモーメントが作用する．

さらに，垂直尾翼にはヨーイング角速度を減衰させる作用がある．すなわち，図7.14のように，重心まわりにヨーイング角速度 r で運動する場合には，垂

7.3 横および方向の安定

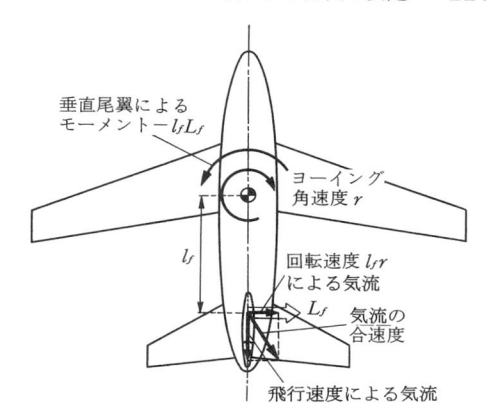

図 7.14 ヨーイングに対する垂直尾翼の減衰作用

（図中ラベル：垂直尾翼によるモーメント $-l_f L_f$、ヨーイング角速度 r、l_f、回転速度 $l_f r$ による気流、L_f、気流の合速度、飛行速度による気流）

直尾翼の迎え角が変化するので，ヨーイング角速度の向きとは反対方向のモーメント $l_f L_f$ がヨーイング角速度に対応して発生し，ヨーイング角速度を減らす．

飛行機の横および方向の姿勢の回復は振動的に行われるが，それが減衰することが要求される．これが横および方向の動的安定である．この場合，上述したように主として，ローリングに対する減衰モーメントは主翼によって，ヨーイングに対する減衰モーメントは垂直尾翼によって得られる．横および方向の静的安定がよくても，これらのバランスがとれていないと，次のような不安定な現象がおこる．

すなわち，静的方向安定が大きすぎると**スパイラル不安定**となり，一方，静

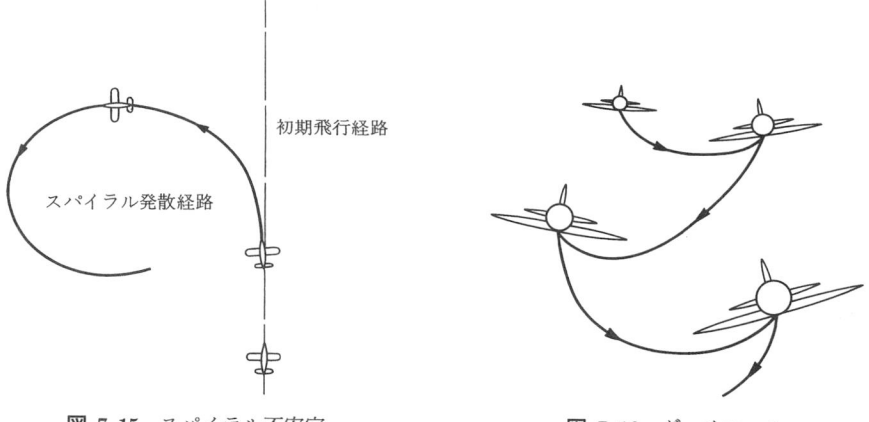

図 7.15 スパイラル不安定

（図中ラベル：初期飛行経路、スパイラル発散経路）

図 7.16 ダッチロール

的横安定が大きすぎると**ダッチロール**がおこる．スパイラル不安定は，図 7.15 のように飛行機にゆるい旋回状態を与えて放置したとき，その旋回半径がだんだん小さくなり，スパイラルを描きながら降下していく傾向である．ダッチロールは，図 7.16 のような現象をいう．まず，左へバンクしたとすると，左のほうへの横すべりとヨーイングを生じる．これが上反角効果によりすぐに回復して，こんどは逆に右へバンクして，横すべりとヨーイングを生じる．これがまた回復して，左へ行く．このように，飛行機が，バンク，横すべり，ヨーイングを繰り返しながら蛇（だ）行する現象である．飛行機の横および方向の運動には，上で述べたような**ロール**，**スパイラル**および**ダッチロール**とよばれる三つの固有モードがある．

7.4 飛行機の操縦

飛行機は普通，**昇降舵**（エレベータ），**補助翼**（エルロン）および**方向舵**（ラダー）をもつ三元操縦機である．すなわち，重心を通る縦軸，横軸および上下軸の三つの軸のまわりの回転運動を，おのおの別々の舵で操縦している．縦の操縦では，推力の制御もスロットルレバーの操作によって行われる．ここで，定常水平飛行中の飛行機に対して，昇降舵のみをある角度だけ下げ舵とした場合を考える．このとき，水平尾翼の揚力が増加するので，重心まわりに頭下げのピッチングモーメントが発生する．その結果，機首が下がり，主翼迎え角が減少するので，機体は下降しはじめ，飛行速度が次第に増加する．迎え角，姿勢角および速度が振動しながら変化した後，最終的には迎え角の減少によって生じる揚力の減少を補うだけの飛行速度になると，再び揚力と機体重量および抗力と推力がつり合い，重心まわりのモーメントが 0 となると，新たな定常水平飛行状態に達する．すなわち，昇降舵を下げ舵とすることによって，機体は降下し，増速される．一般には，飛行機の高度と速度の制御は，昇降舵と推力の大きさを同時に制御することによって行われる．

横および方向の操縦の場合には，操縦性を問題にしなければ，補助翼の操作だけで旋回できるし，方向舵だけでも旋回できる．これが二元操縦機の作られるようになった動機である．たとえば，補助翼を操作しないで，方向舵を右方向に操舵したとする．このとき，飛行機は右旋回するから，右翼は旋回の内側になるので速度が遅く，左翼は外側で速度が速くなる．揚力は，速度の 2 乗に比例するから，内側の右翼の揚力は小さくなり，外側の左翼の揚力は大きくな

7.4 飛行機の操縦　**129**

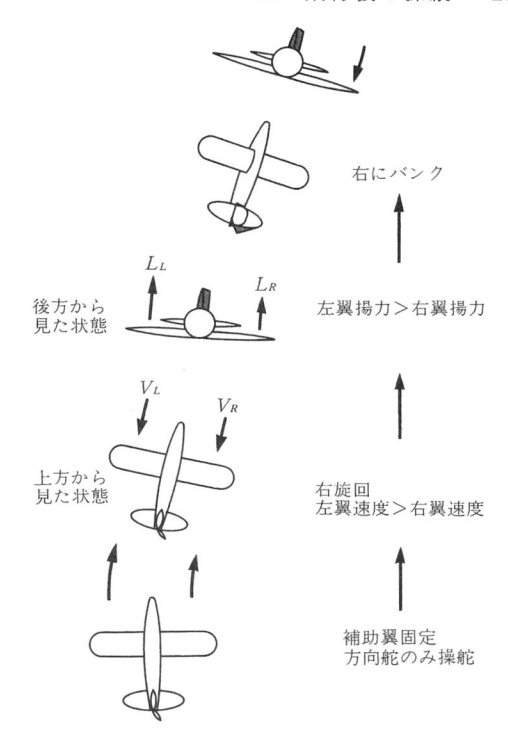

図 7.17 方向舵の働き

る．したがって，補助翼を操作しなくとも，図7.17のように飛行機は右にバンク（傾斜）する．

次に，方向舵を操作することなく，補助翼を操舵して，飛行機を右にバンクさせたとする．そうすると，飛行機は揚力の水平成分のために必ず右のほうへ，すなわち下がった翼の方向へ横すべりする．このとき，飛行機は，前述した垂直尾翼の作用によって機首を気流の方向に向けるので，右旋回をする．すなわち，方向舵を操作しなくても，図7.18のように補助翼操作だけで飛行機は右へ旋回する．

補助翼，方向舵の操縦装置のうち，どちらかを廃止するか，またはその操縦系統を横すべりのないつり合い旋回ができるように組み合わせて，一つの操舵にするか，2種の舵と同等な機能をもつ一つの舵で二つの機能を生じさせることによって，パイロットは独立した2系統を操縦するだけにしたものが二元操縦機である．実例としては，方向舵を廃して補助翼だけにしたもの，方向舵と補助翼との操縦系統を連動させて，操縦桿を横に倒せば両方が同時に動くよう

130　7. 飛行機の安定性と操縦性

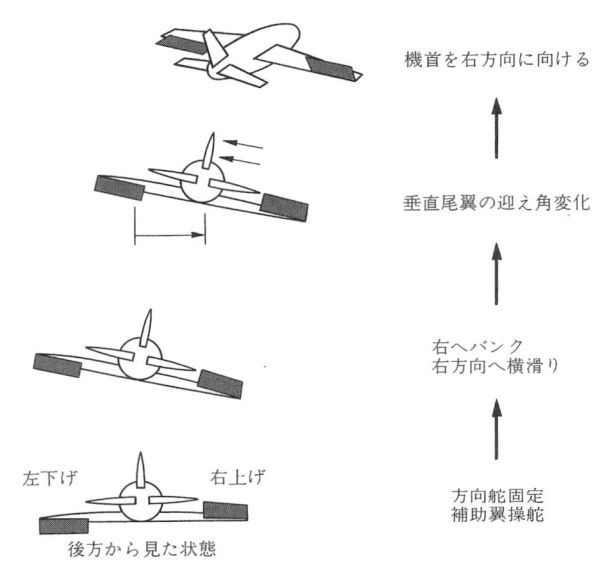

図 7.18 補助翼の働き

にしたものがある．また，いわゆるV型尾翼（図3.7参照）は，昇降舵と方向舵とを兼用させたものである．操縦桿を横に倒せば，補助翼が作動するとともに，V型尾翼が方向舵として働く，すなわち左右が逆向きに動く．

　元来，操縦は，固有安定に逆らったモーメントを作って，飛行機の姿勢を変える操作である．これには，縦の操縦が最も重要である．なぜなら，迎え角や姿勢角を変えて飛行速度や高度を変化させるからである．したがって，速度や姿勢変化に対する操縦力が問題となる．安定性が大きいほど飛行機をつり合い状態に戻そうとする復元モーメントが大きく働き，一方，新しいつり合い状態に操縦するにはそれだけ労力がいることになる．このことより，飛行機の安定性と操縦性とが相反する特性であることがわかる．

　操縦性は，一般の飛行機では，飛行機の重量とその重心位置とによっていちじるしく変化する．軽荷重では，操縦性のよい飛行機でも，満載または過荷重になると，翼がたわむために補助翼が重くなる．また飛行機の重心が最も前方にあるときには，着陸接地の引き起こしが円滑に行えないことがある．これは，下げようとする尾翼のところへ地面の影響で吹き込む気流によって揚力が変化し，尾翼を持ち上げるためである．このような地面による空力的作用を**地面効**

果という．

操縦性の原則としては，その飛行機の設計されたどのような重量と重心位置でも，各種の飛行状態，すなわち離陸，上昇，水平飛行，進入，着陸の場合にも，またエンジンの出力低下あるいは多発機の場合には一発（双発機の場合）または二発（四発機の場合）の故障でも，パイロットは特別な操縦技術または過度の注意力と操縦力を用いることなく，安全に操縦できなければならない．

飛行機の安定性と操縦性についての規定は国ごとに，また機種により多くの種類がある．最も体系的な基準は米国軍用規格（**MIL 規格**）であり，**飛行性基準**として知られている．そこでは飛行性を評価するうえで，1) 機種，2) 飛行状態，3) 飛行範囲を次のように分類している．

1) 機種を4分類：クラス I （小型），II （中型），III （大型），IV （荷重倍数が8以上）

2) 運動状況を表す飛行状態を3分類：カテゴリー A （急激な運動や精密な追跡動作），B （運動は急激でないが，正確な経路保持が必要），C （離着陸飛行状態）．

3) 飛行包囲線上の荷重と設計強度に対する制限による飛行範囲を3分類：Operational （任務達成が十分である飛行範囲），Service （バフェットなどから制限される飛行範囲），Permissible （強度上保証される飛行範囲）．

これらの各分類に対し，飛行性の程度を次の3種類のレベルに分類している．

レベル 1：任務達成上十分な飛行性を有する（$1 \leq PR \leq 3.5$）．

レベル 2：任務は達成できるが，パイロットの負担が大きい
　　　　　（$3.5 < PR \leq 6.5$）

レベル 3：安全性は最低限保たれるが，パイロットの負担が過大
　　　　　（$6.5 < PR \leq 10$）

ここで PR は**パイロットレイティング**を表し，よいほうを1とする10段階のパイロット評価である．この評価値は，開発段階では飛行シミュレータ装置を使い，また試作機完成後は実機飛行実験により，テストパイロットが評定する．

飛行機が固有の安定性に欠けていたり，不足している場合や操縦特性がよくない場合には，**自動操縦装置（オートパイロット）**によって人工的に良好な飛行性をもたせる種々の方法が考えられている．さらには，自動制御を前提として高性能な飛行機を実現しようとする試みもなされている．これらについては8章で述べる．

8. 計測・制御と航法

　飛行機が出発地を離陸して，高度や機首の向きを変えたり，速度を変更したりしながら予定のコースに沿って飛行し，目的の地点に着陸するまでにはさまざまな飛行制御が行われる．飛行機を安全に，しかも定時に運航するためには，姿勢や速度などの機体の飛行状態を把握し，位置情報を得るためのさまざまな計器類や，自動飛行制御システムなどの装備，さらに地上の航法施設などを必要とする．この章では，飛行機の運航に必要な飛行制御システム，計器装備，航法システムの概要を述べる．

8.1　飛行制御システム

　ライト兄弟による動力初飛行（1903年）成功の秘訣の一つは，飛行機を大気中で安定に飛行させるために，たわみ翼（補助翼の役割をする）と方向舵を協調させて操縦し，ローリング（横揺れ）とヨーイング（旋回）運動をうまく制御したことであった．これに昇降舵によるピッチング（縦揺れ）運動の制御を合わせて，今日の飛行機の飛行制御の基本である3軸まわりのモーメント制御による飛行制御方式が確立された．大型旅客機の飛行制御に用いられる**操縦舵面**を図8.1に示す．パイロットは**操縦桿**，**操縦輪**，**フットペダル**を組み合わせて操作することにより，昇降舵（エレベータ），補助翼（エルロン），方向舵

図 8.1　ボーイング777の操縦舵面

（ラダー）などの操縦舵面を操作して，3軸まわりのモーメントを制御し，飛行機を思いどおりに飛行させることができる．その他の操縦舵面としては，翼上面の空気流を剥離させて揚力を減少させ，抵抗を増加させるスポイラ，離着陸時に主翼の揚力を増大させるフラップやスラットなどがある．

歴史的にみると，初期にはパイロットの操縦信号を操縦舵面に伝達する手段としては操縦索（ワイヤケーブル）とリンク機構を組み合わせたものが用いられてきた（人力操縦方式）．飛行機が高速化し大型化すると，操舵力が大きくなり，人間の力で操作するのは容易でなく，安全に操舵することが困難となったため，機力操縦方式が採用されるようになった．機力操縦では，操縦桿などからの操縦信号は操縦索を介して油圧アクチュエータのバルブを操作し，舵面を動かす力は油圧アクチュエータによって与えられる．この場合パイロットの操舵力は飛行状態や舵角の大きさとは無関係に軽くなるので，オーバーコントロールを防ぐために，飛行状態や舵角の大きさに応じた操舵力を発生させる人工感覚装置が用いられる．今日の大型旅客機の飛行制御システムの多くは油圧動力に依存する完全機力操縦方式である．その油圧系統および操縦系統は完全に独立な3～4重の冗長システム[1]となっている．

飛行機の飛行を制御する基本的な制御ループは，**航法，誘導，安定化**の三つのレベルに分類される．航法とは，飛行計画に基づいて目的地および飛行コースなどを設定することである．誘導は，着陸進入時の経路への追従のように，飛行機を飛行経路，飛行高度などの望ましい値に追従させる制御である．安定化制御では，突風外乱に対する動揺など，定常飛行状態からの変動に対する姿勢制御や速度制御などが行われる．これらの制御はパイロットによる操縦か，自動操縦装置によって行われる．

最近の多くの大型旅客機は高性能の**自動飛行制御装置**を装備している．自動操縦装置には，オートパイロットやオートスロットルのように，長時間の飛行や悪天候下の飛行において，パイロットに代わって操舵やエンジン出力のコントロールを行い，パイロットの体力と神経の消耗を少なくするもの，安定増大装置や自動安定装置などのように安定性を増強するためのものがある．このほか，最近の飛行機では失速やオーバースピードなどを自動的に防止するための各種のプロテクションシステムが装備されている．

---

[1] 同一の機能をもつ機器を複数個装備しておき，一部の機器が故障した場合にも，その機能を他のもので代替できるようにしたシステムを冗長システムという．

(1) 自動操縦装置（オートパイロット）

　自動制御装置によって，設定した機体の基準姿勢からの誤差を修正するように，補助翼，昇降舵，方向舵などを自動的に操作する自動操縦装置を**オートパイロット**という．初期の飛行機は，固有の安定性が悪く，パイロットの操縦は困難で激しい疲労を伴ったため，オートパイロットの急速な発達を促した．オートパイロットの基本的な構成は，一般に図 8.2 に示すようにフィードバック制御の原理を用いている．すなわち，飛行機の姿勢，速度，位置などを適切なセンサ（検出器）を用いて計測し，この信号をフィードバック信号として司令値と比較する．飛行機の状態が司令値と異なる場合には，この誤差を動作信号としてアクチュエータを駆動し，舵面の操舵角やエンジン出力を制御して飛行機の運動を修正することで，指示された基準状態を保持する．エンジン出力の自動制御装置は**オートスロットル**とよばれる．後述するように，姿勢の計測には一般に垂直ジャイロ，方位の計測には方位ジャイロ，角速度の計測にはレートジャイロを用い，速度，高度などの情報はエアデータコンピュータにより与えられる．これらの計器装備の詳細については次節で述べる．

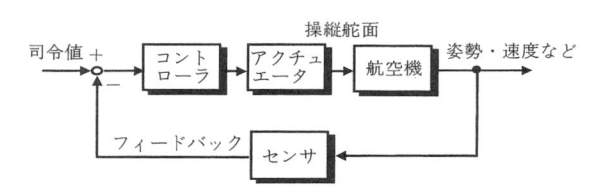

図 8.2 オートパイロットの基本構成

(2) 自動着陸装置

　オートパイロットとオートスロットルが連動して働く自動飛行制御の代表例として，自動着陸がある．自動着陸では，滑走路の中心線を指示するローカライザおよび着陸進入角を与えるグライドスロープからなる ILS（8.3 節参照）の電波に誘導されながら進入を行い，高度が 50 ft 前後になると，オートパイロットで昇降舵を引いて機体を引き起こすとともに，オートスロットルがエンジン出力を絞って自動的に着陸させる．これによって，視程の悪い状態でも着陸ができるようになった．全天候着陸は，視程などの条件によって，表 8.1 に示すように，カテゴリー I からカテゴリー III c までの段階に分類されており，もっとも厳しいカテゴリー III c では視程ゼロ，すなわち何も見えない状態での

表 8.1 自動着陸のカテゴリー

カテゴリー	CAT I	CAT II	CAT IIIa	CAT IIIb	CAT IIIc
決心高度* (DH: Decision height)	60 m (200 ft)	30 m (100 ft)	30 m 未満 または設定 なし	15 m (50 ft) 未満または 設定なし	設定なし
滑走路視認距離 (RVR: Runway visual range)	550 m (1 800 ft)	350 m (1 200 ft)	200 m (700 ft)	50〜200 m (150〜700 ft)	設定なし

*：決心高度，滑走路視距離が満たされているかどうかを判断する高度（12.4(2) 項参照）

着陸が許されることになる．カテゴリーIIIcに向かうほど，機体の装備に対する要求やILSの規格に対する要求が厳しくなり，パイロットの資格要件も厳しくなる．

（3） 安定増大装置と自動安定装置

安定増大装置は，動的安定度が不足する場合，すなわち機体の動揺が減衰しにくい場合に用いられる．機体の角速度や速度を計測して，これに比例するように自動的に舵面を操作することにより，機体の動揺の減衰率を改善するもので，ダンパ（減衰器）ともよばれる．ダッチロールを抑えるためのヨーダンパなどがこれに該当する．自動安定装置は，不安定な機体に人為的な安定性を与える自動操縦装置で，運動性を重視する飛行機やヘリコプタのように，もともと安定性を欠く機体に用いられる．

（4） フライ・バイ・ワイヤシステム

最近では，飛行操縦系統をフライ・バイ・ワイヤシステム（FBWS）とする傾向が各種の飛行機にみられるようになった．これは，図 8.3 に示すように，操縦系統を従来の機械的リンケージ方式から電気系統に置きかえたものである．操縦輪やペダルの動きはデジタル信号に変換され，データバスを通じて飛行制

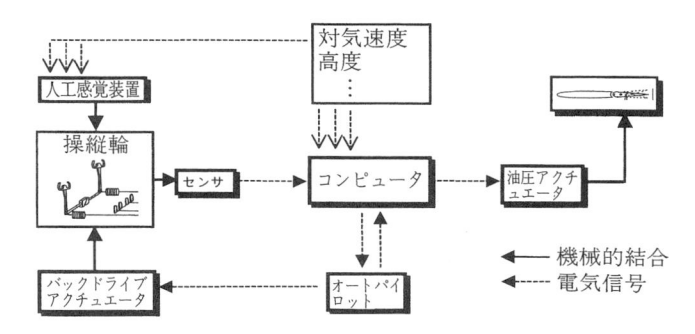

図 8.3 フライ・バイ・ワイヤシステム（FBWS）

御用のコンピュータに入力され，対気速度，慣性航法データ，操舵面の位置などのデータをもとに計算された司令信号が操舵アクチュエータに伝達される．この方式は，ケーブルの伸びやリンク機構のガタなどによる機械的リンケージ方式の不具合が解消されるとともに，重量軽減，保守の容易さ，さらには自動飛行制御システムの機能向上がはかられるなどの特長をもつ．ただし，電気系統であるため，電磁障害，耐雷対策には特別の考慮が必要である．さらに，将来の操縦系統としては**フライ・バイ・ライト**方式が研究されている．これは，センサ，アクチュエータ，コンピュータを光ファイバーケーブルで連結する方式で，大量データ伝送，軽量化，耐電磁障害などの画期的な改善が期待される．

（5） **ACT と CCV**

ACT とは，自動制御を積極的に用いて飛行機の性能向上や機体重量の軽減をはかる技術のことで，コンピュータの高性能化や FBWS 技術の進歩によって実用化されるようになった．これまでの飛行機では，機体の基本設計が完成した後に制御系の設計が行われていたのに対して，ACT の概念を設計の初期段階から取り入れることにより，制御系を含めて最適な形状に設計された飛行機を **CCV** とよぶ．ACT の代表的な機能として**直接力制御**がある．従来の昇降舵，補助翼，方向舵による機体の3軸まわりのモーメント制御方式に代わり，図 8.4 に一例を示すように，水平カナード（先尾翼）または主翼前縁フラップと主翼後縁フラップの操舵を組み合わせる**直接揚力制御**や，垂直カナードと方

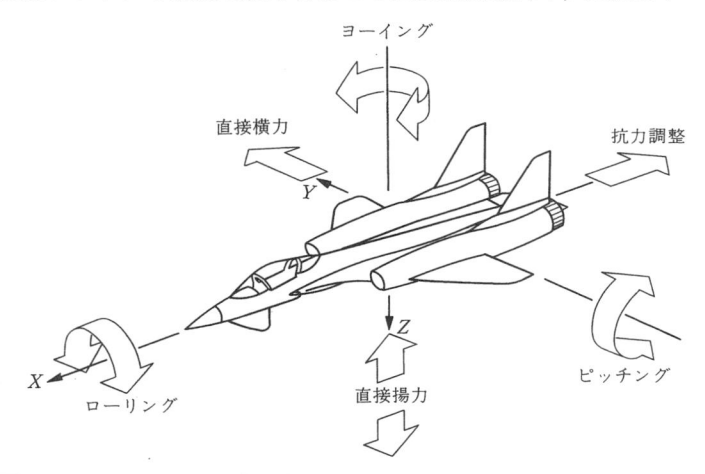

図 8.4 CCV における6自由度独立制御
（金井喜美雄，フライトコントロール，槙書店，1985 をもとに作成）

向舵の操舵を組み合わせる**直接横力制御**および推力・抗力調整を行うことにより，飛行機の並進運動および回転運動の6自由度を独立に制御する制御方式である．経路や方位を姿勢とは独立に制御することで，姿勢角一定のままでの上昇および下降，機首をまっすぐに滑走路方向に保ったままでの横風着陸など，従来の飛行機では実現不可能な新しい運動を実現することができる．また，**静安定緩和 RSS** は尾翼面積の縮小をはかるために空力的に静的不安定な機体とし，制御系によって安定化する技術である．

8.2 飛行機の計器装備

今日の飛行機には，操縦席の正面や天井の計器板，あるいは操縦席横の台（**ペデスタル**）上などに，きわめて多数の計器が配列されている．計器には，操縦のための情報を与える飛行計器，エンジンの作動状況を表示するためのエンジン計器，航法を行うための航法計器，その他のシステムの作動状況を表示するための計器がある．飛行機に装備されている計器を分類すると，表8.2のようになる．

これらの計器装備では，信頼性と安全性を高めるために，システム構成の冗長化や信号線の多重化技術の採用が図られている．また，コンピュータや表示技術の高度化により，乗員の役割は，多くの計器指示を確認し，情報を分析し，その結果に基づいて各システムを操作するというこれまでの仕事から，システム全体が，運行の流れに沿って支障なく機能しているかどうかをモニタすること，飛行計画の修正など，重要な変更についての指示を与えるという方向に変

表 8.2 計器装備の分類

航法計器および飛行計器	対気速度計，高度計，昇降計，マッハ計，大気温度計，旋回傾斜計，人工水平儀，磁気コンパス，定針儀，ジャイロシンコンパス，時計，フライトディレクタなど
エンジン計器	気化器空気温度計，シリンダ温度計，吸入管圧力計，燃料圧力計，混合比計（以上はピストンエンジン），排気ガス温度計（タービンエンジン），エンジン圧力比計あるいは推力計（ターボジェット系エンジン），トルク計（プロペラ機），回転計，燃料流量計，滑油圧力計，滑油温度計，燃料・滑油の液量計，燃料圧力警報装置，滑油圧力警報装置など
その他の計器・指示装置	主翼フラップの開度指示器，水平安定板の位置指示器，各操縦面の位置指示器，脚位置指示器，カウルフラップの位置指示器，逆ピッチプロペラの羽根角指示器，ターボジェットエンジンの逆推力指示装置，油圧計，電流計，電圧計など

化してきている．これに伴い，多くの計器をコックピットの壁面いっぱいに装備するという従来の方法に代わって，最近ではCRTや液晶ディスプレイを用い，必要なときに必要なデータを統合して表示させる統合化表示方式が採用されている．このようなディスプレイを中心とした操縦席はグラスコックピットとよばれ，パイロットのワークロード軽減に大きく貢献している．図8.5は，ボーイング777の主計器盤の配置例である．

以下では，パイロットと飛行機の直接的なインターフェースを担う計器類の

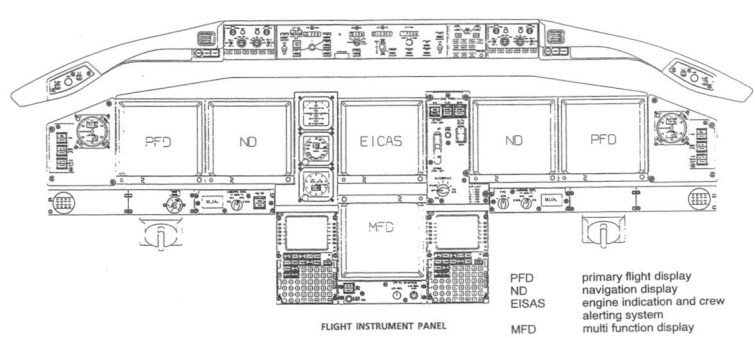

図 8.5 ボーイング777のコックピットの計器類
〔写真提供：日本航空（日本航空広報部編，航空実用事典，朝日ソノラマ，1997/日本航空運行技術部編，777の概要，1995），資料提供：ボーイング社〕

PFD　primary flight display
ND　navigation display
EISAS　engine indication and crew alerting system
MFD　multi function display

うち，おもに飛行計器と航法計器とについて，その概要を述べる．

（1） 対気速度計

飛行機の対気速度は，図8.6に示すような**ピトー管**を利用して測定することができる．ピトー管のよどみ点圧（全圧）と静圧を，密封した計器箱内のダイヤフラムの内外へ別々に導く．飛行速度によって，よどみ点圧が変化する結果，ダイヤフラム内外の差圧が変化し，ダイヤフラムを変形させる．この変位を指針に伝えて速度の指示とする．大型機では通常，よどみ点圧を胴体の先端部で，静圧を胴体の側面に設けた静圧孔から取り入れて測定し，エアデータコンピュータで演算処理する．マッハ数が小さい領域では，圧縮性の影響を無視できて，ベルヌーイの定理により，よどみ点圧と静圧との差は動圧 $q=\rho V^2/2$ となる．ここに V は速度，ρ はその高度での空気密度である．$V=\sqrt{2q/\rho}$ となるから，ダイヤフラム内外の差圧，すなわち動圧 q の大きさに従って指示器の目盛りを刻むことで対気速度を検出することができる．ただし，ρ として海面上の標準大気密度 $\rho_0=1.225\ \mathrm{kg/m^3}$ を使用しているため，高度が高くなり，空気密度が小さくなるにつれて，実際の対気速度すなわち**真対気速度 TAS** と速度指示値すなわち**指示対気速度 IAS** との誤差が生じる．なお，大型機ではエアデータコンピュータからの出力を用いて TAS を計算して表示する真対気速度計が装備されている．

（2） 高度計

飛行機の高度には気圧高度と絶対高度がある．**気圧高度**は，高度とともに気圧が低下することを利用して，外気圧の測定値を高度計の指示に読み換えたものである．**絶対高度**は地表からの距離であり，電波によって測定されるので**電波高度**ともよばれる．気圧高度計は，高度による気圧の変化をダイヤフラムに導き，その変位で指針を振らせるようにした，いわば気圧計である．標準大気を想定した場合の高度と気圧の関係を利用して，対応する高度が目盛られている．大気の状態が標準大気でない場合には，高度計の指示と実際の高度の間に

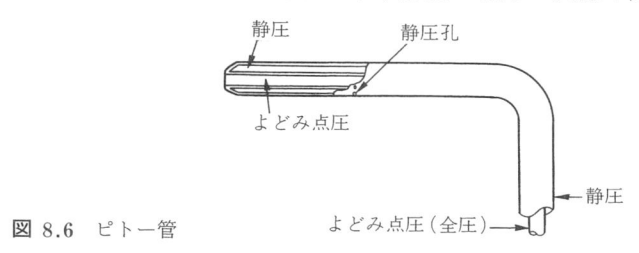

図 8.6　ピトー管

誤差を生じる．気圧高度計には，各空港からの気象情報から得られる気圧情報に基づいて補正を行うために，指針の修正装置が付いている．

(3) マッハ計

高速で飛行する場合，飛行特性，操縦性，安定性などがマッハ数によって大きく変化するので，マッハ数を知る必要がある．しかし，マッハ数の基準となる音速は高度によって違ってくるので，速度計からマッハ数を知ることはできない．そこで，速度計ダイヤフラムに高度計ダイヤフラムを付け加えて高度に対する補正を行い，指針が直接マッハ数を指示するようにしたものがマッハ計である．大型機では，エアデータコンピュータによりマッハ数を計算し，速度計とマッハ計を一体化した計器に表示する．

(4) 全温度計

外気温が T（絶対温度）であるとき，よどみ点での温度 T_T は $T_T = T\{1+(\gamma-1)M^2/2\}$ まで上昇する．ただし，M はマッハ数，γ は定圧比熱と定積比熱の比で，空気では $\gamma=1.40$ である．この温度を**全温度 TAT** とよぶ．ジェットエンジンの性能は，全温度，外気圧およびマッハ数によって支配されるため，エンジンの制御には全温度を知っておくことが必要である．大型機では，全温度は機首に取り付けられた全温度検出器で測定され，エアデータコンピュータを介して全温度計に表示される．

(5) ジャイロ

飛行計器や航法計器にはジャイロの原理を応用したものがある．ジャイロの基本的な構造は，図8.7に示すように，ロータ（こま）を自由に回転できる2重のわくでささえたものである．このわくをジンバルといい，ロータの回転軸をスピン軸という．外力が働かなければ，角運動量保存の原理によって，スピン軸は慣性空間に対して一定不変の方向を維持する．このような装置を**自由ジャイロ**という．図に示すように Z 軸の正方向（右ねじの進行方向を正とする）にモーメントが外部から加えられると，スピン軸は，その回転ベクトルが，加えられたモーメントの回転ベクトルと一致するような方向（Z 軸の正方向）に，徐々に向きを変えはじめる．このようなスピン軸の運動を**歳差運動**という．また，図のようにスピン軸に角速度（Y 軸正方向）を与えると，外わくの回転軸（X 軸）まわりにモーメントが発生する．これを**ジャイロモーメント**という．スピン軸，角速度軸，モーメント軸の3軸は直交し，また角速度の大きさとモーメントの大きさとは比例する．この原理を使って，ジャイロモーメン

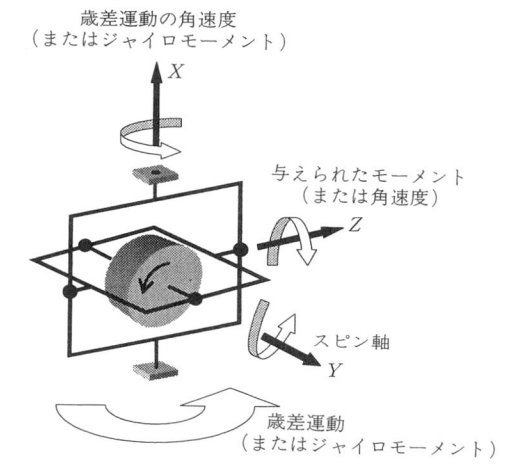

図 8.7 自由ジャイロの歳差運動とジャイロモーメント

トから角速度を測定する装置を**レートジャイロ**という．外わくをばねで支持して，ジャイロモーメントの大きさに比例する角変位を読み取ることにより，角速度を計測する．

このような機械式ジャイロにかわって，最近では角速度のセンサとして，柱や音叉を振動させる振動ジャイロや，レーザ光を互いに反対方向に回転させる高精度リングレーザジャイロ，ボビンに巻きつけた数 km の長さの光ファイバを用いて，角速度をレーザ光の周波数の微妙な差として検出する光ファイバジャイロなどが開発されている．

8.3 航法と誘導

航法に必要なデータは，自機の位置，目的地に対する相対位置，速度，方位，高度などで，これを航法データという．パイロットは航法計器，飛行計器の表示をもとに操縦舵面およびエンジン出力を制御し，与えられた航法を実現する．ライト兄弟にはじまる初期の飛行機では，航法はすべて目視飛行であった．1910 年にピトー管の原理による対気速度計が考案され，1914 年には**偏流計**がスペリーにより発明されて，簡単な**推測航法**が可能になった．1927 年のリンドバーグによる最初の大西洋横断飛行は，目視航法やわずかな計器による推測航法によるものであった．1929 年にはスペリー親子によるジャイロ水平儀およびジャイロ定針儀の完成により，計器飛行の新時代を迎えた．第二次大戦後

には，ドップラーレーダや，ジャイロおよび加速度計で構成される慣性航法装置が開発され，地上の航法援助装置を必要としない**自立航法**が用いられるようになった．最近では人工衛星による測位システムやGPSを用いた衛星航法が導入されようとしている．

飛行機の航法システムは機上の航法計器と地上に設けられた航法施設からなっている．以下に主要な航法システムについて述べる．

（1） レーダ

レーダは，第二次大戦中に軍用目的から画期的な発達をとげた代表的な電子装置である．電波（マイクロ波パルス）を目標物に当て，その反射波を受信し，往復時間とアンテナの指向特性から対象物までの距離と方位を知ることができる．レーダでは一般にアンテナを送信用と受信用に共用し，パラボラアンテナを走査アンテナとして用いる．レーダの指示器としてはCRTを用いる．アンテナからパルスが放出されて進むとCRTの偏光板の電位が変化して輝点が高速に移動し，掃引の途中に，電波を反射する物体，たとえば建築物，船舶，飛行機などがあれば，電波を反射させて輝線上に特別に明るい輝点を作る．このような指示器のことを**PPIスコープ**という．機上に装備された気象レーダは上記のような原理を応用したもので，航路上およびその周辺の気象状態の情報を，とくに夜間のようにきわめて視界の悪い状態において，パイロットに与えるための有力な手段である．**ドップラーレーダ**は，ドップラー効果を用いて飛行機の対地速度を計測するために用いられる．また，左右に指向方向をもつ電波ビームを用いて対地速度を検出することにより，機首方位と進行方向のなす角すなわち**偏流角**を計測することもできる．

（2） 自動方向探知機（ADF）

自動方向探知機はループアンテナの指向性を利用した航法計器で次のように作動する．すなわち，わく形に巻いたループアンテナを用いて地上の無線局から出る電波を捕らえると，ループアンテナの巻き線の面が電波の到来方向に向いたときに最大の感度を示し，直角に向いたときに感度が0となる8字特性を示すことを利用して機体方位を計測する．図8.8に示すように，無指向性で円形の特性をもつ垂直アンテナ（センスアンテナ）を別に立てて，これら二つを重ね合わせるとハート形のいわゆるカージオイド形になる．最小感度は電波の到来方向を示し，最大感度は反対方向を示す．自動方向探知機は，受信機の入力が0になるようにループアンテナの方向を保ち，ループが機首となす角を計

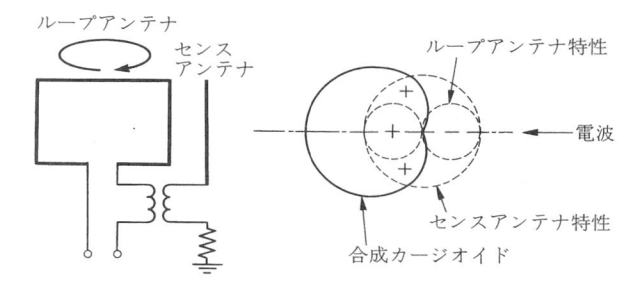

図 8.8　ADF の原理

測して遠隔指示装置に指示する．また，二つの異なった無線局の方位を計測することにより，2方向を表す直線の交点として現在位置を求めることもできる．

（3）　VOR（超短波全方向式無線標識）

　超短波（VHF電波）を使用した方向探知機であるVORは，地上局を中心として360°のすべての方向に対して，飛行コースを飛行機に指示することができる優れた機能をもっている．VHFを使用する理由は空電（雷によって発生する電波）妨害を受けることが少なく，より正確に飛行コースを指示することができるためである．しかし，有効距離は見通し距離内に限られ160～320kmが限度である．VORの原理を図8.9に示す．VOR局は2種の30 Hzの変調波を発射している．その一つは全方向にわたって位相が一定で，これを基準位相信号という．他の一つは可変位相信号で，発射方位に応じて，その位相が変化する．可変位相信号を真北で基準位相信号に一致させ，真北に対する方位角を位相差角によって表示すると，真北で位相差0°，真東では90°などとなる．これらの二つの変調波の位相差を測ることにより，現在位置のVOR局に

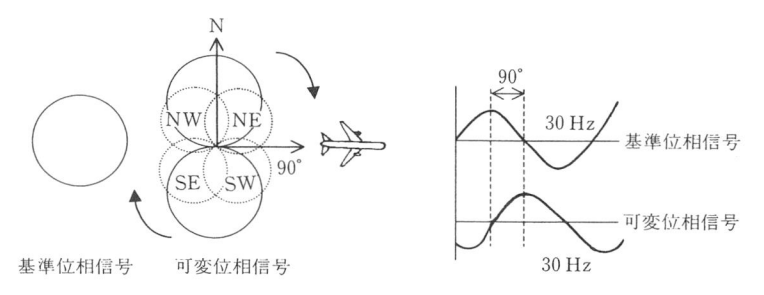

図 8.9　VOR の原理

対する方位を知ることができる．図に示すように，たとえば真東の位置では位相差は 90° となる．

（4） DME（距離測定装置）

DME[1]は既知の地点からの距離の情報を，航行中の飛行機に連続的に与える航行援助方式の一方法である．機上より約 1 000 MHz のパルス電波を地上局に向けて発射すると，地上局のアンテナはそれを受けて，そのパルス信号をただちに飛行機に送り返す．機上で問い合わせ電波を送信してから受信するまでの時間を測定することにより，地上局と飛行機との距離が求められる．実際には数機が同時に地上局に問い合わせの電波を出した場合の混乱を避けるために，さまざまな異なる組み合わせのパルス電波が用いられている．VOR（方位 θ の情報）と DME（距離 ρ の情報）の原理を併用した航法は ρ-θ 航法または **TACAN**[2]とよばれ，地上局からの方位と距離により，航行中の機体の位置情報を与える．

（5） 遠距離航法

ロラン LORAN は 2 定点からの距離の差が一定な点の軌跡はその 2 定点を焦点とする双曲線となることを利用して，現在位置を決定するための長距離航行用無線援助施設である．200～400 海里（370～740 km）離れた 2 か所のロラン局からの 100 kHz 帯のパルス電波を受信し，その到達時間差を測定することで，現在位置がある双曲線上の点であることがわかる．したがって 2 組のロラン局からの電波を受信することにより，2 本の双曲線の交点として現在位置が検出される．同様の原理にもとづく長距離用の双曲線航法として**オメガ航法**がある．10～14 kHz の長波（VLF）を使用しているので，地球上にわずか 8 局を設置することによって，いかなる地点においても位置決定が可能である．

（6） 広域航法（エリアナビゲーション）

航路の混雑緩和や複線化を図るため，**広域航法**（エリアナビゲーションあるいは**アールナブ RNAV** ともよばれる）が採用され始めている．これは航行援助無線施設や航空機搭載の航法装置を利用して自機の位置を算出し，任意の経路を飛行する航法である．これまでの航空路は航行援助無線施設を結んで構成されているため折れ線となっているが，これに対して，RNAV 経路は，図

---

1) VOR と DME を併置した航行援助施設を VOR/DME とよぶ．
2) TACAN 航法に利用される VOR/DME と同じ機能をもつ極超短波全方向距離測定施設のことも TACAN とよぶ．

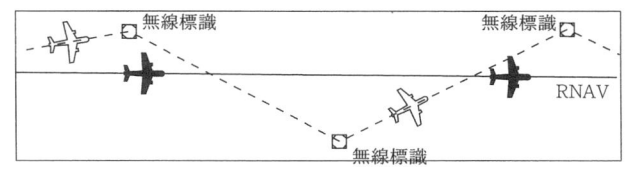

図 8.10 RNAV 航路

8.10のように任意の地点をほぼ直線で結ぶ構造となり，効率的な航行が可能となる．

希望経路は，**ウェイポイント**とよばれる地図上の特定な点を結ぶことによって定められる．ウェイポイントは通常，航行援助無線施設からの距離と磁方位による座標，あるいは緯度，経度による座標が用いられている．3次元の広域航法では，高度も含めた3次元空間の座標を結ぶことによって定められる．さらに，これに時間の要素を加え，各ウェイポイントの通過時刻を指定する場合は4次元の広域航法とよばれる．

（7）　計器着陸方式

悪天候や夜間などで視界がきかないときに機上の計器の指示によって安全に着陸する，いわゆる計器着陸装置（ILS）で，自動着陸にも利用される．ILSには次のような地上電波施設が必要である．

（1）　**ローカライザ**　　飛行場の滑走路に対して正しい水平面内の針路を指示する装置．

（2）　**グライドパス**　　滑走路に対して垂直面内の正しい進入角を指示する装置．

（3）　**マーカ**　　滑走路の接地端までの距離を与える装置で，外側マーカ，中央マーカ，内側マーカの3種のマーカからなる．

ローカライザはアンテナを着陸滑走路の延長線上に配置し，図8.11に示すように周波数の異なる2種類の電波を送信する．機上受信機がこの電波を受けて，交差指針形のクロスポインタに表示する．もし，着陸滑走路より左にずれていれば，90 Hzの信号のほうが150 Hzの信号よりも強くなり指針は左を指すので，パイロットは舵を右にとり，指針が0になるようにする．このとき左右の電波は同感度となる．上下を示すグライドパスについても同様である．操縦者はクロスポインタの指針がつねに0になるように操縦することにより，正確に進入路に乗ることができる．3種のマーカは，いずれも75 MHzの扇形の

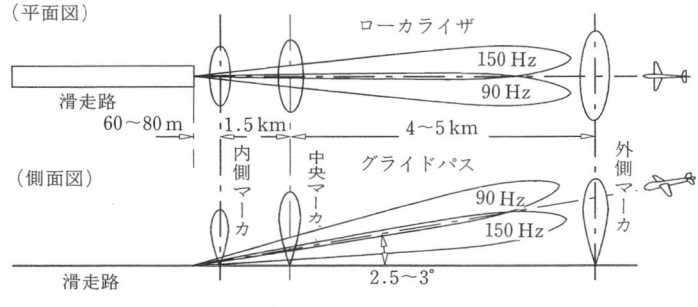

図 8.11　ILS の原理

指向性電波を上空に発射する．飛行機がマーカ上を通過すると，電波を受信して操縦席のランプが点灯する．

（8）　MLS（マイクロ波着陸装置）

ILS に比べて，より広い角度および方向から空港に接近することができるように考えられた着陸システムである．地上から **EL**（仰角）および **AZ**（方位）を変化させるマイクロ波ビームを発射し，飛行機が，この信号を受け取るときの地上ビームの掃引時間を計測することにより，角度情報を得る．DME データにより得られる距離情報と合わせて飛行機の位置が求められる．ビームの直進性，安定性にすぐれていること，曲線コースによるアプローチなど，より複雑な着陸進入経路の設定が可能となるなどの長所があるが，地上設備の普及が遅れ，着陸装置の主流となるには至っていない．

（9）　慣性航法装置（INS）

ジャイロを利用して，機体の姿勢が変化しても，X 軸，Y 軸はつねに一定方位に保ち，Z 軸はつねに地球の中心を向いているような装置（**プラットフォーム**または**安定台**）を作ることができれば，その安定台上に各軸方向の加速度計を取り付けて加速度を計測し，それを積分すれば各軸方向の速度を求めることができる．さらにもう一度積分すれば各軸方向の位置を求めることができる．図 8.12 に示すように，安定台はジャイロとトルクモータを利用して，機体の姿勢がどのように変わってもつねに一定の姿勢を保つように構成される．

図 8.13(a) にプラットフォーム方式の慣性航法装置の作動原理を示す．これに対して，最近では図(b) に示すように安定台を使用せず，センサ（加速度計・ジャイロ）を機体に直接固定し，計算機により機体座標から航法座標への座標軸の変換を行って速度・位置を求める**ストラップダウン**方式が利用され

8.3 航法と誘導　**147**

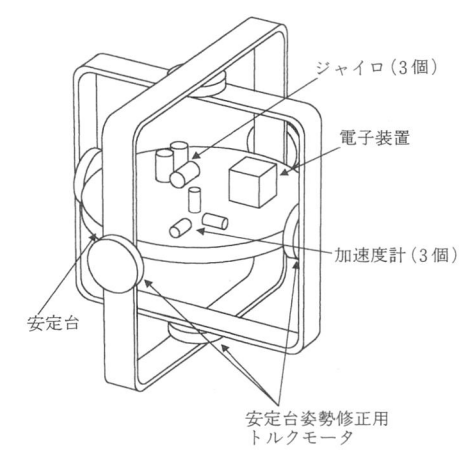

図 8.12 安定台

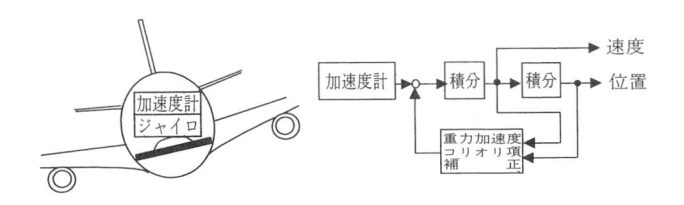

(a) プラットフォーム方式

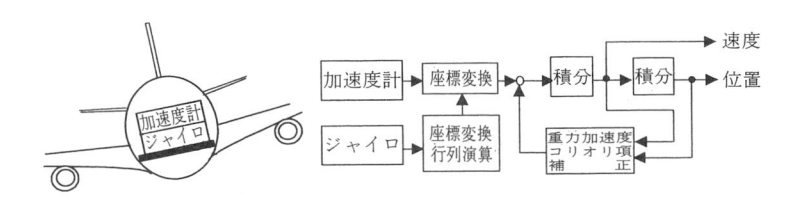

(b) ストラップダウン方式

図 8.13 慣性航法システム

るようになった．さらに，機械式のジャイロの代わりにレーザジャイロを用いたストラップダウン方式の**慣性基準装置**が開発され，可動部分をもたないために信頼性が大幅に改善されている．慣性航法は，地上からの情報を必要としない**自立航法**を可能にすること，妨害電波に乱される心配もなく，また極地を含

むすべての緯度で利用できること，気象や海面状況に無関係であることなどの利点をもつ．慣性航法装置の起動にあたっては，機体が地上で静止しているときに現在位置の緯度・経度などのデータを入力し，ジャイロが正しく作動するための準備（**アライメント**）を行う必要がある．慣性航法装置により，現在位置の緯度・経度，次の通過点までの所要コース，距離，所要時間，対地速度と対地飛行経路，方位角（ヘディング）と偏流角（ドリフト角）などの航法データが得られる．

(10) GPS（全地球測位システム）

GPSはアメリカ合衆国国防総省が開発した衛星航法システムで，全世界で24時間，全天候下で連続的に3次元位置情報が高精度で得られる特長をもっている．図8.14に示すように，GPS衛星として，軌道半径約26 500 kmの円軌道の周回衛星を6軌道面に4個ずつ計24個配置する．電離層における電波伝播遅延時間を補正するため衛星からは二つの周波数の電波が送信されている．3次元位置を求めるには，3衛星からの距離を受信時間差によって求め，その三つの球面の交点を求めればよい．もし衛星と受信機の時計が正しく完全に同期していなければ誤差が生じるので，第4の衛星からの信号をもとにクロック誤差を補正する．

GPSは近年カーナビゲーションや船舶の航法システムとして盛んに利用されるようになった．GPS航法システムは次世代の航法システムとして，21世紀の航空交通管制に広く活用されることが期待されている．

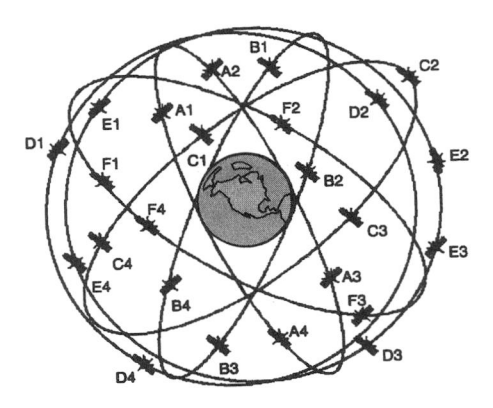

図 8.14　GPS衛星航法

9. 構造と強度

　飛行機がなぜ飛ぶかを理解するうえでは，揚力と抗力・推進・飛行性などが基本であるが，飛行機を実際に形ある人工物として設計・製作するためには，構造と強度に関する知識が基本となる．

　現在の技術では，どのような飛行をしても，どのような気象条件に出会っても差し支えないような強度をもつ機体を作ることはできない．機体の強度を高めようとすると必ず機体重量が増し，機体重量の増加は飛行性能の低下となるからである．すなわち，高すぎる強度をもつ機体は，飛行性能が悪くて実用にならない．飛行機の**積載量**（ペイロード）をできるだけ多くし，また飛行性能をよくするためには，機体構造をできるだけ軽く作らなければならない．軽量な構造は，軽量構造を可能にする構造様式の採用と軽量で強い材料の採用の両面から実現される．

　本章では，飛行機の構造と強度について，基本的なことを述べる．

9.1 構造設計

　飛行機の構造設計の主要な目的は，飛行機が運用に耐えうること，すなわち**健全性**，より身近な言葉では，**安全性**を確保することである．飛行機の安全性は，機体構造の強度と剛性がその目的・任務に対して十分に確保されているかどうかによって決まる．しかしながら，飛行性能を考えれば構造設計では可能な限り**軽量な構造**を実現しなければならない．したがって，飛行機の構造設計では，軽量でかつ必要・十分な安全性をもつ構造を設計する必要がある．性能上および経済上の利点のために機体の強度を犠牲にしてしまわないように，飛行機の安全性を確保することを目的として，強度に関する基準が各国で規定されているが，これについては後に述べる．

　飛行機の構造設計では，図9.1に示すような種々の事項が考慮されねばならない．構造設計作業の主要な流れは，飛行機に作用する荷重の正確な予測からはじまり，順次，予測される荷重に耐える構造様式の決定，材料の選択，部材

9. 構造と強度

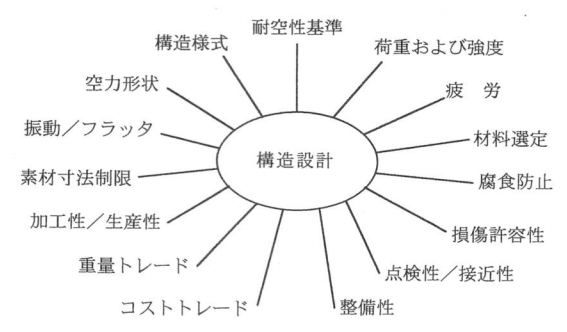

図9.1 構造設計で考慮される事項（構造設計の中心から放射状に）：構造様式，耐空性基準，荷重および強度，疲労，材料選定，腐食防止，損傷許容性，点検性／接近性，整備性，コストトレード，重量トレード，加工性／生産性，素材寸法制限，振動／フラッタ，空力形状

図 9.1　構造設計で考慮される事項　（日本航空宇宙学会編，航空宇宙工学便覧，1992）

寸法の決定，構造の応力解析，強度解析，振動解析，重量評価などの繰り返し作業となる．

地上の構造物とは異なり，飛行機では機体構造の一部の破損・破壊でも飛行の継続を不可能にし，重大な事故となりかねない．そこで，たとえ構造の一部が破損した場合でも，その破損が構造物全体の破壊につながらないように構造の設計を行う．たとえば，単一の部材の代わりに複数の部材に荷重を分散させる．一つの部材が破損しても，その部材の分担荷重は他の部材に再配分され，構造全体としての致命的な負担にはならないようにする．このような構造設計を**フェイルセーフ設計**という．フェイルセーフ構造の概念を図9.2に示す．

構造設計のもう一つの考え方として，**安全寿命設計**がある．これは，与えられた変動荷重に対して，安全に使用できる構造の寿命を保証するように設計を行うものである．降着装置の設計に採用されているが，エアバスでは5万回の

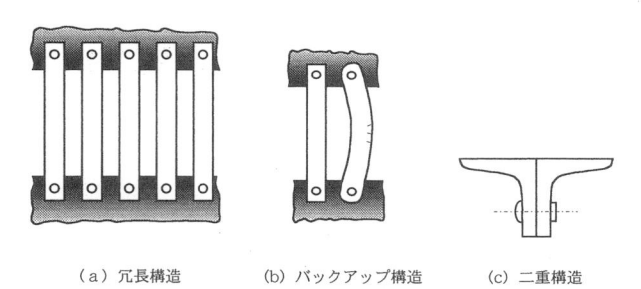

（a）冗長構造　　（b）バックアップ構造　　（c）二重構造

図 9.2　フェイルセーフ構造の概念図

着陸回数を保証しており，このために25万回の疲労試験が実施されている．このように，飛行機の開発・製作では，設計時に予測し保証した設計強度の確認のためにさまざまな確認試験を行うが，これについても後に述べる．

ボーイング707やダグラスDC-8などの第1世代のジェット旅客機が，運航開始後10年を越えた時点で，これら**経年機**の安全性に対する再検討がなされ，構造には損傷が内在していることを前提にしたうえで，その安全性が確保されねばならないとの考えが打ち出された．疲労や腐食あるいは突発事象により起こりうる損傷に対して，その拡大・進行を遅くするかあるいは停め，点検により損傷が発見されるまでは損傷があっても十分な強度が保持されるように設計する．このような設計を**損傷許容設計**という．このためには，損傷の発生箇所の予測やその点検方法などの確立がいっそう重要になる．現在では，この損傷許容設計が構造設計の原則であるが，この方法の採用が難しい構造には安全寿命設計がなされる．

9.2 構 造 様 式

初期の飛行機や近年の超軽量飛行機の構造は，いわゆる骨組み構造を採用している．骨組み構造はトラス構造とも呼ばれ，まっすぐな棒材を連結した構造で，飛行機に作用する荷重はすべてこの棒材が引き受ける．1909年7月に英

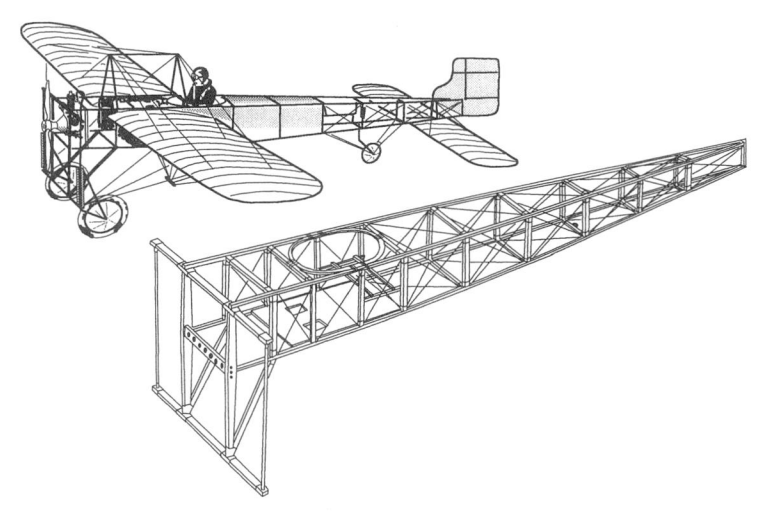

図 9.3　プレリオXIの胴体構造

152　9. 構造と強度

仏海峡の横断に最初に成功したブレリオ XI の胴体の骨組み構造を図 9.3 に示す．

　1940 年代以降の主要なほとんどの飛行機は，外形を整える**スキン（外板）**と形状を保つ**フレーム（枠）**からなる構造を採用している．外板は曲率をもつ薄い板材であり，この曲率をもつ薄い板材は，通常，**殻（かく）**あるいは**シェル**と呼ばれる．殻の身近な例は缶ジュースの缶であるが，殻構造は骨組み構造に比べて軽量で剛性が高く，そして多くの容積を包み込むことができる優れた構造様式である．いくつかの典型的な形状の殻を図 9.4 に示す．飛行機の外形は，この種の殻の組み合わせからなっていることがわかる．殻とフレームとからなる構造は，**モノコック構造**とよばれる．

　しかし，薄い板材のみの殻は，小さな損傷が致命的な破損につながりやすいという弱点をもっている．そこで，殻構造を実用化する場合は，内側に多数の細い補強材を入れることが行われる．多数の補強材をもつモノコック構造は，**セミモノコック構造**とよばれ，近年の飛行機をはじめ，自動車・車両などの各種の乗り物の軽量構造の主流となっている．モノコック構造およびセミモノコ

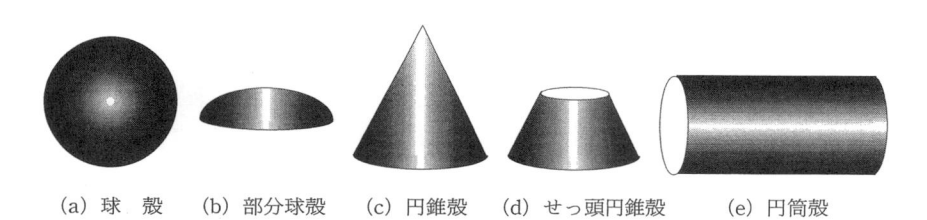

(a) 球　殻　　(b) 部分球殻　　(c) 円錐殻　　(d) せっ頭円錐殻　　(e) 円筒殻

図 9.4　代表的な形の殻

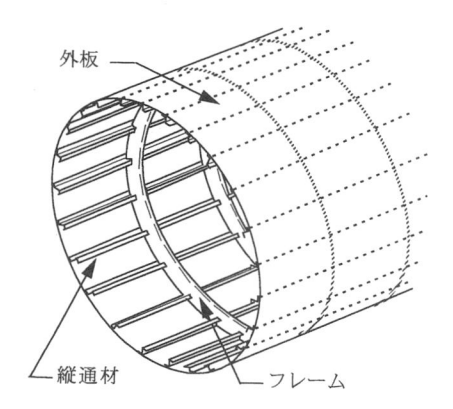

図 9.5　セミモノコック構造の胴体

ック構造では，外板も機体荷重の一部を担っており，**応力外皮構造**ともよばれる．図 9.5 に，セミモノコック構造の例として，大型旅客機の胴体の構造を示す．この例では，円筒殻がフレームと**縦通材**とによって，補強されている．図 9.6 に，胴体パネルの実例を示す．

飛行機の主翼の構造も，基本的にはセミモノコック構造であるけれども，空

図 9.6 ボーイング 777 の胴体パネル（川崎重工業提供）

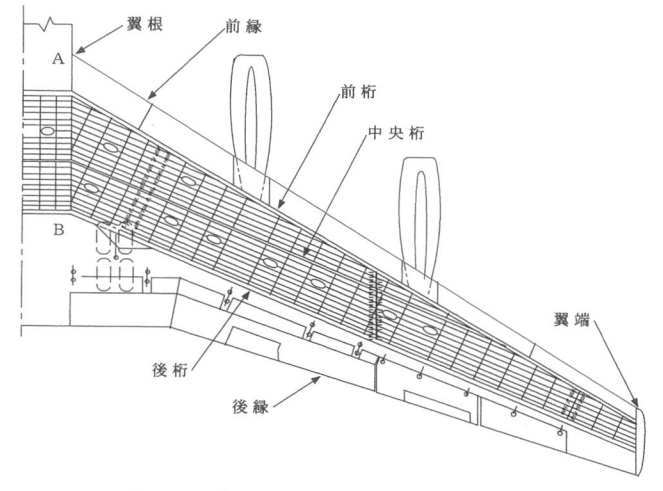

図 9.7 ダグラス DC-8 の主翼構造の平面図

154   9. 構造と強度

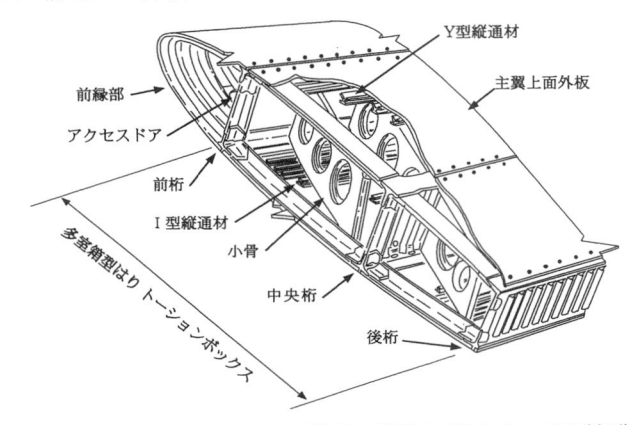

図 9.8　ダグラス DC-8 の主翼構造の断面図（図 9.7 の AB 断面）

力設計の面からの要求を満たすためのたいへん特長のある構造となっている．図 9.7 と図 9.8 に，1958 年に初飛行した第 1 世代の四発大型ジェット旅客機のダグラス DC-8 の主翼構造の概略を示す．主翼は，空気力学的には主翼全体が翼としての機能を果たす．しかし，構造的には，主翼に作用する荷重を主として支える**桁（けた）**と**翼小骨（リブ）**と外板で構成される構造部分が**主要な構造（1 次構造とよぶ）**であり，前縁部，後縁部，翼端部は空力上の機能を果たすための構造であって，強度的には**副次的な構造（2 次構造とよぶ）**である．図 9.7 と図 9.8 の例では，前桁と後桁に挟まれた部分の構造は 2 室箱型はりを構成している．この箱型はりの構造は，**トーションボックス**ともよばれ，特にねじりに耐える構造様式である．飛行中に，もし主翼が空気力によってねじれると，気流に対する主翼の迎え角が変化し，これが空気力の変化を招き，結果的に飛行性に望ましくない効果を及ぼすことになる．したがって，主翼は多少曲がってもよいが，ねじれないように設計してある．

　飛行機構造のような軽量構造では，すでに述べたように薄い板材からなる殻構造が主流であるが，一般に薄い板材は，曲げや圧縮にきわめて弱い．そこで，この弱点を補うために 2 枚の薄い板材（これを**表板**とよぶ）の間に軽量な材料（これを**心材**あるいは**コア**とよぶ）を挟んで，曲げ剛性を高める構造様式が用いられる．この構造様式は，**サンドイッチ構造**とよばれる．図 9.9 に，サンドイッチ構造の概念を示す．サンドイッチ構造の平板や殻が飛行機構造では 2 次構造部材によく用いられている．

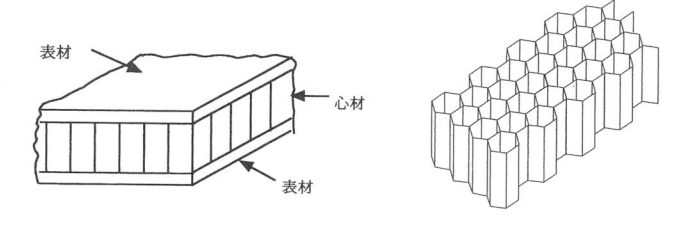

(a) 表材と心材　　　　　（b) ハニカム心材

図 9.9　サンドイッチ構造

9.3　材　　　料

　軽量化を極限まで追及する必要がある飛行機にとって，革新的な材料の使用は，飛行機の発達と密接な関係がある．図 9.10 に，ライト兄弟以来の飛行機の発達とその発達を支えた材料の変遷を示す．図 9.11 には，ボーイング社のジェット旅客機における機体材料の種類とその使用割合の変化を示す．この図から，飛行機の機体材料としてのアルミニウム合金の占める位置がいかに高いかがよくわかる．表 9.1 に，主要な飛行機用材料の特性を示す．アルミニウム

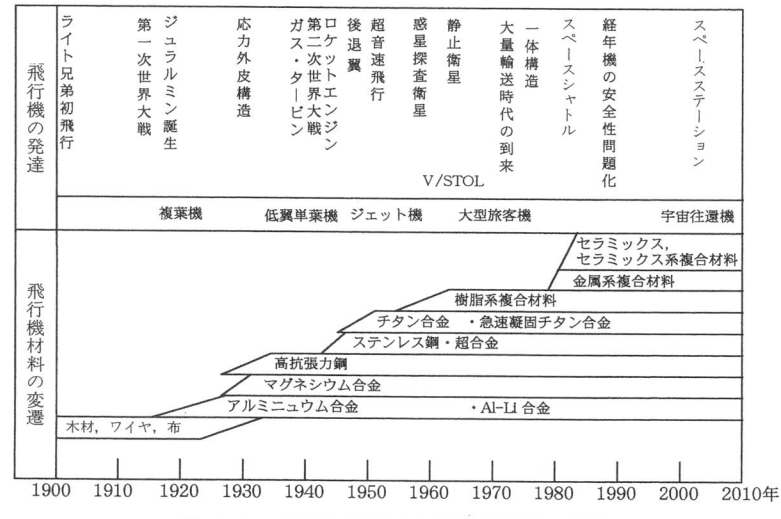

図 9.10　飛行機の発達と飛行機用材料の変遷

9. 構造と強度

表 9.1 主要な航空機用材料の特性

材料	密度 [g/cm^3]	引張				圧縮			
		引張強さ [MPa]	弾性率 [GPa]	比強度 [10^4 m]	比弾性率 [10^6 m]	圧縮強さ [MPa]	弾性率 [GPa]	比強度 [10^4 m]	比弾性率 [10^6 m]
アルミニウム合金 7075-T 73	2.8	550	70	2.0	2.5	500	75	1.8	2.7
チタン合金 Ti-6 Al-6 V-2 Sn	4.4	1 300	120	3.0	2.7	1 300	125	3.0	2.8
鋼 9 Ni-4 Co-0.30 C	7.8	1 600	200	2.0	2.6	1 500	210	1.9	2.7
複合材料 BFRP (AVCO ボロン-エポキシ) 一方向材 0	2.0	1 700	220	8.5	11.0	2 400	220	12.0	11.0
疑似等方材 0/±45/90	2.0	500	70	2.5	3.5	700	70	3.5	3.5
GFRP (E ガラス-エポキシ) 一方向材 0	2.2	1 000	40	4.5	1.9	1 000	40	4.5	1.9
疑似等方材 0/±45/90	2.2	300	10	1.4	0.5	300	10	1.4	0.5
AFRP (Kevlar 49-エポキシ) 一方向材 0	1.4	1 500	80	11.0	6.0	300	75	2.1	5.4
疑似等方材 0/±45/90	1.4	500	30	3.6	2.1	150	30	1.1	2.1
CFRP (トレカ T 800 H-エポキシ) 一方向材 0	1.6	2 850	160	18.0	10.3	1 700	155	10.0	9.4
疑似等方材 0/±45/90	1.6	820	60	5.0	3.8	660	55	4.1	3.4

(日本航空宇宙学会編, 航空宇宙工学便覧, 丸善, 1992)

9.3 材料　**157**

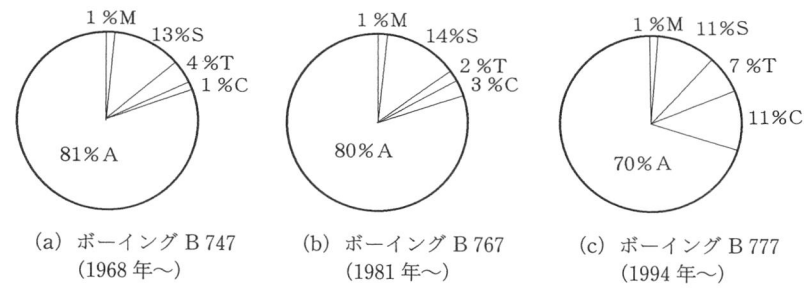

(a) ボーイング B 747
(1968 年〜)

(b) ボーイング B 767
(1981 年〜)

(c) ボーイング B 777
(1994 年〜)

A：アルミニウム合金，C：複合材料，T：チタン合金，
S：高張力鋼，M：その他

図 9.11 ボーイング社の旅客機の機体材料の変遷

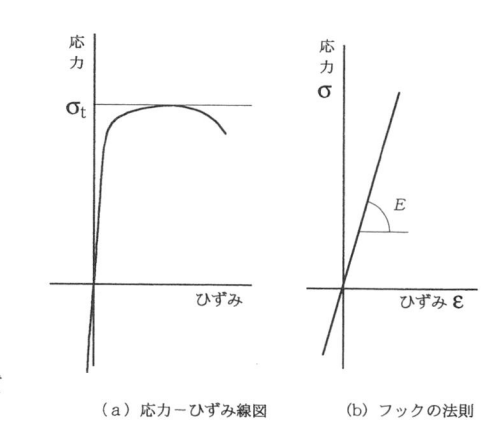

図 9.12 材料の力学的性質

（a）応力-ひずみ線図　　（b）フックの法則

合金は，アルミニウムに銅や亜鉛の元素を添加した合金で，ジュラルミンと呼ばれ，アルミニウムに比べて高い強度を有する．

　材料の力学的性質について簡単に述べる．棒材を引張るとき，荷重と変形の関係はおおむね図 9.12(a) に示すようになる．この図の縦軸は，荷重を断面積で割った**応力**という量で，作用している荷重の強さの尺度である．また，横軸は，単位長さあたりの変形量（この場合伸び）である**ひずみ**で，変形の程度を表している．変形の初期においては，図(b) に示すように応力 σ とひずみ ε は比例する．すなわち，$\sigma = E\varepsilon$ となる．この比例定数 E を**縦弾性率**とよぶ．この値が大きいと，ひずみが小さく，変形は小さい．変形のしにくさを表す用語に**剛性**があるが，剛性の目安としてこの弾性率を用いることが多い．荷重を

除き応力を 0 にすると，ひずみも 0 になる．すなわち，変形は残らない．この材料の性質を**弾性**という．しかし，作用する応力が大きくなると荷重を除いても，変形は元に戻らず，残ってしまう．これを**残留変形**あるいは**永久変形**とよぶ．さらに応力を増やすとひずみも増えるが，やがて応力が減少し破断に至る．材料が破壊するまでの最大応力 σ_t を**引張強さ**という．曲げ・圧縮・せん断などさまざまな荷重に対して破壊するまでの最大応力を「……強さ」と呼ぶ．この値が大きいと，破壊するために必要な応力が大きくなる．**強度**は，破壊のしにくさを表す言葉で，引張強さは強度の目安として用いられる．

飛行機に用いられる材料としては，強度や剛性のほかに軽さも重要なファクタである．軽くて強い材料の目安としては，**比強度**が用いられる．比強度は，強度を密度で割った量として定義され，単位質量あたりの強度の値である．一方，軽くて剛性のある材料の目安としては，剛性を密度で割った**比剛性**が用いられる．通常，比剛性として，弾性率を密度で割った量が用いられることが多く，この場合，**比弾性率**ともよばれる．アルミニウム合金が飛行機構造で多用される理由は，比強度および比剛性が比較的大きいことによる．アルミニウム合金の引張強さおよび弾性率は 550 MPa および 70 GPa で，鋼のおよそ 1/3 ほどであるが，その密度もおよそ 1/3 ほどで，したがってその比強度および比剛性の値は鋼と同程度となる．最近では，金属中で最も低密度のリチウム（比重：0.534）をアルミニウムに添加した Al-Li 合金の開発が進められており，いっそうの低密度化，高剛性化が図られようとしている．

図 9.11 から読み取れるもう一つのことは，**複合材料**の使用が増えていることである．複合材料とは，広義には 2 種類以上の材料を一体化し，単独材料では得られない優れた性質をもたせた材料のことである．この意味で，初期の飛行機に多く用いられた木製接着構造は複合材構造ということができる．現在，飛行機に用いられている複合材は，おもに**繊維強化樹脂**で，ガラス繊維，ボロン繊維，炭素繊維，あるいは強度の大きい有機繊維を，エポキシ樹脂などの**マトリックス**とよばれる媒体で固めたものである．用いる繊維により，**GFRP，BFRP，CFRP，AFRP** などとよばれる．**プリプレグ**とよばれる繊維に樹脂を含浸させた薄いシート状の素材を何重にも重ね合わせて形を作り，**オートクレーブ**という炉で加熱加圧して作られる．繊維の向き（配向）と積層の厚さの組み合わせにより望みの強度と剛性を得ることができ，金属材料に比べて，比強度，比剛性の高い材料を得ることができる．複合材の使用は，構造のいっそ

うの軽量化，一体構造の採用による部品点数や工程数の削減，そしてコスト低下をもたらし，民間機においても進歩した複合材料の使用割合が近年増加しており，今後ますます増加するものと予想される．飛行機は，もともと新材料を積極的に用いる傾向が強い．

飛行機の進歩は，エンジンの革新によってもたらされ，そして，エンジンの進歩は，より高い温度で強度を保つ材料（**耐熱材料**）の開発によって実現されてきた．ジェットエンジンやロケットエンジンの出現は，この耐熱材料の開発にいっそうの拍車を掛けた．耐熱材料として要求されることは，高温での強度，特にクリープ強度が優れていること，高温での耐食性に優れていることなどである．**クリープ**とは，一定の荷重のもとで時間の経過とともに変形が進む現象で，応力と温度が高いほど顕著になり，普通400℃以上ではクリープ強度を考慮する必要がある．飛行機に使われる耐熱材料としては，オーステナイト系ステンレス鋼，チタン合金および鉄基耐熱合金，ニッケル基耐熱合金，コバルト基耐熱合金などの超合金がある．

さらに，スペースシャトルに代表される宇宙往還機においては，軌道から地上に戻る帰還時にマッハ30から40の高速で地球大気圏に突入するが，その際，空気との摩擦により機体は加熱を受ける．これを**空力加熱**とよぶが，機体温度は高いところで千数百度℃にもなる．この高温から機体を保護する熱防護材として，**セラミックタイル**や炭素を炭素繊維で強化した **C/C コンポジット**が使われている．

9.4 強　　　度

(1) 強度条件

飛行機の安全性を確保することを目的として，強度に関する基準が各国で規定されている．日本では運輸省航空局の耐空性審査要領に，米国では民間機については **FAA** の航空規則に，軍用機については **MIL 規格**に基準が定められている．この基準は強度に関する最低基準を定めるもので，機体構造の設計に際して，絶対に守らねばならないものである．飛行機には大きいものから小さいものまでいろいろあり，さまざまな使われ方をしている．このように多種多様な飛行機に一律に強度要求を課すことは合理的ではない．そこで，耐空性審査要領では，表9.2に示すように，飛行機の運動，運用形態に応じて飛行機を類別し，それぞれに強度基準を適用することにしている．

9. 構造と強度

表 9.2 航空機の耐空類別

耐空類別		摘　　要
飛行機	曲技 A	最大離陸重量 5 700 kgf 以下の飛行機であって，飛行機「普通 N」が適する飛行，および曲技飛行に適するもの
	実用 U	最大離陸重量 5 700 kgf 以下の飛行機であって，飛行機「普通 N」が適する飛行，および 60°バンクを越える旋回，きりもみ，レージーエイト，シャンデルなどの曲技飛行（急激な運動および背面飛行を除く）に適するもの
	普通 N	最大離陸重量 5 700 kgf 以下の飛行機であって，普通の飛行［60°バンクを越えない旋回および失速（ヒップ・ストールを除く）を含む］に適するもの
	輸送 T	航空輸送事業の用に適する飛行機
回転翼航空機	普通 N	最大離陸重量 2 700 kgf 以下の回転翼航空機
	輸送 T A 級	航空輸送事業の用に適する多発の回転翼航空機であって，臨界発動機が停止しても安全に航行できるもの
	輸送 T B 級	最大離陸重量 9 000 kgf 以下の回転翼航空機であって，航空輸送事業の用に適するもの
滑空機	第 1 種 I	最大離陸重量 600 kgf 以下の滑空機であって，滑空機第 3 種 III が適する飛行，曲技飛行および飛行機曳航に適するもの
	第 2 種 II	最大離陸重量 600 kgf 以下の滑空機であって，滑空機第 3 種 III が適する飛行，急旋回，宙返り，失速反転などの曲技飛行および飛行機曳航に適するもの
	第 3 種 III	最大離陸重量 600 kgf 以下の滑空機であって，普通の飛行およびゴム索射出またはウィンチ曳航（自動車による曳航を含む）に適するもの
動力滑空機 S		50 kW（67 PS）以下の動力装置をもつ滑空機
特殊航空機 X		上記の類別に属さないもの

（運輸省航空局，耐空性審査要領，鳳林書院，1970）

耐空性審査要領では，機体の強度基準として「安全率は別に規定する場合を除き 1.5 とする」ことが定められている．ここで，**安全率**とは，設計上飛行機が耐えることのできる**最大荷重**（これを**終極荷重**とよぶ）と飛行機の運用中に予想される最大荷重（これを**制限荷重**とよぶ）の比である．すなわち，制限荷重に安全率を掛けたものが終極荷重である．安全率は，設計上の不確かさ，制限荷重の予測の不確かさなど，種々の不確かさを考慮する係数である．制限荷重と構造については，「構造は，制限荷重に対して有害な変形または残留変形が生ずることなく耐えるものでなければならない」と定められている．これは，飛行のたびに機体の部材に変形が残るようでは実用にならないから，剛性に関する重要な基準である．また，終極荷重と構造については，「構造は，終極荷

9.4 強　　　度　　**161**

表 9.3　特　別　係　数

部　材	説　明	特別係数 f	安全率 s
鋳　物	全数の外観検査だけ行う場合	$f \geq 2.0$	$s \geq 3.0$
	面圧応力に関する係数	$f \leq 1.25$	$s \leq 1.875$
	全数の外観検査，磁気または浸透液による探傷検査，レントゲン検査または同等な非破壊検査を行う場合	$1.25 \leq f \leq 1.5$	$1.875 \leq s \leq 2.25$
金　具	制限荷重および終極荷重試験によってその強度が証明できない場合	$f \geq 1.15$	$s \geq 1.725$
ヒンジ軸受部	球軸受およびころ軸受以外のヒンジ軸受け部で最も柔らかい材料の面圧強度	$f \geq 6.67$	$s \geq 10$
連結金具軸受部	操縦装置中の角運動を行う連結金具軸受部で，球またはころ軸受でない軸受で，最も柔らかい材料の面圧強度	$f \geq 3.33$	$s \geq 5$

重に対して破壊することなく耐えることのできるものでなければならない」と定められている．これは，次の 1) または 2) の条件のもとで示されねばならない．

1) 少なくとも 3 秒間，静的試験で構造に対して終極荷重を掛ける．
2) 実際の負荷を模した動的試験に耐える．

　この基準で 3 秒という数値は，静的強度試験で終極荷重を 3 秒間負荷する間に構造が破壊されなければ，4 秒後に破壊してもよいということを意味している．もし，終極荷重を掛けても構造がまったく破壊しない場合には，その構造はさらに軽量化する余地のあることが立証されたことにもなる．

　実際の強度が不確実な部材，正規の部品交換時期以前に運用中に劣化するおそれのある部材，製造過程および検査方法が不確実なため個々の強度に相当なむらが生ずる部材などに対しては，そのような部材の信頼性が他の部材のものより低くならないように，一般の安全率 1.5 にさらに表 9.3 に示す特別係数を掛けたものを安全率とするように定められている．

(2) 荷重状態

　飛行機は，種々の構造物のうちで最も運動性の大きいものであり，飛行機に働く荷重のうちで重力および運動加速度による慣性力が非常に重要な役割をもっている．飛行機には，重力や慣性力とつり合うようにさまざまな外力が作用

している．それらは，主翼や胴体の揚力および抗力，操縦面の平衡力および操縦力，エンジンの推力，あるいは脚の地面反力などである．

飛行機の運用中に機体が受ける荷重を，通常，次の三つに大別している．

1) 飛行荷重：飛行中に受ける荷重で，その中で操縦または突風による荷重が重要である．

2) 地上荷重：着陸または地上滑走や地上運搬中に受ける荷重で，その中でも着陸衝撃による地面反力に対する荷重は，降着装置の強度を決める基準となるものである．

3) 水上荷重：水上機に対するもので，2) の地面の代わりに水面となる．

以下では，上記のうちの飛行荷重について述べる．

(3) 荷重倍数

飛行機が地上に静止しているときや，定常水平飛行をしているときのように，加速度をもたないときに加わる荷重を**静荷重**という．これに対して，上昇飛行や下降飛行あるいは引き起こしなどの場合，飛行機には加速度がかかり，これと逆向きに慣性力が作用する．この慣性力が重力あるいは抗力と合成され，主翼の揚力やエンジンの推力とつり合う．このように加速運動する場合や，突風を受ける場合に加わる荷重を**動荷重**という．動荷重は，静荷重より非常に大きくなることがしばしばあるので，必ずこれを考慮して強度計算をしなければならない．

いま，飛行機が下降飛行から引き起こしをして，図 9.13 のような力を受け

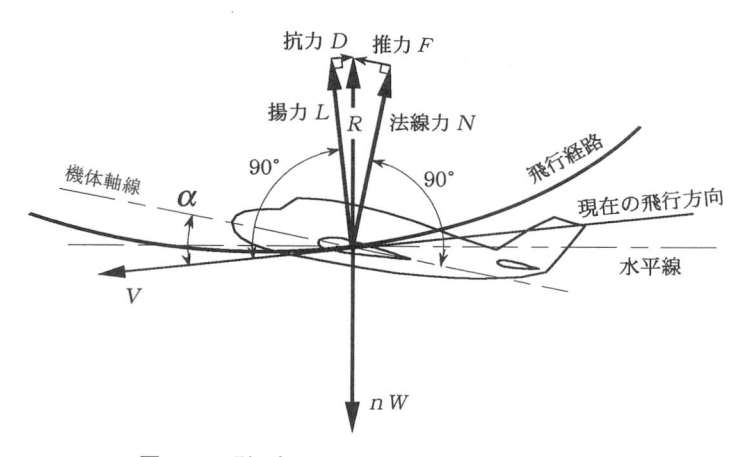

図 9.13　引き起こしたときに飛行機にかかる荷重

る場合を考えると，下向きの速度成分が時間とともに減り，やがて 0 となり，続いて上向きの速度成分が現れる．この運動では，下向きの速度が減っているから加速度は上向きであり，したがって慣性力は下向きである．下向きの速度が 0 になった瞬間を考える．

空気合力を R，空気合力の機体軸線（機体の基準線）に垂直な法線分力を N，全機の揚力を L，上向きの加速度の大きさを a，飛行機の重量を W とすれば，迎え角 α の小さい飛行状態での上下方向の力のつり合い条件は

$$R \fallingdotseq N \fallingdotseq L \fallingdotseq W + \left(\frac{W}{g}\right)a = \left(1 + \frac{a}{g}\right)W = nW \tag{9.1}$$

となる．この場合，機体，乗員，その他質量のあるものはすべて慣性力をもち，その物体の重さが見かけ上 n 倍になるので，この n を**荷重倍数**という．

（4） 運動包囲線

一つの機体では，その飛行姿勢とその速度によって機体に加わる荷重が異なり，したがって荷重倍数も異なる．そこで，過去に安全であった多くの機体について，さまざまな運用状態における速度 V と荷重倍数 n を V-n 平面にプロットすると，これらの点を囲む線が決まり，この線の中では安全であると考えられる．このような包囲線を合理的に決めることができれば，強度規定として採用することができる．このとき，この包囲線を**運動包囲線**，または制限運動包囲線，あるいは **V-n 線図**という．

強度計算の基礎として用いる設計上の対気速度を**設計対気速度**といい，V [km/h] で表す．これを表すには，**等価対気速度** EAS を用いる[1]．設計対気速度としては，次のものが用いられる．

1) 設計失速速度 V_S：揚力係数を最大としたときに得られる飛行速度で，この速度以下では飛行不能となる．

2) 設計運動速度 V_A：この速度以下の速度では，どのような操舵を行っても強度上安全な速度である．この速度で水平飛行中に，最大法線分力係数 C_{NAmax} まで上げ舵をとったとき，その飛行機の耐空類別に相当する荷重倍数の慣性力が掛かり，これ以上の速度の場合に同じ操舵をすれば，飛行機の制限荷重倍数を越えてしまう速度である．

---

[1] 高度が高くても低くても，真対気速度〔8.2 節 (1) 項参照〕が速くても遅くても，EAS が同じならば，機体にかかる空気力，したがって荷重は変わらない．そこで，強度のほうでは速度として，EAS を用いる．

3) 最大突風に対する設計速度 V_B：表9.2の飛行機「輸送T類」の飛行機が飛行中に遭遇すると予想される最大突風に対する設計速度で，この速度で悪気流中を飛ぶとき突風のため失速速度 V_{s1} に近づいて操縦不能になっては困るので V_{s1} より十分大きい値にとる．ここで，V_{s1} はフラップを上げた状態での失速速度である．

4) 設計巡航速度 V_C：V_C の最小値 $V_{C\min}$ は，この速度で悪気流中を飛行する場合に起こりうる不利な速度増加に備えて，V_B よりも十分大きい値にとり，輸送T類に対して次の式で求められる．

$$V_{C\min} = V_B + 80 \ [\mathrm{km/h}] \tag{9.2}$$

運動による荷重は，飛行速度と操舵，言い換えれば，迎え角変化の量と速さによって決まる．そこで，それぞれの耐空類別に対して，操舵による運動を制限し，その制限荷重倍数を制限運動荷重倍数という．たとえば，T類に対する正の制限運動荷重倍数は，重量が 22 629 kgf 以上の飛行機の場合は 2.5 である．重量がこれより軽いと，荷重倍数は重量に応じて変化するが，たとえば飛行機重量が 6 330 kgf の場合は 3.1 になる．さらに，負の制限運動荷重倍数は，T類に対しては -1 である．

図 9.14 に示す運動包囲線は，次のようにして描かれる．種々の速度に対して，ある決まった迎え角で引き起こしをする場合を考える．空気合力の機体軸線に垂直な分力を N とすると，荷重倍数 n は

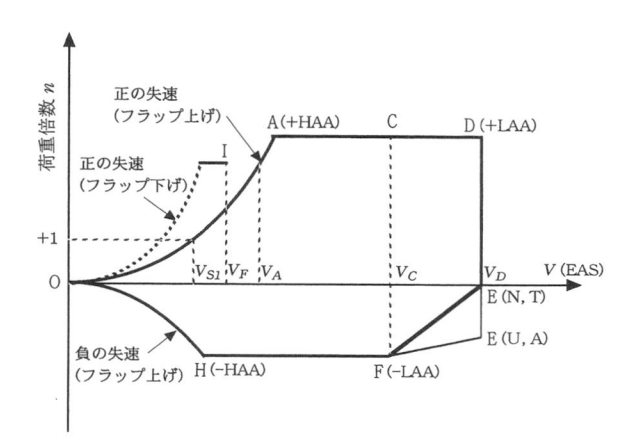

図 9.14 運動包囲線図（HAA：高迎え角，LAA：低迎え角）

$$n = \frac{N}{W} = \frac{C_N \rho_0 V^2 S/2}{W} \tag{9.3}$$

となる．すなわち，荷重倍数は飛行速度の2乗に比例し，V-n 線図は放物線となる．さらに，迎え角を変えると，上の式の C_N の値が変わり，別の放物線となるが，C_N の値が最大となるのは，失速迎え角のときである．図9.14に示す V-n 線図の曲線 OA はこうして得られる．また，負の失速迎え角に対しても同様にして曲線 OH を得る．

最大速度として，急降下速度 V_D が，各機種に対して定められている．これより，V-n 線図の DE の位置が決まる．また，正ならびに負の制限荷重倍数が各耐空類別に対して定められており，これより，V-n 線図の AD，HFE が決まる．

(5) 突風荷重

飛行機が飛行中に突風を受けると迎え角が変わり，それによって生じる慣性力の増加のためにしばしば危険になることがある．この突風により飛行機が受ける荷重を**突風荷重**という．

いま水平定常飛行をしている飛行機に，上向きに速さ U の突風が突然加わったとする．すなわち，図9.15(a) のような階段状分布の速度場のなかに飛

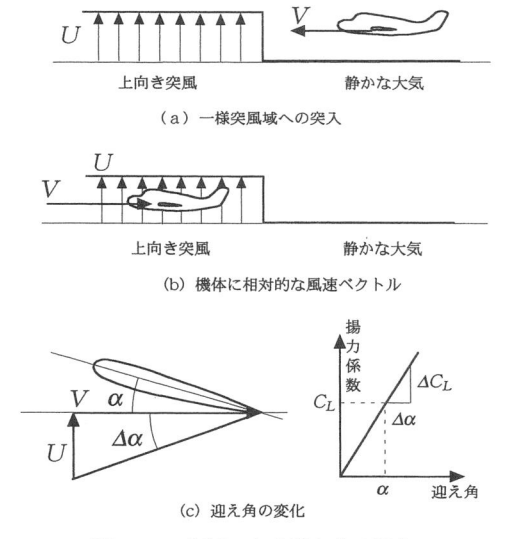

図 9.15 突風による迎え角の変化

行機が突入すると仮定する．このとき，機体に相対的な風速のベクトルは，図(b) のようであり，突風領域に機体が突入すると図(c) に示す角 $\Delta\alpha$ だけ迎え角が変わる．揚力係数の傾斜を $a=dC_L/d\alpha$ とすると，迎え角 $\Delta\alpha$ の増加に応じて揚力係数も $\Delta C_L=a\Delta\alpha$ だけ増加し，これによる揚力の増加は次のようになる．

$$\Delta N \fallingdotseq \Delta L = \frac{1}{2}\rho V^2 S \Delta C_L = \frac{1}{2}\rho V^2 S a \Delta\alpha \tag{9.4}$$

ところが，$\Delta\alpha \fallingdotseq U/V$ であるから，次のようになる．

$$\Delta N \fallingdotseq \frac{1}{2}\rho V^2 S a \frac{U}{V} \tag{9.5}$$

この ΔN による荷重倍数の増加 Δn は

$$\Delta n = \frac{\Delta N}{W} = \frac{\rho S a V U}{2W} = \frac{a\rho U V}{2(W/S)} \tag{9.6}$$

となる．

　実際の場合，速度 U の突風が吹き上げても，いつも一様な突風が吹くわけではないし，飛行機は突風の方向へ流されるから，一般に上の式よりも荷重倍数の増加はやや少なくなるので，上の式に補正係数 $K(\leqq 1)$ を掛けたものを Δn とし

$$\Delta n = \frac{Ka\rho UV}{2(W/S)} \tag{9.7}$$

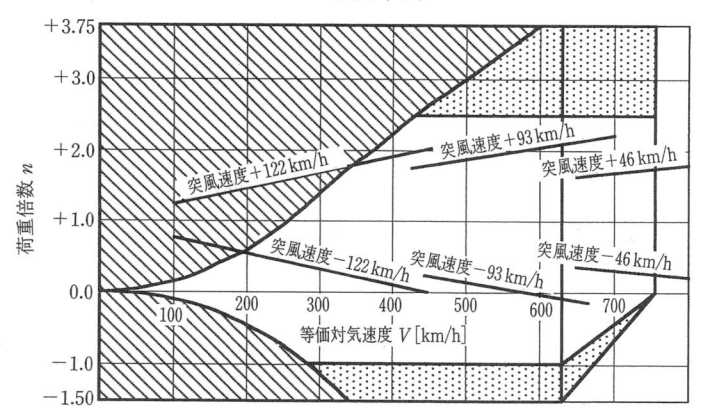

図 9.16 DC-8 の運動突風包囲線，海面上，全備重量 140 tf

とする．

水平定常飛行で突風を受けたときには，はじめの荷重倍数が1であるので，突風による荷重倍数は

$$n = 1 + \mathit{\Delta}n = 1 + \frac{Ka\rho UV}{2(W/S)} \tag{9.8}$$

で与えられる．ただし，上向きの突風に対しては，Uに正の値を，下向きの突風に対しては，Uに負の値を与える．たとえば，速度V_Bについては20 m/sの正および負の突風を考慮することになっている．

図9.16は，DC-8のV-n線図に突風による荷重倍数の直線を記入したものである．このようにして定められたV-n線図の対気速度と荷重倍数の任意の組合せに対して強度が確認される．また，飛行機の運用限界もこのV-n線図をもとに決められる．

（6）疲　　労

飛行機はその運用中に前項までに述べたさまざまな荷重を受けるが，これらは繰返し変動荷重として作用する場合が非常に多い．一般に，材料あるいは構造物は，静的な終極荷重が加わったときに比べて，このような変動荷重のもとでははるかに小さな荷重により破壊・破損する．このように，変動荷重により材料または構造物の強度が減る現象を**疲労**という．飛行機の構造，特に主翼や胴体などの1次構造は，その運用中に受けると予想される繰返し荷重に耐えうることが要求される．また，ファンやエンジン排気などによる圧力変動，プロペラやエアブレーキによるキャビティ共振などによって発生するランダム振動に伴って起こる疲労現象を**音響疲労**とよんでいるが，これは後部胴体外板や操縦舵面などに発生する．

（7）強度試験

飛行機の安全率は，他の機械や構造物に比べて，かなり小さくとられているので，完成した全機構造や部分構造について，実際に模した荷重を加えた構造強度試験を地上で行い，強度を確認する必要がある．おもな構造強度試験としては，静強度試験，疲労強度試験，振動試験，衝撃試験，落下試験，温度・湿度環境試験などがある．

静強度試験は，飛行機構造の剛性と強度が十分であることを立証することを目的として，当該飛行機が運用中に受けると予測される荷重状態の中で最も厳しい静荷重をかけて行う試験である．図9.17に，エアバスA310の静強度試

168   9. 構造と強度

図 9.17 エアバス A 320 の静強度試験（Airbus Industrie 提供）

験の有様を示す．主要な試験項目は，剛性試験，制限荷重試験，終極荷重試験，破壊試験などである．たとえば，制限荷重試験では，安全な運用を妨げる変形および安全上有害な残留変形が生じないことを確認する．終極荷重試験では，終極荷重に対して少なくとも3秒間は破壊することなく耐えることを確認する．この試験では，試作機中の1機が供試体として用いられる．

　疲労試験は，地上‒飛行状態‒地上の1飛行中に生じる複雑な動的模擬荷重を次々と繰返しかけて，構造の疲労に対する強度を確認する試験である．疲労強度は，部分構造疲労試験と全機疲労試験の2種に大別される．部分構造試験では，結合部，取付け部，結合金具などの疲労強度を確かめる．一方，全機疲労強度試験は，機体の耐用年数を確かめるために行われ，試作機の中の1機が供試体として用いられる．

　振動試験は，機体の振動特性を求め，フラッタ解析や動的応答解析の妥当性を確認するために行う．**衝撃試験**では，鳥衝撃試験，座席および周辺構造の落下衝撃試験，機体の落下衝撃試験などが主要な試験項目となる．落下試験は，降着装置の衝撃吸収能力および衝撃荷重の伝達構造の強度を確認するために行う．**温度・湿度環境試験**は，新材料の実用化とともに近年ますます重要視されている試験であって，予測される低温・乾燥条件から高温・加湿条件までの種々の環境下で試験を実施し，耐環境強度を確認する．

10. 飛行機の設計・製造における コンピュータ利用

コンピュータは，飛行機の研究，開発，設計，製造，運用において，必要不可欠のツールとして，広範囲に利用されている．そこで，この章では，飛行機の開発・設計から製造までのコンピュータの利用についてその概要を述べる．しかし，機上に搭載する**機上搭載コンピュータ**に関しては触れない．

10.1 飛行機の設計・開発からの検査・納品までの流れ

飛行機の設計・開発とそれに伴う生産活動は，飛行機を使用し運用する運航会社や国の需要要求に基づき開始されるわけであるが，それに関する市場需要予測調査や営業活動は別として，開発が決定した後の設計・開発開始から製造した機体の納品までの大まかな企業業務の流れを図 10.1 に示す．

従来から，物作りには設計段階で紙による図面と部品表を作成し，生産部門に製造する物の技術情報を伝えるのであるが，この設計やそれに伴う解析段階ではコンピュータによる図面や部品表のデジタル化が進んでいる．すなわち **CAD/CAM 化**である．

生産計画・工程設計は，設計からの図面や部品表から，製造スケジュールや製造工程の手順などの生産情報を作り出し，製造指示書の発行を行う段階である．また，資材計画・資材調達では，設計あるいは生産計画からの部品表と製造スケジュールに基づく必要部品や材料の手配をし，在庫のあるものは，倉庫からの出庫，在庫がなければ購買の手段をとり，製造の必要時期に必要部材を揃えてスケジュールどおりの生産が開始できるようにするのである．

これらは総括的に生産管理とよばれ，製造業にとって基本の業務活動であり，

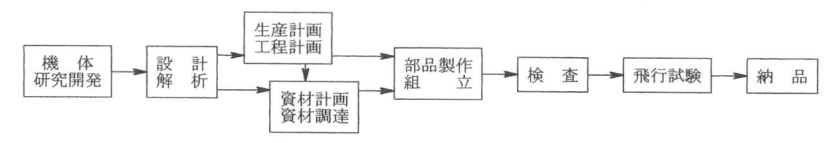

図 10.1　飛行機製造の業務の流れ

ここには従来から汎用大型コンピュータによって，作業の山積み，山崩しと呼ばれる工場作業負荷計算や，スケジュール・進捗管理，在庫管理，**MRP**，購買発注，検収業務等，コンピュータを利用して業務を合理化，効率化し，納期短縮の努力を図っている．

部品製作・組立では，図面と製造指示書に基づき部品製作と組立を行うのであるが，技術情報や生産情報の部品製作への直接利用として CAM があり，さらに組立の分野でも自動機械の発達によりデジタル化された生産情報を直接利用できる体制になってきている．

検査分野では自動検査機器，3 次元測定機等の導入がやはり設計のデジタル化を促進している．また，検査や品質保証において飛行機製造上で特殊なのが飛行試験であり，開発機種ごとに特別に飛行試験解析システムを作って，飛行安全の確認と設計仕様との整合を実証している．

以下では，コンピュータを用いた設計と解析，コンピュータによる製造と検査（試験），さらに技術・生産管理のコンピュータ利用において注意を要するデータ管理について述べる．

10.2 開発・設計におけるコンピュータ利用

(1) CAD

CAD には通常，狭義の CAD と広義の CAD の 2 通りの使い分けがある．狭義の CAD とは，単なる図面作成ツールとしての製図の合理化手段の意味である．コンピュータと対話して図面を描き，プロッタで機械的に出図するので図面改訂が簡単で，標準化されたきれいな図面が作成できる，いわば Computer Aided Drafting とよべる．

一方，広義の CAD は，後述する **CAE** の概念までも含めたコンピュータによる設計を意味している．

CAD は当初，製図の機械化を目的とし，汎用大型コンピュータにグラフィックディスプレイを接続して，画面上で製図要素を簡単に書き込んだり消したりすることが可能なソフトウェアが開発された．

コンピュータ技術の発達とともに，製図専用機材としての CAD システムが誕生した．はじめは CAD による製図の専任オペレータが必要な運用形態（クローズド方式）をとる場合もあったが，最近では設計思想を自由に表現できることと，CAD 自体の操作が複雑高度になってきたため，飛行機製造を含め大

部分の製造業では設計者自身が直接作図する方法（オープン方式）が主流となってきている．

CAD のハード構成は，図 10.2 に示すように，汎用大型コンピュータに端末のグラフィックディスプレイを集中して接続する**ホスト集中型**と，1台ずつ独立した**スタンドアローン型**および，ネットワークで接続した**クライアントサーバ型**（**CSS 型**）に分類でき，それぞれ設計目的に応じて使い分けをしている．

これらの CAD ソフトは，市販のパッケージソフトとして購入し，購入各社の使用形態に合ったカスタマイズを実施して使用することができる．

2次元 CAD は紙に手で描くのと同様の図面をコンピュータで描く意味で，前述した狭義の CAD に相当する．直線や曲線のような基本図形，寸法線および図枠などの図面要素を，あたかもグラフィックディスプレイ画面が製図板のようにタブレットやキーボード，あるいはマウスを用いて画面上に描いていけ

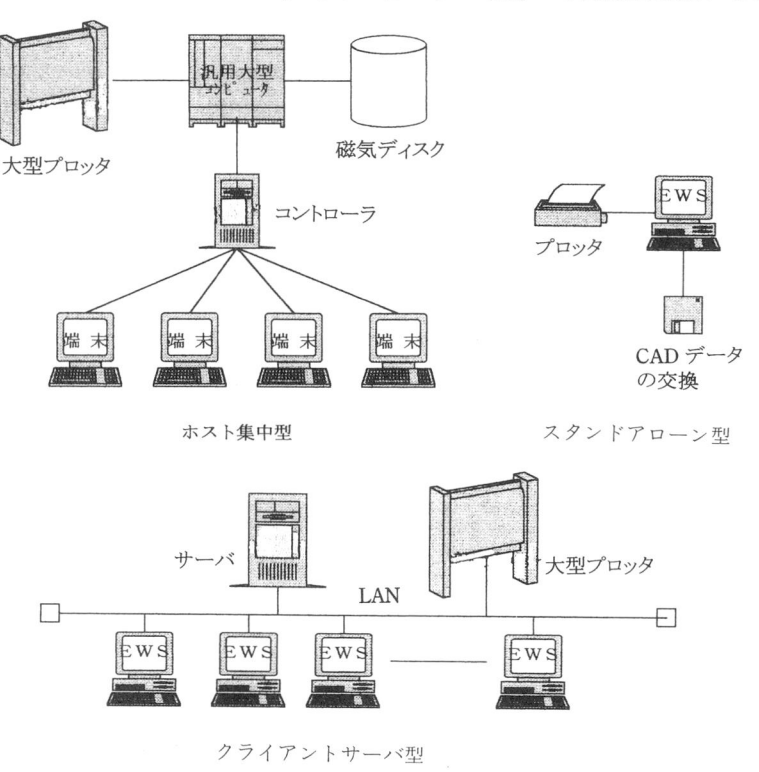

図 10.2　CAD システムの形態

る．出力はプロッタにＡ０までの紙の図面として出力し，下流工程へは手書きの図面と同様にプロッタで出力した図面原紙を複写機でコピーをして配布する．

代表的な2次元CADには1960年代に航空機製造会社であるロッキード社が開発したCADAM[1]や，Auto CAD[2]など種類が多く，また製造分野で実稼働して成果を上げている中心的システムでもある．図10.3に，2次元CAD画面の一例を示す．

しかしながら，飛行機の機体外形のような滑らかな表面を正確に定義したり，複雑な外形形状をもつ部品をNC工作機械によって3次元加工を行うには，2次元CADでは正確な技術情報を伝えることができない．そこで立体を表示することができる3次元CADの導入と使用が急速に広まっている．

3次元CADで物体の形状を表現するモデルを**形状モデル**といい，図10.4に示すように，**線モデル，面モデル，立体モデル**の3種に分類され，それぞれ扱

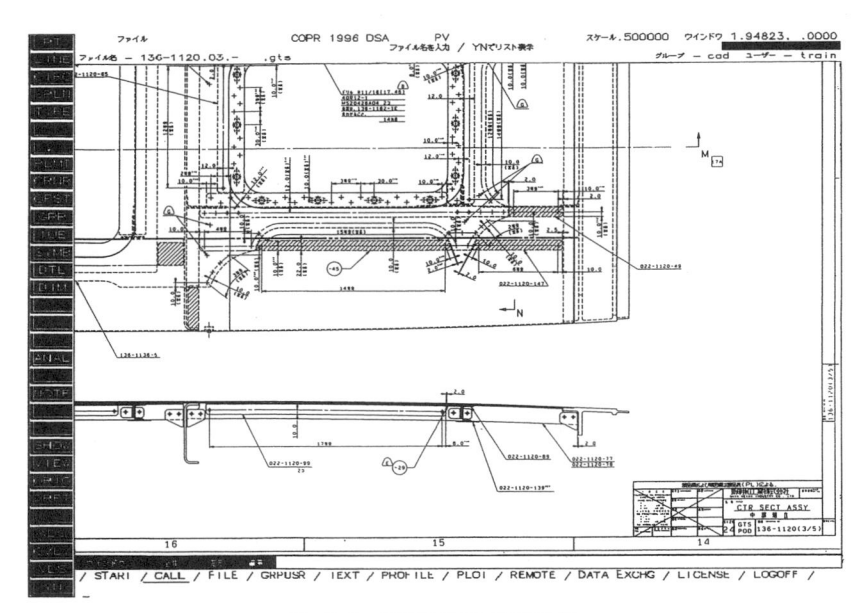

図 10.3 2次元CAD画面の例

---

1) アメリカ合衆国，キャダム社．
2) アメリカ合衆国，オートディスク社．

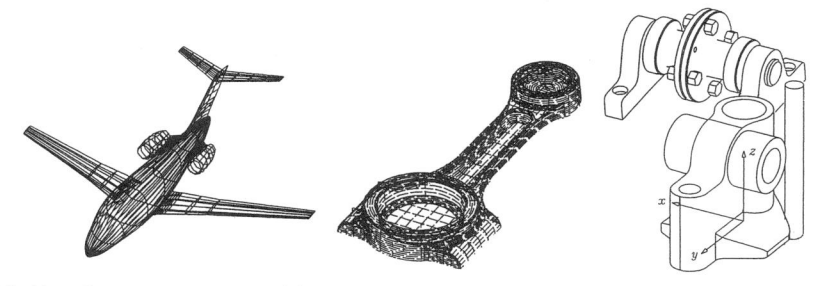

(a) 線モデル
 （wire frame model）
 ・立体の各頂点と各稜線で定義
 ・構造が簡単で処理が容易
 ・断面図，NC には対処不可

(b) 面モデル
 （surface model）
 ・線モデルのワイヤ間に面を定義
 ・グラフィックスの処理が可能
 ・断面，かくれ線処理，NC が可能

(c) 立体モデル
 （solid model）
 ・面のどちら側に実体があるかを定義
 ・幾何形状の全情報を所有
 ・断面，かくれ線処理，NC すべて可能
 ・リアルな形状表現

図 10.4　3 次元 CAD の形状モデル

う対象と用途によって使い分けられている．

3 次元 CAD の代表的なソフトウェアパッケージとしては CATIA[1]，Pro/Engineer[2]，Unigraphics[3] などがある．

3 次元 CAD によって作成されたモデルは，製造組立のため，2 次元図面に変換して製造部門へ図面として配布される．さらにデータそのものはデジタルの技術情報，生産情報として直接利用することができる．すなわち，設計段階の CAE では，解析用のデータとして使用されるとともに，製造での CAM では部品製作の NC 工作機械用データとして加工され，利用される．特に，最近ではコンピュータ上で部品を組み合わせ，部品組立時に部品同士が干渉を起こさないかどうか事前にチェックするデジタル組立シミュレーションが実施でき，飛行機製造で必須とされていた機体モックアップの製作が不要となりつつある．図 10.5 に航空機設計時での機体構造部品相互の干渉チェックの実行例を示す．

---

1) フランス，ダッソー・システムズ社．
2) アメリカ合衆国，パラメトリックテクノロジー社．
3) アメリカ合衆国，エレクトリック・データ・システムズ社．

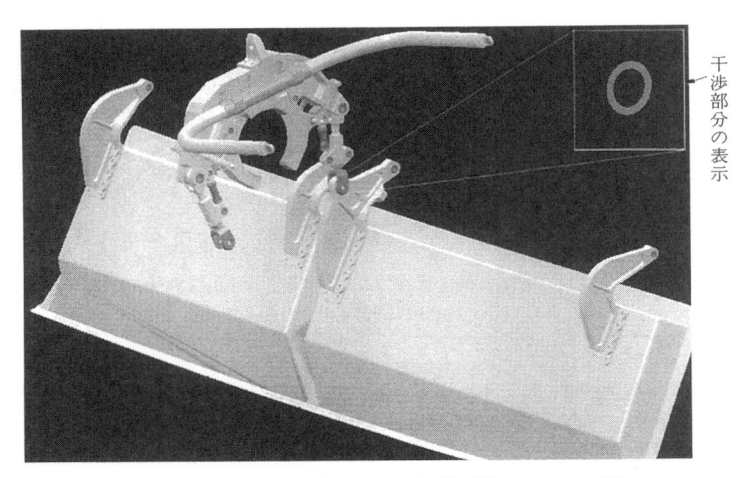

図 10.5 飛行機設計における部品干渉チェックの例

　飛行機設計で使用される3次元CADのその他の機能としては，機構設計（キネマティクス），配管・パイピング設計機能（パイピング）や，CAMに関連するロボットシミュレーション機能（ロボティクス）がある．

　また，飛行機における配線・結線図作成や電装設計に機体3次元構造データと関連付けた電装CAD（市販パッケージソフト：L-CABLE[1]）の利用例がある．

　最近では2次元，3次元のCADのほかに，設計業務に適応したCADが出現している．たとえば将来型CADである知識ルールベース型CAD（市販パッケージソフト：IMPACT[2]）は，さらに設計業務の効率化を推進するであろう．

(2) CAE

　CADによる形状モデルに基づいて，各種の工学解析や設計を行うことをCAEとよぶ．

　飛行機開発に関連して研究的要素が強く膨大なコンピュータリソースを必要とする数値解析，たとえばナビエ-ストークスの方程式の数値解法である**CFD**などが，スーパコンピュータやパラレルコンピュータの開発と進歩を促してき

---

1)　アメリカ合衆国，メンター・グラフィクス社．
2)　アメリカ合衆国，ICAD社．

た．一方，飛行機の設計・製造に直接かかわる解析は従来より汎用大型コンピュータによるバッチ処理で大規模に行われてきたが，最近の高性能 EWS や PC の発達によって分散処理化，オンライン化へと進化している．

飛行機開発に必要な特有のソフト（たとえば飛行性能計算，飛行性，など）は開発担当会社がノウハウとして自社で作り込み，稼動させている．なかでも空力計算や構造解析，強度計算については，自社作り込みでなく一般市販のパ

図 10.6 プロペラ後流中におかれたナセルと主翼まわりの流線と圧力分布

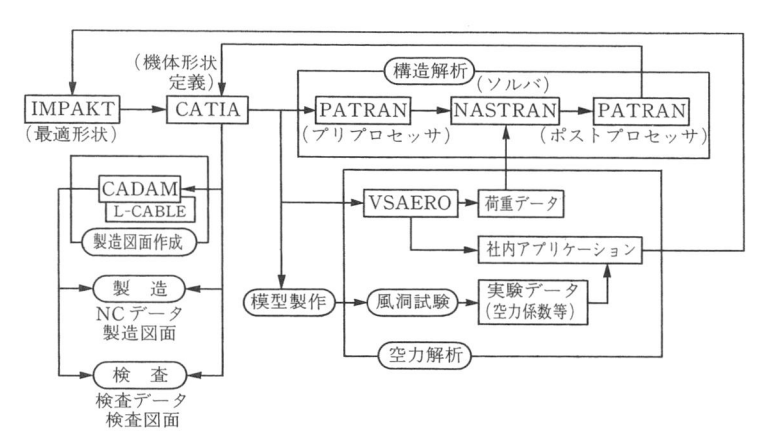

図 10.7 CAE システムの例

ッケージソフトの利用が盛んである.たとえば,EWSで実行可能な空力計算ソフトパッケージの「VSAERO」[1]は，ポテンシャル流の解析であるが，プロペラ後流を含んだ主翼3次元流れや，全機まわり流れ解析までも可能である．その計算の例を図10.6に示す．

各種の工学解析ソフトは，設計から機体形状や部品の技術情報を入力データとして共有することが重要で，そのためCADのデータベースと連携した工学解析システムの構築が必要となる．図10.7に3次元CAD「CATIA」による機体形状定義を共有入力データとし，著名な構造解析ソフト「MSC/NASTRAN」[2]と，その空力荷重を推算するための前述した空力計算ソフト「VSAERO」を中心とするCAEシステムの例を示す．

10.3 製造・検査におけるコンピュータ活用

(1) CAM

CAMはコンピュータによる生産の支援と訳されるが，支援のおもなものはNC工作機械用プログラムの出力である．このNCプログラム作成は，NC工作機械の開発と進歩に追従してコンピュータを利用した自動プログラミングシステムとして実用化されており，これがCAMの代名詞となるほどで，むしろCADより古い実績と歴史があるといえる．

自動プログラミングで有名なのが**APT**システムである．APTはAPT言語でパートプログラムを作成し，その中の図形定義と運動定義から工具（カッタ）の経路を決定し，その結果を**CLデータ**としてファイルする．CLデータは幾何学データである．これをNC工作機械ごとに異なるポストプロセッサで処理をして，NC工作機械を動かすNCプログラムをNCテープの形で紙テープやフロッピーディスクに出力させる．図10.8はNCプログラミングの流れを示したものである．

CAMもCAEと同様，設計からの技術情報である形状モデルを直接図形定義入力データとして，プリプロセッサを通じてNCプログラムを作成するポストプロセッサやソフトにつなげるシステム構築が一般的となってきている．CAMの適用事例として図10.9にCATIAデータからのNCデータの流れを示す．

---

1) アメリカ合衆国，AMI社.
2) アメリカ合衆国，MSC社.

10.3 製造・検査におけるコンピュータ活用　**177**

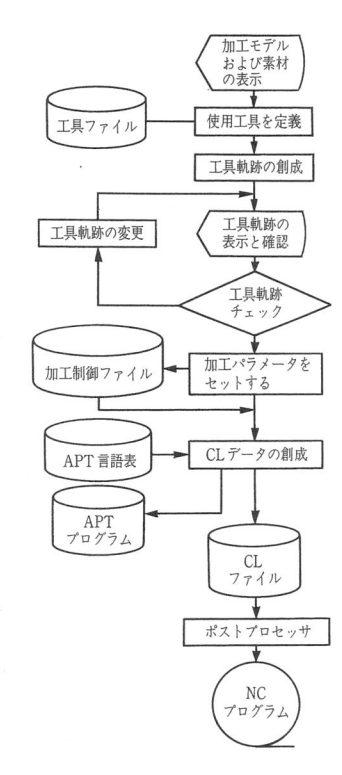

図 10.8　NC プログラミングの流れ

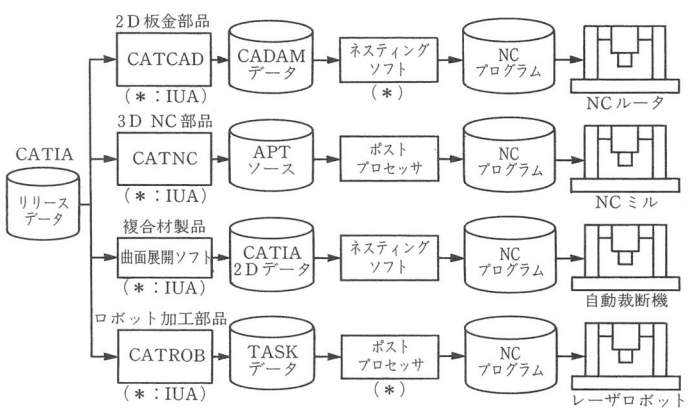

図 10.9　CATIA からの NC データの流れ（＊：自社開発システム　IUA：Interactive Utility Application）

（2） NC工作機械

現在の NC は **CNC** とも称され，広く製造業に普及している．飛行機製造には飛行機特有の NC 工作機械や組立機械があるが，使われている代表的な NC 工作機械，組立機械を表 10.1 に示す．

表 10.1 代表的な NC 工作機械

機 械 名 称	説　　　　明
NC Spar Mill （NC スパーミル）	翼の桁材など長尺品の削り出し加工
NC Profiler （NC プロファイラ）	長尺品や左右対象形状の大型部品の同時加工
NC Router （NC ルータ）	平板の切り出し
NC Honeycomb Mill （NC ハニカムミル）	ハニカムの曲面形状切削加工
NC Filament Winder （NC フィラメントワインダ）	カーボンファイバ，ガラスファイバおよびケブラによる巻付成形品の製作
NC Riveter （NC リベッタ）	自動打鋲機

（3） CAT

CAT はコンピュータ利用の検査を意味し，CNC 化された 3 次元測定機がその代表にあげられる．CAM と同様，技術情報である CAD からの部品形状データを得て，計測プローブを自動移動させ，複雑な NC 加工部品の形状・寸法を自動計測する．CAD データと比較して所定の寸法に製作されたか否かを高精度にチェックすることができる．

CATIA データからこの 3 次元測定機用検査データ作成の流れを図 10.10 に示す．同時に従来の検査方法ではあるが，切り出し板材などの寸法検査に使用

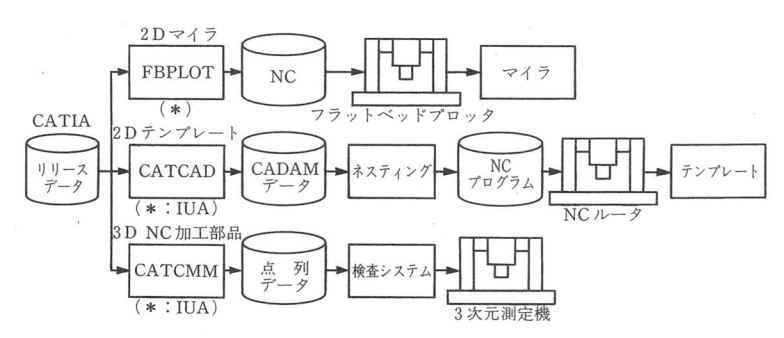

図 10.10 検査システムのためのデータ作成（＊：自社開発システム　IUA: Interactive Utility Application）

10.3 製造・検査におけるコンピュータ活用　**179**

するマイラーやテンプレートの作成への CATIA データの流れも示している．

（4） 飛 行 試 験

　飛行機開発では飛行安全と設計仕様を確認するために，初号機を試験機として飛行試験が実施される．試験機は **PCM** 計測装置を搭載し，飛行データを収集するとともにテレメタリング装置によって計測データを地上へ送信する．

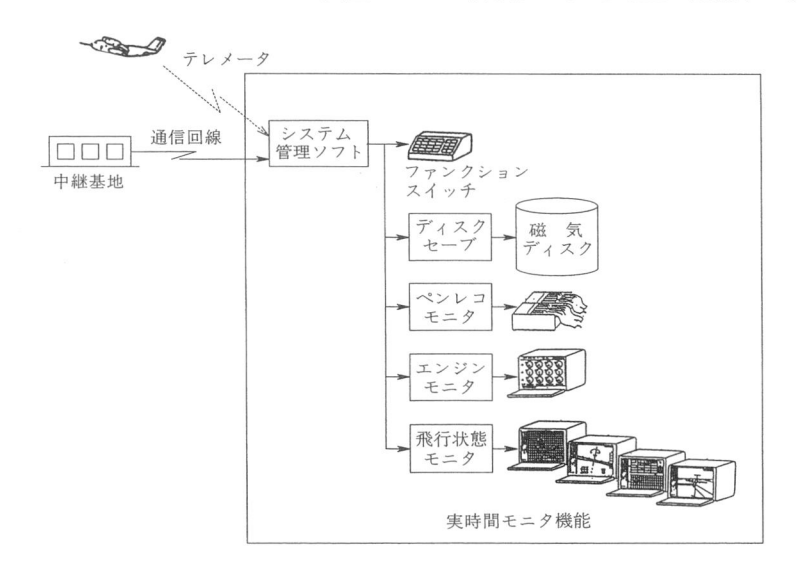

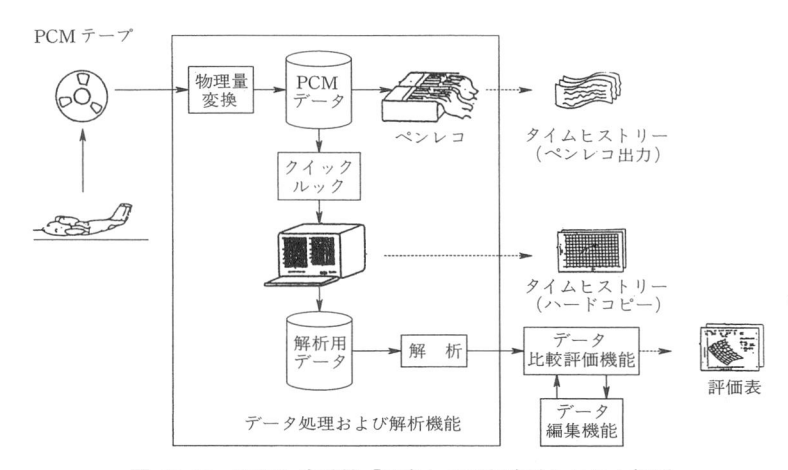

図 10.11　STOL 実験機「飛鳥」の飛行実験システム概要

180　10．飛行機の設計・製造におけるコンピュータ利用

　地上では，テレメタリングによって受け取った試験データを視覚化して，飛行安全を確認するとともに必要な解析をオンラインで実施することもある．

　試験機が帰投後，飛行中にレコーダに収録された大量の試験計測データをコンピュータデータに変換・編集し，地上の解析コンピュータシステムで解析し，次のフライトに備えるのである．

　使用される地上の解析コンピュータシステムでは，専用システムとして高性能ミニコンピュータが使用されているケースが多いが，最近のコンピュータハードウェアの発達をみると EWS でのシステム作りに障害はないといえる．

　代表的な飛行試験の地上解析システムの例として，1985 年〜1988 年に実施された航空宇宙技術研究所の STOL 実験機「飛鳥」の飛行実験システムを図 10.11 に示す．

（5）　飛行運用・管制

　航空機製造後の飛行試験以外に，無人機やロケットの場合にはその飛行安全確保と確実かつ効率的な飛行・運用を実現するために追跡・管制システムが構築される．ここに通常の航空機やロケットと比較して，気象条件がその飛行・運用に与える影響の大きい「飛行船」の追跡・管制システムの研究開発事例を示す．

　図 10.12 は，通信・放送機構（現 NICT）三鷹成層圏プラットフォームリサーチセンターが 1998 年から研究開発を進めてきた「成層圏プラットフォーム飛行船」用の統合型追跡管制システム（ITACS：Integrated Tracking And Control System）で，3 つのサブシステムを LAN で結合した構成をとっている[1]．

　風観測・予測システム（MEWS）は 12 個の CPU による並列計算機で構成され，まず気象庁からの GPV（Grid Point Value）データと MEWS 独自で観測した局地気象データに基づき，40 時間先までの局地気象予測データを計算する．飛行・運用シミュレータ（FLOPS）はこの予測気象データを取り込んで飛行船の飛行・運用シミュレーションを実行し，飛行経路を予測する．さらにその結果を元に，飛行船が安全にミッションを遂行できるかを評価して飛行計画が策定する．また FLOPS は，飛行船の離着陸時に地上の操縦者が手動で無線操縦できるように，CG による計器盤や外部視界画像を表示する機能を

---

1)　第 4 回成層圏プラットフォームワークショップ講演前刷集（2003）

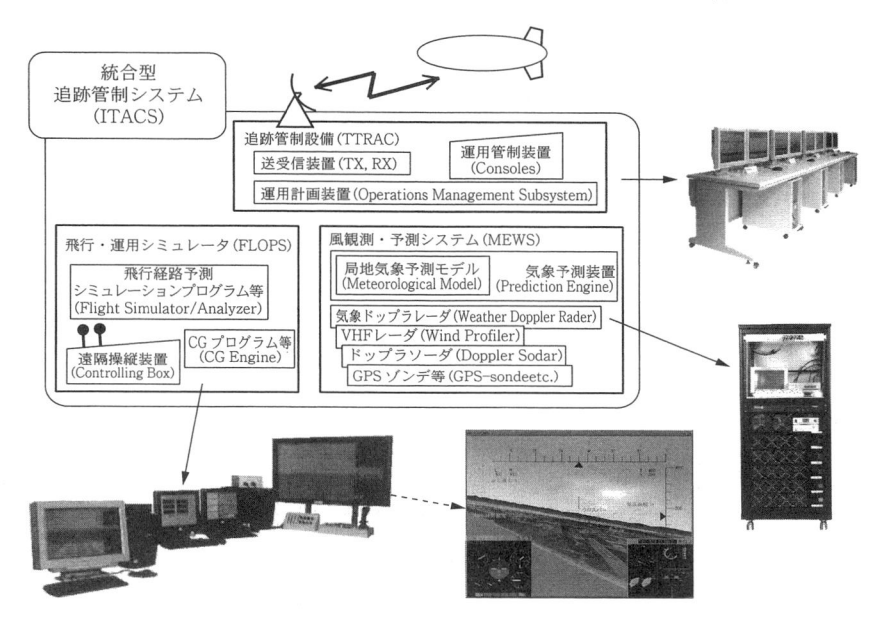

図 10.12 「成層圏プラットフォーム飛行船」用の追跡管制システム

もった遠隔操縦装置の機能をもっており，そのためコンピュータは CG 専用の高性能 EWS が使われている．追跡管制設備（TTRAC）は，飛行船とのテレメトリ・コマンド回線を構成する送受信装置や，運用者が使用する各種 PC，および各サブシステムを LAN で結合し，飛行計画や運用履歴を格納・配信する各種サーバで構成されている．飛行船とのテレメトリ・コマンド回線は S バンドを使用し，テレメトリは 100 kbps，コマンドは 10 kbps の通信容量を確保し，40 km を超える通信可能範囲と冗長性の配慮がなされている．この装置によって，運用や飛行試験の実行可否の判定とともに，実時間で飛行試験の安全モニターとデータ処理，評価を可能としている．

10.4 データ管理

(1) 生産管理システム

製造会社は技術情報や生産情報のデータの流れを制御し，生産活動を管理するためのデータ，すなわち管理情報をとりだして，製品の品質を保証するとともに生産の合理化と効率化を目指さなければならない．管理情報としては，製品品質に関する CAT で代表される検査データ以外に，時間に関連したスケジ

ュール・進捗データと，費用に関連した見積り・原価データがある．生産管理のために，各企業は独自のコンピュータシステムとソフトで対処してきたが，企業内の業務形態の見直しとしての **BPR** 活動に呼応して，ハードウェアのダウンサイジングと市販パッケージソフトへの切り換えを行うケースも少なくない．対応する統合生産管理あるいは統合業務パッケージとして著名なものに，BaaN[1]，R/3システム[2]，SYMIX[3] などがある．

（2） データ管理のしくみ

技術情報や生産情報の管理は，飛行機の安全確保に直結する形態管理にとって重要な要素である．設計変更があれば，必ずその変更情報は製造に反映されていなければならないし，逆に，機体の製造履歴（形態の変更）はすべて明確にされていることが必要である．そのため，これら情報は統合的に管理されていなければならない．

データ管理の手法を技術情報の一つである CAD 図面を例にとって，その具体例を示す．図 10.13 は，全体の流れを示したものである．

コンピュータシステムのハードディスクに，作成中の図面データを収録するワークエリアである Work File と，承認待ちの図面データを収納する Pre-Release File，そして承認済みの出図可能なデータを収納する Release File を設定，準備する．設計者は端末から CAD 図面を Work File に作成する（図 10.13 の①）．完成した図面は限られた設計者（点検・承認担当）以外は修正，

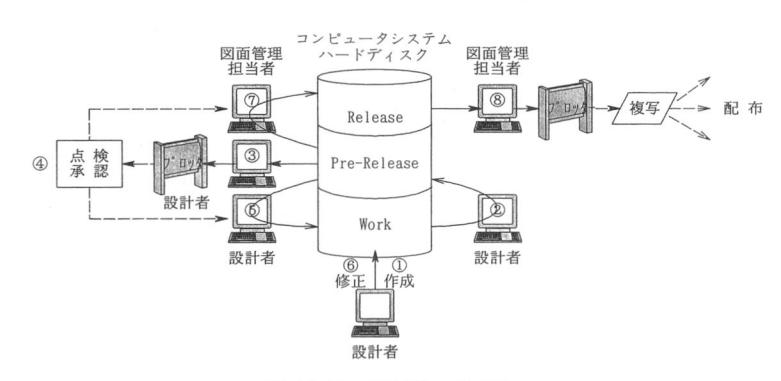

図 10.13 図面データの流れ

---

1) オランダ，バーン社．
2) ドイツ，サップ社．
3) アメリカ合衆国，サイミックス・コンピュータ・システムズ社．

書き込みが不可能な Pre-Release File へ転送する（②）とともに，設計者自身によってプロットアウトして承認手続きをとる（③）．Pre-Release File は下流工程の作業者が参照できる仕組みにしておけば，図面承認手続きを待たずに作業を先行できるので，作業期間の短縮に結びつく．

　図面の修正が必要で承認されていない場合，設計者は Pre-Release File から Work File へ該当図面データを移し（⑤），これに訂正・修正を加える（⑥）．

　図面が承認されると，設計者とは別に図面管理担当者が Pre-Release File から Release File へ図面データを移す（⑦）．Release File は一切データの修正ができないよう書き込み禁止をセットして関連部署の担当者が読み出しのみできる形として保管・管理する．さらに，図面管理担当者は図面配布指示にもとづいて Release File から図面データをプロッタに出力し（⑧），所定の部署に複写配布する．

　そこで，ファイルの種類と各担当者のファイルアクセスの特権は，表 10.2 のように決めることができ，これを設計手順の規準としておくことにより，正しい図面の配布がつねに管理できる．

表 10.2 図面データファイルのアクセス権限

File の種類	ファイルアクセス特権		
	設　計　者	下流工程作業者	図面管理担当者
Work	read/write	な　し	な　し
Pre-Release	read/write* read	read	read
Release	read	read	read/write

read：読み出しのみ可能，write：書き込み，修正可能，＊：点検・承認担当者のみ

（3）　データ交換，標準化

　最近の飛行機開発は，開発から生産までのすべてを企業1社で担当することが不可能になってきている．アメリカ合衆国ボーイング社の B 777 型機の開発においても，世界で数社がその共同開発に関与し，生産を分担している．そのためには的確でスピーディーな情報のやりとりが必要で，適切な情報通信手段の設置と整備が重要課題である．図 10.14 は B 777 機の共同開発時，共同開発相手と日本の複数の航空機メーカとの通信ネットワークを示したものであるが，データのセキュリティー確保のために専用回線を使用している．

184 10. 飛行機の設計・製造におけるコンピュータ利用

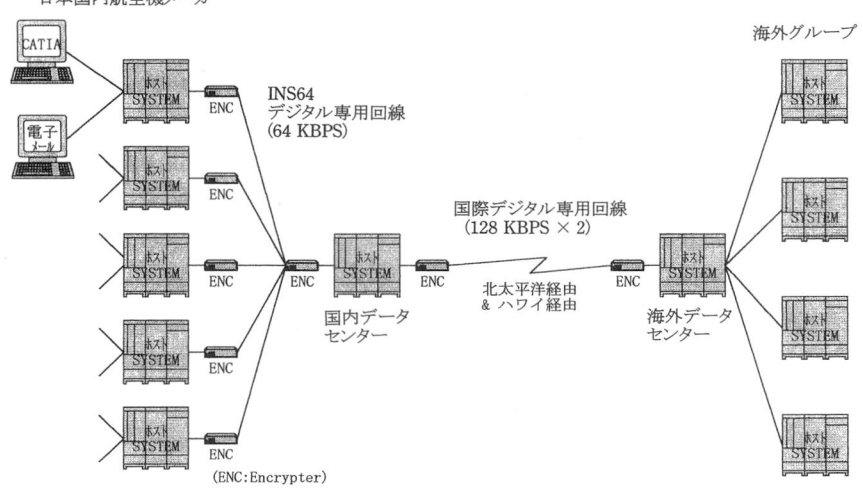

図 10.14 国際共同開発での通信ネットワーク

　また，データのやりとりのためには，その標準化が重要である．技術情報のCADデータや部品表データについては，**IGES** や **STEP** の規格があり，異なるCADシステム間でデータのやりとりを可能としている．

　企業内においてはこのような国際的な情報通信の進歩に対し，取り扱うデジタル情報をすばやく社内に伝達し対応するためにも，情報システムの革新，すなわち電子メールの採用やインターネット，イントラネットの利用，ワークフローシステムの構築など，社内外情報通信ネットワークの整備を中核とする**SIS**の構築が図られている．

（4） CIM から CALS，PLM へ

　航空機製造に限らず，各製造業はコンピュータを使用して，設計・製造データをデジタル化することにより，CIM（Computer Intergrated Manufacturing）化を目指して製造コストの削減に奮闘してきたわけであるが，大きな流れとして1986年頃からCALS（Computer Aided Logistic Support）が叫ばれ，1994年頃からは"Commerce At Light Speed"というビジネスアプローチとなって，図10.15に示すように製造業界に影響を及ぼした．日本の航空機製造業界においても（社）航空宇宙工業会が中心となって，Boeing 777旅客機開発での経験を生かし，1996年から2年間にわたり「航空機CALS実証実

10.4 データ管理

PDM：Product Data Management

EDMS：Engineering Document Management System

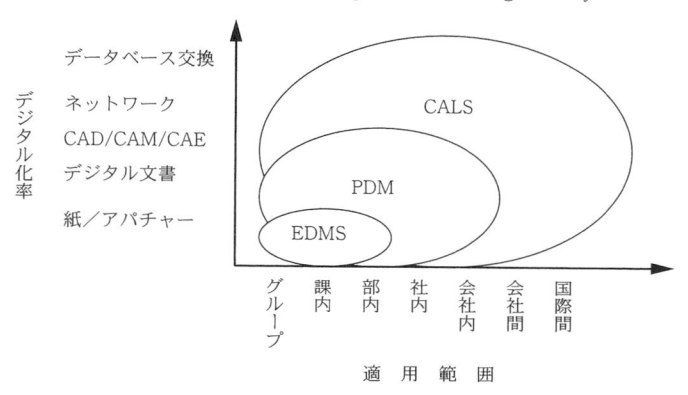

図 10.15 CALS の概念

験」を行い，組立シミュレーション，分散データの統合管理，技術文書の作成・管理でその効果を確認した．さらに CALS の目的であるライフサイクルコストの削減を目指し，1999 年から 2 年間，通産省（現在の経済産業省）の支援を得て「防衛調達 CALS」の開発と実証実験を行い，設計段階や製造，後方支援の各段階での CALS の実現化を進めてきた．

最近では，PLM（Product Lifecycle Management）というプロセスアプローチの概念が広まってきている．工程設計，製造工程の分野までもデジタル化してさらに生産の高効率化を図ろうとしており，製造ライフサイクルシミュレーションが可能なソリューション（ソフトウェア）も市販されてきている．

11. 宇宙飛行

　前章までは，航空宇宙工学の一般的事項と基本原理を述べた後，飛行機の性能，飛行性，計測・制御と航法，構造と強度および設計・製造におけるコンピュータの利用について述べた．

　この章では，宇宙工学分野に関して，人工衛星などの宇宙機の飛行に関連して，ロケットの性能と飛行，人工衛星の運動と軌道，および宇宙の利用について述べる．

11.1 ロケットの性能

　図11.1のようにロケットは燃焼ガスを噴出し，その反作用によって推力を発生する（5.8節参照）．まず，簡単のために，ロケットが無重力で真空中を飛行する場合を考えて，ロケットの運動方程式を誘導する．

(a) 時刻 t

(b) 時刻 $t + \Delta t$

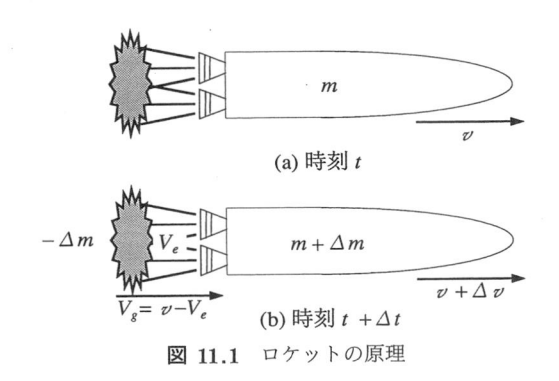

図 11.1　ロケットの原理

表 11.1　質量と速度の変化

時　刻	ロケット本体		排出プロペラント	
	質　量	速　度	質　量	速　度
t	m	v	$-\Delta m$	$V_g = v - V_e$
$t + \Delta t$	$m + \Delta m$	$v + \Delta v$		

11.1 ロケットの性能

時刻 t におけるロケットの質量を m，速度を v とする．また，時刻 t から $t+\Delta t$ の間にロケットから排出されるプロペラントの質量を $-\Delta m$，排出プロペラントの**排出速度**を V_e とする．

時刻 t から $t+\Delta t$ におけるロケットの質量と速度の変化（表 11.1 参照）に対して，ニュートンの運動量保存則を適用すると，次の関係が成り立つ．

$$(m+\Delta m)(v+\Delta v) - \Delta m(v - V_e) - mv = 0 \tag{11.1}$$

式 (11.1) の両辺を Δt で割り，Δt を無限小にとると Δm，Δv も無限小となり，次の微分方程式が得られる．

$$m\frac{dv}{dt} + V_e\frac{dm}{dt} = 0$$

$$\therefore \quad m\frac{dv}{dt} = -V_e\frac{dm}{dt} \equiv \beta V_e \tag{11.2}$$

ここで，$\beta \equiv -dm/dt$ は，単位時間（毎秒）に減少するロケットの質量であり，それは単位時間に排出されるプロペラントの質量すなわち**排出質量流量**に等しい．式 (11.2) は，ロケットの基本式であり，**チオルコフスキーの公式**とよばれている．したがって，ロケットの発生する推力 F は次のように与えられる．

$$F = \beta V_e = -V_e\frac{dm}{dt} \tag{11.3}$$

また，単位時間に排出されるプロペラントの重量は，標準重力加速度を $g_0(=9.807 \text{ m/s}^2)$ とすると

$$G_p = -g_0\dot{m} = g_0\beta \tag{11.4}$$

で与えられる．

SI 単位系では，ロケットの性能を表す指標として，プロペラントの排出質量流量 $(-\dot{m})$ で発生する推力 F を除した**比推力**が用いられる（5.8 節参照）．すなわち

$$I_s = \frac{F}{|\dot{m}|} = V_e \quad [\text{m/s}] \tag{11.5}$$

なお，工学上慣用されている比推力は，これとは異なり重力単位を用いて，発生される推力を単位時間に排出されるプロペラントの重量，すなわち排出重量流量で割った量として定義する．すなわち

$$I_{sp} = \frac{F}{-g_0\dot{m}} = \frac{F}{G_p} = \frac{V_e}{g_0} \quad [\text{s}] \tag{11.5 a}$$

比推力 I_{sp} はプロペラントの性能を比較するときに最も重要な量であって，

図 11.2 1段ロケット

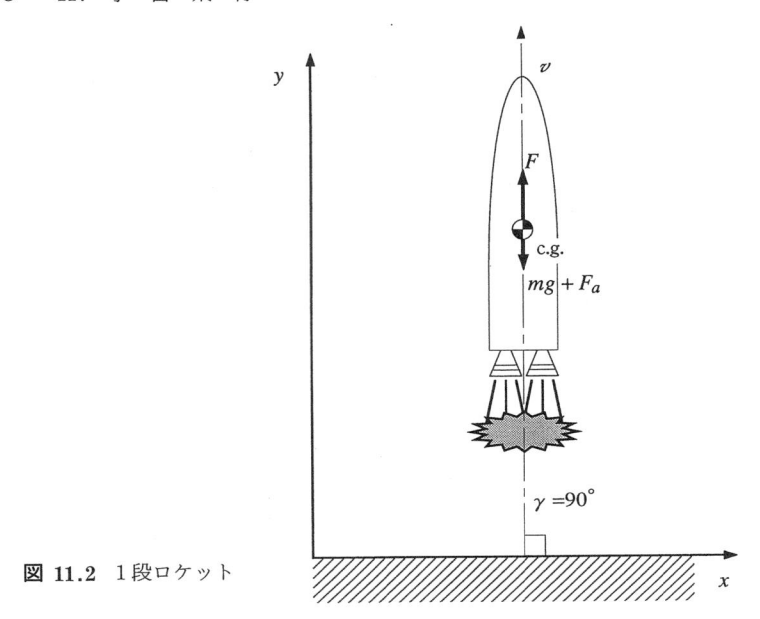

単位は上記のように秒である．つまり，重量1 kgfのプロペラントを排出して1 kgfの推力を何秒発生できるかを示したものである．代表的なプロペラントの比推力は，5.8節の表5.1, 5.3, 5.4に与えられている．

次に，図11.2のような垂直飛行中の1段ロケットを考える．ロケットの運動方程式は次のように表すことができる．

$$m\frac{dv}{dt} = F - F_a - mg \tag{11.6}$$

ただし，F は推力，F_a は空気力，g は実際の重力加速度を表す．

空気力 F_a を無視すると，推力は式(11.3)で与えられるから，式(11.6)は次のように書ける．

$$dv = -g_0 I_{sp} \frac{dm}{m} - g dt \tag{11.7}$$

式(11.7)を初期時刻0から時刻 t まで積分すると，次のようになる．

$$v - v_0 = g_0 I_{sp} \ln \frac{m_0}{m} - gt \tag{11.8}$$

ただし，m_0, v_0 は初期時刻0における質量および速度，m, v は時刻 t における質量および速度である．

表 11.2 各時刻における質量と速度の表示

時　刻	0	t	t_f
質　量	m_0	m	m_f
速　度	v_0	v	v_f

　燃焼終了時刻 $t=t_f$ における質量を m_f とすると，t_f での速度 v_f は次式で与えられる．

$$v_f = v_0 + g_0 I_{sp} \ln \frac{m_0}{m_f} - g t_f$$
$$= v_0 + g_0 I_{sp} \ln \mu - g t_f \tag{11.9}$$

ただし，μ は $\mu \equiv m_0/m_f$ であり，通常，**質量比**とよばれる．なお，表 11.2 に各時刻における質量と速度の表示を整理して示している．

　ここで，時刻 t_f で速度 v_f となるために必要なプロペラントの質量について考える．初期質量 m_0 と最終質量 m_f との差が消費されたプロペラントの質量 m_b に等しい．すなわち，$m_0 - m_f = m_b$．したがって，式 (11.9) より，プロペラントの質量 m_b を計算すると次のようになる．

$$m_b = m_0 \left[1 - \exp\left(-\frac{v_f - v_0 + g t_f}{g_0 I_{sp}} \right) \right] \tag{11.10}$$

　式 (11.9) より，ロケットの到達できる速度は，燃焼開始時のロケットの質量 m_0 とすべてのプロペラントを消費した後のロケットの質量 m_f との質量比 $\mu = m_0/m_f$ でその最大値が決まることがわかる．したがって，ロケットの最大速度を上げるためには，質量比を大きくして，比推力の大きいプロペラントを用いなくてはならない．質量比 μ を 3〜5 とすると，$\ln(m_0/m_f)$ は 1.1〜1.6 となる．したがって，比推力 I_{sp} が 450 秒であれば，1 段ロケットで得られる速度は 7 km/s 程度となる．この値は，人工衛星となるべき後述の第一宇宙速度 7.91 km/s よりも小さい．したがって，人工衛星を打ち上げるためには，次に述べる 2 段，3 段などの多段ロケットが必要となる．

　なお，ロケットの構造上の特性を示す指標としては，上記の質量比のほかに次のものが用いられる．人工衛星などの**ペイロード**の質量を M，プロペラント質量を m_b，プロペラントを除く構造質量を m_d とすると，燃焼開始時および燃焼終了時の質量 m_0，m_f との間には，$m_0 = M + m_b + m_d$，$m_f = M + m_d$ の関係がある．このとき，プロペラントの質量とペイロードを除くロケットの

初期質量との比 $\{m_b/(m_b+m_d)\}$ を**プロペラント質量比**あるいは**構造効率**とよぶ．さらに，ペイロードを除くロケットの全質量に対する構造部分の質量の比 $\{m_d/(m_b+m_d)\}$ を**構造質量比**あるいは**構造係数**とよぶ．また，ペイロード質量と初期質量との比 (M/m_0) を**ペイロード比**とよぶ．

11.2 多段ロケット

多段ロケットは，プロペラントを消費していくにつれて，不用になったタンク，エンジンなどの構造部を順次に捨て去り，重さを軽くしながら，ロケットをだんだん小さいエンジンで加速する方法である．

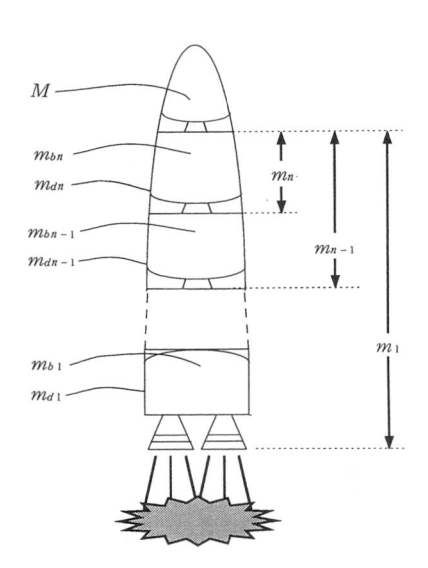

図 11.3 多段ロケット

通常，ロケットの段数は最基部すなわち最初に燃焼するロケットから順に1段，2段，…，n 段と数える．ここでは，図11.3のような n 段ロケットを考える．そして，ロケットの最終段の上に搭載される人工衛星本体などのペイロード質量を M とする．最終段（n 段）の全質量を m_n，そのうちプロペラントの質量を m_{bn}，プロペラントを除くロケットの構造質量を m_{dn} とすると，次の関係が得られる．

$$m_n = m_{bn} + m_{dn} \tag{11.11}$$

同様に，1段前の $(n-1)$ 段より上の段のロケットの全質量を m_{n-1}，$(n-1)$

段のプロペラント質量を $m_{b_{n-1}}$，構造質量を $m_{d_{n-1}}$ とする．その他の段についても同様の記号を用いることにすると，$(n-i)$ 段から n 段までのロケットの全質量 m_{n-i} は

$$m_{n-i} = m_{n-i+1} + m_{b_{n-i}} + m_{d_{n-i}} \quad (i=0, 1, \cdots, n-1)$$

と書ける．また，$m_{n+1}=0$ であり，ペイロードを含めた全体の質量は $m_0 = m_1 + M$ である．

いま，各段におけるプロペラントの燃焼前後のロケットの質量比を考えると次のようになる．

$$\left.\begin{aligned}
\mu_n &= \frac{M+m_n}{M+m_n-m_{b_n}} = \frac{M+m_{b_n}+m_{d_n}}{M+m_{d_n}} \\
\mu_{n-1} &= \frac{M+m_{n-1}}{M+m_{n-1}-m_{b_{n-1}}} = \frac{M+m_n+m_{b_{n-1}}+m_{d_{n-1}}}{M+m_n+m_{d_{n-1}}} \\
&\vdots \\
\mu_1 &= \frac{M+m_1}{M+m_1-m_{b_1}} = \frac{M+m_2+m_{b_1}+m_{d_1}}{M+m_2+m_{d_1}}
\end{aligned}\right\} \quad (11.12)$$

ロケットのプロペラントがすべて燃焼した時刻 t_f の最終速度を v_f とすると，式 (11.9) から，次のようになる．

$$v_f = v_0 + \sum_{i=1}^{n} g_0 I_{sp_i} \ln \mu_i - g t_f \tag{11.13}$$

もし，比推力 I_{sp_i} がすべてひとしく I_{sp} である場合には，**相当質量比** μ_R を次のように定義できる．

$$\mu_R = \mu_1 \mu_2 \cdots \mu_n = \prod_{i=1}^{n} \mu_i \tag{11.14}$$

また，最終速度 v_f は次のようになる．

$$v_f = v_0 + g_0 I_{sp} \ln \mu_R - g t_f \tag{11.15}$$

ここで，ある段までの全質量と，その次の段までの全質量の比

$$\pi_i = \frac{M+m_{i+1}}{M+m_i} \quad (i=1, 2, \cdots, n) \tag{11.16}$$

を考える．上段の質量をロケットのミッションを達成するためのペイロードと考えて，π_i を**ペイロード比**とよぶ．

次に，各段ごとのペイロード質量を除いた全質量とその構造質量との比

$$\varepsilon_i = \frac{m_{d_i}}{m_{d_i} + m_{b_i}} \quad (i=1, 2, \cdots, n) \tag{11.17}$$

を考える．ε_i は構造の軽さの指標を与えるもので，前述のように**構造質量比**

あるいは**構造係数**とよばれるものである．

さらに，式 (11.12)，(11.16) および (11.17) から，質量比 μ_i，ペイロード比 π_i および構造質量比 ε_i の間には，次の関係が成り立つ．

$$\pi_i = \frac{\mu_i \varepsilon_i - 1}{\mu_i (\varepsilon_i - 1)} \tag{11.18}$$

11.3　人工衛星の軌道

多段ロケットを利用することによって，ロケットの最上段に搭載されたペイロード質量は，大気圏外の高い高度に達することができ，また，その飛行経路を水平にさせたときに十分な速度に達すると，人工衛星となって地球のまわりを飛び続けることができる．図 11.4 は，H-II ロケットによる人工衛星の打ち上げのシーケンスを示したものである．人工衛星となった場合，飛行体を支配する運動法則は，太陽のまわりを周回している地球や火星，金星などの惑星，またその惑星のまわりをめぐって運動する月のような衛星を支配するものと同じである．すなわち，飛行体は星の仲間入りをすることになる．

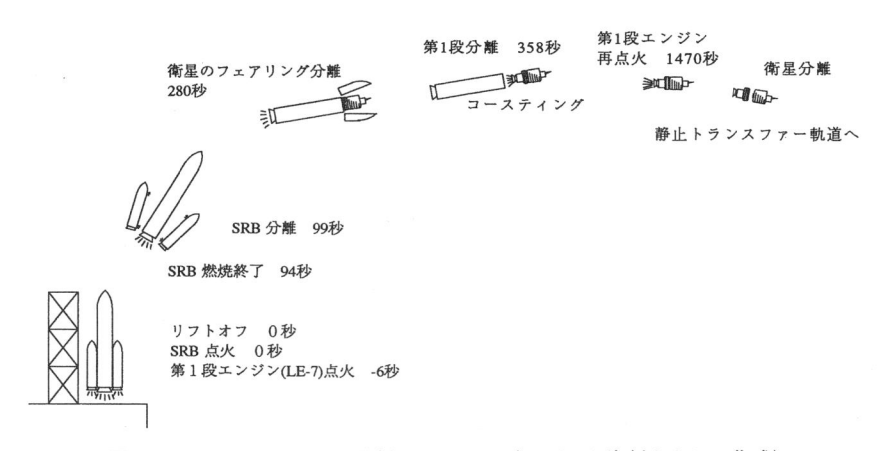

図 11.4　H-II ロケットの飛行シーケンス（NASDA 資料をもとに作成）

これらの惑星の運動は，**ケプラー**によって次の3法則にまとめられた．すなわち

（1）各惑星の軌道は，太陽を一つの焦点とする長円である〔図 11.5(a)〕．
（2）惑星と太陽を結ぶ線，すなわち動径は同一時間に同一の面積を描いて

11.3 人工衛星の軌道

図中:
- (a) 長円法則 — 惑星/太陽(焦点)
- (b) 面積法則 — $A = B$, 遅い/速い
- (c) 調和法則 — a=長半径, $P^2 = ka^3$, P=公転周期, k=比例定数

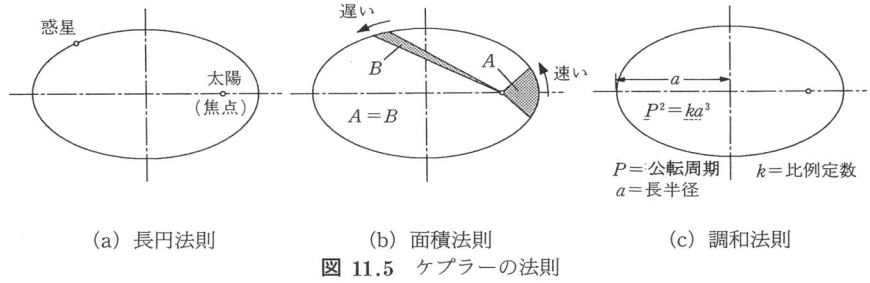

図 11.5 ケプラーの法則

進む〔図 11.5(b)〕．この法則を面積法則とよぶ．

（3） 惑星の公転周期の 2 乗は，軌道の長半径の 3 乗に比例する〔図 11.5(c)〕．この法則を調和法則とよぶ．

この法則は後にニュートンによって，力学の 3 法則と万有引力の法則とから，導き出せることが示された．ただし，ケプラーの法則は，宇宙空間の中にただ二つだけの天体が存在しているものとして，運動方程式を解くことによって得られるものである．軌道は一般には 2 次曲線（円錐曲線）で，長円だけでなく，円，放物線，双曲線にもなりうる．また，第 3 の法則は太陽系のような主星の質量が圧倒的に大きいときにだけ近似的に成り立つものである．ちなみに，太陽の質量は太陽系全体の星の質量総和の 99% である．

一般に人工衛星は，地球表面に比較的近い所を運動するので，月とか太陽のような地球以外の天体の引力は，地球の引力に比べてきわめて小さい．そこで，人工衛星がひとたび軌道に投入されると，その後は地球だけが存在するとしたときの運動法則に近似的に従い，地球の中心を焦点とする長円軌道に沿って運動を続ける．

まず簡単のために，人工衛星が真円軌道を描いて地球を周回する場合を考える．重力が周回運動の遠心力とつり合っているとすると，次の関係が成り立つ．

$$W = mg = m\omega^2 r = m\frac{v^2}{r} \tag{11.19}$$

ただし，W は人工衛星の重量，m はその質量，r は円軌道の半径，ω は周回の角速度，v は線速度を表す．

人工衛星が円運動する場合には，式 (11.19) より，次の関係が成り立つ．

$$g = \frac{v^2}{r} \tag{11.20}$$

次に，地球表面から飛行高度 h にある人工衛星の重力を考える．物体に働く重力 $W=mg$ は，地球とその物体との間に生じる引力であって，万有引力の法則に従い，地球の中心とその物体の間の距離の2乗に反比例する．重力による加速度を g とし，地球表面上の値には，添字 0 をつけて表すことにすると，次の関係が成り立つ．

$$\frac{W}{W_0}=\frac{mg}{mg_0}=\left(\frac{R_E}{r}\right)^2=\left(\frac{R_E}{R_E+h}\right)^2$$

すなわち

$$g=g_0\left(\frac{R_E}{R_E+h}\right)^2 \tag{11.21}$$

ただし，R_E は地球の中心から地球表面までの距離，すなわち地球の半径である．

式 (11.20)，(11.21) から**円軌道速度** v_{sat} を求めると次のようになる．

$$g_0\left(\frac{R_E}{R_E+h}\right)^2=\frac{v_{\text{sat}}^2}{R_E+h}$$

$$v_{\text{sat}}=\sqrt{g_0 R_E \frac{R_E}{R_E+h}} \tag{11.22}$$

式 (11.22) で与えられる v_{sat} を，通常，軌道速度とよんでいる．地上に近い人工衛星では，$R_E \gg h$ と考えてよいので，$h=0$ とおくと次のようになる．

$$_0v_{\text{sat}} \fallingdotseq \sqrt{g_0 R_E} \tag{11.23}$$

ここで，$g_0 \fallingdotseq 9.8\,\text{m/s}^2=0.0098\,\text{km/s}^2$，$R_E=6378\,\text{km}$ を代入すると

$$_0v_{\text{sat}}=\sqrt{0.0098\times 6378}=7.91\,\text{km/s}$$

となる．この速度は，地表面上を周回する人工衛星の速度であり，**第一宇宙速度**とよばれる．

式 (11.22) から，人工衛星の飛行高度が高くなるほど，その速度が遅くなることがわかる．人工衛星が地球をちょうど1周する時間，すなわち**公転周期**を T とすると，Tv_{sat} は円軌道の周の長さに等しいから，次のように表せる．

$$Tv_{\text{sat}}=2\pi(R_E+h) \tag{11.24}$$

これに式 (11.22) の v_{sat} を代入すると，**公転周期**は次のようになる．

$$T=2\pi\frac{R_E+h}{R_E}\sqrt{\frac{R_E+h}{g_0}} \tag{11.25}$$

いろいろな高度で円軌道を描く人工衛星の速度と公転周期を示すと表 11.3 のようになる．

11.3 人工衛星の軌道

表 11.3 人工衛星の速度と公転周期（円軌道）

地表高度 [km]	速度 [km/s]	公転周期	備考
0	7.91	84 min	第一宇宙速度
200	7.79	88 min	
600	7.56	96 min	
900	7.40	102 min	
1 200	7.26	110 min	
1 500	7.11	116 min	
35 800	3.08	24 h	ひまわり

いま，$T=24$ 時間として，h を計算すると，$h=35\,800$ km となり，このときの速度は $v_{sat}=3.08$ km/s になる．この高度と速度で，赤道上空を西から東へ飛ぶ人工衛星は，地球の自転と一致するために，天空の一定点に固定して見える．このような**静止衛星**は世界各国間のテレビや電話の中継など種々の目的に使用できる．

高度 h から地球の重力圏を脱出するには，h の位置でもっている物体の運動のエネルギーが，h から無限大の所までの重力場におけるポテンシャルエネルギーに等しければよい．すなわち

$$\frac{1}{2}mv^2 = \int_h^\infty mg\,dh \tag{11.26}$$

この式の g に式 (11.21) を代入して，積分すると次のようになる．

$$\frac{1}{2}mv^2 = mg_0 R_E \frac{R_E}{R_E+h} \tag{11.27}$$

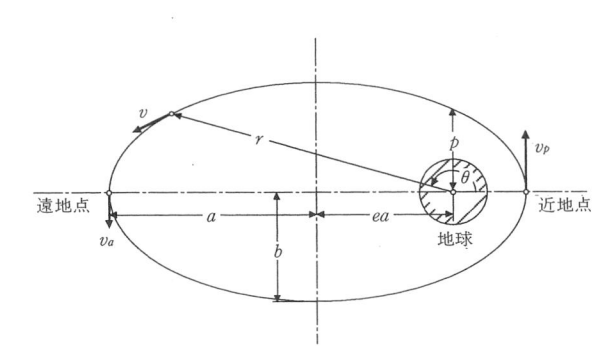

a：長半径，e：離心率
$b=a\sqrt{1-e^2}$：短半径，$p=a(1-e^2)$：半直弦

図 11.6 長円軌道の極座標表示

この関係から得られる速度を**脱出速度** v_{esc} という．すなわち

$$v_{esc} = \sqrt{2g_0 R_E \frac{R_E}{R_E+h}} = \sqrt{2}\, v_{sat} \tag{11.28}$$

これより脱出速度は円軌道速度の $\sqrt{2}=1.414$ 倍になっていることがわかる．

$h=0$，すなわち地球表面上における脱出速度 $_0v_{esc}$ は次の値になる．

$$_0v_{esc} = \sqrt{2g_0 R_E} = 11.2 \text{ km/s}$$

これは，地球の引力圏を脱出し，人工惑星となるために地表面上で宇宙機がもつべき最小速度であり，**第二宇宙速度**とよばれる．

上記のような軌道は特殊な場合であって，一般に人工衛星は図 11.6 のような長円軌道を描き，その速度および軌道を極座標で表すと次のように与えられる．

$$v = \sqrt{g_0 R_E^2 \left(\frac{2}{r} - \frac{1}{a}\right)}, \quad r = \frac{a(1-e^2)}{1+e\cos\theta} \tag{11.29}$$

ただし，a，e は長半径および離心率であり，r は動径，θ は近地点から測った角度である．

この公式から，人工衛星が地球にいちばん接近する点すなわち**近地点** $\theta=0$，$r=(1-e)a$ で，速度が最大値 v_p となる．すなわち

$$v_p = \sqrt{\frac{g_0 R_E^2}{a} \frac{1+e}{1-e}} \tag{11.30}$$

また，地球からいちばん遠くなる点すなわち**遠地点** $\theta=\pi$，$r=(1+e)a$ で，速度が最小値 v_a になる．すなわち

$$v_a = \sqrt{\frac{g_0 R_E^2}{a} \frac{1-e}{1+e}} \tag{11.31}$$

いま，ある高度で水平に人工衛星を打ち出し，その速度 v_p を円軌道速度と，

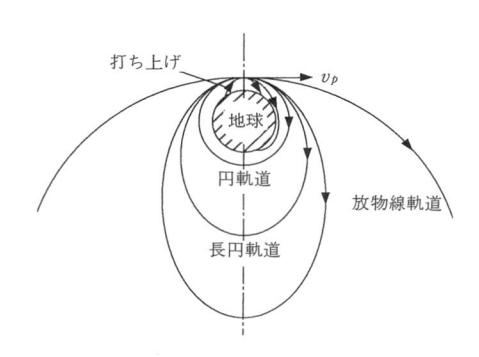

図 11.7 人工衛星の軌道

脱出速度の間の値にすると，図 11.7 のように，水平に発射した点を近地点とする長円軌道を描き，その長軸の長さが v_p に応じて決まる．そして v_p が脱出速度に近づくほど，長半径 a が大きくなる．また，v_p を円軌道速度以下にすると，地球の反対側で近地点になるような長円軌道になるが，この軌道が地表面に交わるときは，その交点が落下点となる．これを**弾道軌道**という．宇宙船を地上へ回収するときは，近地点付近で逆ロケットを噴射して速度を落とし，弾道軌道に沿って大気層に近づく．脱出速度で地球の引力圏を飛び出すと，放物線軌道を描いて，無限遠方まで飛び続けるはずであるが，これは宇宙に地球だけがあるとしたときのことで，地球から約 93 万 km（11.6(2)参照）に達すると，こんどは太陽の引力が圧倒的となり，太陽を焦点とする長円軌道に乗り移り，**人工惑星**となる．そして，その軌道は，宇宙機が地球を遠く離れたときの地球との相対速度と地球の太陽に対する公転速度の 29.78 km/s との和によって決まる．この和が 42 km/s になると，人工惑星は太陽を焦点とする放物線軌道を描き，太陽系を脱出できる．この速度を**第三宇宙速度**という．

11.4 地球から見た人工衛星の運動

人工衛星を打ち上げて，一つの軌道に乗せたとき，その刻々の空間における位置や，地球上空の位置を表すための手段が必要になる．そのために，図 11.8 に示す次の六つの軌道要素が用いられる．

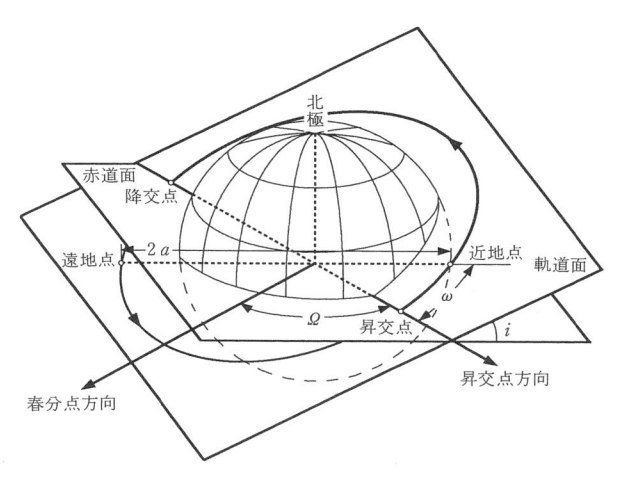

図 11.8 軌道要素

198 11. 宇宙飛行

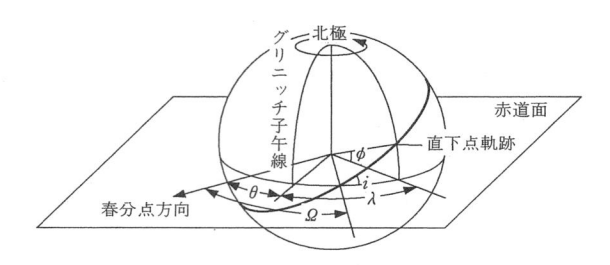

図 11.9 人工衛星の直下点の経度 (λ) と緯度 (θ)

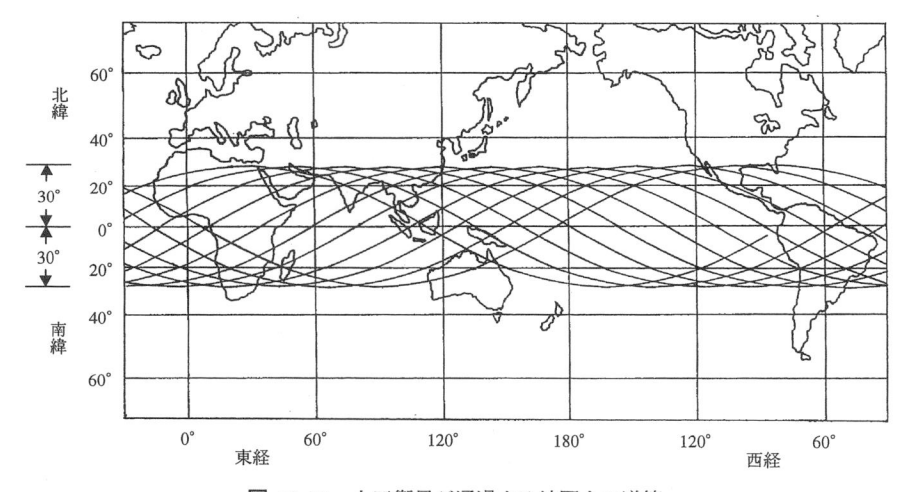

図 11.10 人工衛星が通過する地図上の道筋

昇交点経度　Ω　　　軌道傾斜角　i
近地点引数　ω　　　長半径　a
離心率　　　e　　　　　近地点通過時刻　t_0

このうち，最初の昇交点経度 Ω と軌道傾斜角 i の二つが与えられると，軌道面が空間の中で決まる．衛星はこの平面の中で，地球の中心を焦点とする長半径 a，離心率 e の長円を描くが，その長軸の向きを決めるのが近地点引数 ω である．これで軌道の形と位置は決められるが，ある時刻に人工衛星が軌道上のどこを飛行しているかを指定するために，最後の近地点通過時刻 t_0 が必要である．この時刻が与えられると，ケプラーの式を用いて，任意の時刻における人工衛星の位置を計算することができる．

次に，ある時刻に人工衛星の直下点が自転する地球のどこにあるかを求める

には，図11.9に示すように，同じ時刻に地球上の経度を測る原点であるグリニッチ子午線の方向が，天の春分点となす角度 θ をたとえば理科年表のような天体暦から求める．これを用いて，求める時刻の昇交点の位置を算出して，地球に固定した座標系に対する軌道面の位置と，先に求めた軌道面上での人工衛星の極座標とを組み合わせて，地表面上の直下点の経度 λ と緯度 φ を計算することができる．

このようにして，刻々人工衛星の通過する地点を求めて，1日の間に人工衛星が飛ぶ道筋を世界地図の上に記入したのが図11.10である．一般に，軌道傾斜角 i が 30° であれば，人工衛星は北緯 30° と南緯 30° の間の上空しか飛ばないことが示されている．

11.5 再突入の問題

人工衛星などが，宇宙の真空中をどんな高速飛行をしても，それによって空力上の問題は起こらない．また，ロケットを地上から打ち上げるときには，濃厚な空気のある大気層の下部では，低速から徐々に加速していくから，この場合もあまり問題にならない．しかし，人工衛星を宇宙から地表に回収するときには，超高速で大気層へ突入してくるので，空気の圧縮および摩擦熱のために飛行体が高温に加熱される．このような現象を**空力加熱**という．これを防ぐた

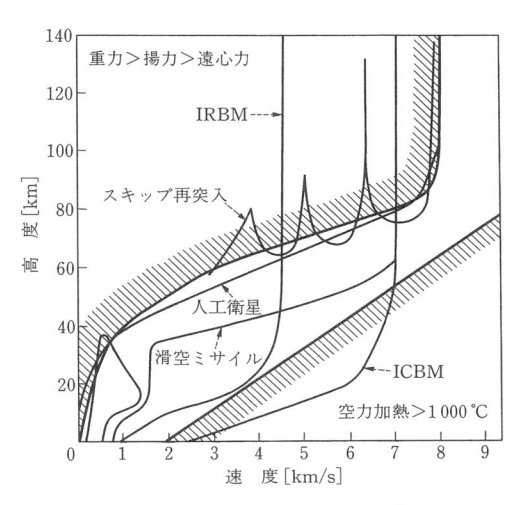

図 11.11 連続飛行できる回廊

表 11.4　超高空飛行体の経路と空力加熱

飛行体の種類	高度[km]	マッハ数	飛行経路角[度]	空力加熱効果[kW/m²]	時間
IRBM	60	15	38	8 000	15 s
ICBM	60	23	23	30 000	15 s
滑空ミサイル	37	5〜10	0 に近い	50	0.5〜2 h
人工衛星	76	20	0〜10	1 000〜10 000	2〜5 min

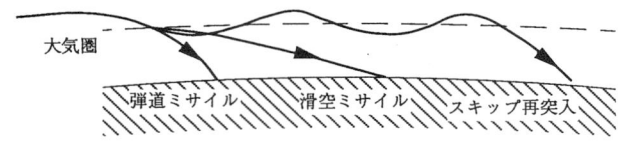

図 11.12　再突入の方式

めには，飛行体そのものの形とともに，突入経路，耐熱材料，冷却法などを工夫しなければならない．

　飛行体が定常飛行するには，飛行高度の空気密度に応じて，ある程度以上の速度をもっていないと，その重量をささえるだけの揚力が発生しない．一方，ある程度以上の高速になると，上述のように，空力加熱によって機体の温度が上がり，飛行が続けられなくなる．したがって，この両方の速度の限界が各高度に対して存在する．これを示したのが図 11.11 である．図中で斜線を施した部分が飛べない領域であって，白く残っている範囲が飛行を継続できる領域であって，**回廊**とよんでいる．

　また，表 11.4 に示すいろいろな飛行体の飛行状態が図 11.12 に描いてある．スキップ再突入は，図 11.12 に示すように下降と上昇を交互に行って，エネルギーを消散させる一つの方法である．このようにして，空気密度の高い大気の下層に降りてくれば，パラシュートを開いて減速し，安全に着地することができる．しかし，宇宙機が，月のような大気をもたない星に安全に着地しようとするときには，空力加熱の問題は生じないが，大気による抵抗や揚力を利用して，減速することができない．そこで，打ち上げのときにロケットで加速したときと逆のやり方で，星表面に接近したとき落下方向に逆推進ロケットを噴出し，着地のときに落下速度が 0 になるようにして，着陸による衝撃を防がなければならない．このような着陸法を**軟着陸**という．

11.6 宇宙利用

今日，われわれは国際電話や移動体間の通信で衛星通信を使用し，衛星放送を楽しみ，気象観測衛星にもとづく天気予報を活用し，衛星測位システムを用いたカーナビゲーションを使い，科学観測衛星から送られてくる未知の宇宙の姿に驚嘆している．いまや，宇宙利用はわれわれの生活に深く根付いたものになっている．宇宙利用の方法を整理すると表 11.5 のようになる．この表のように，宇宙の利用方法には大きく分けて 2 種類，すなわち宇宙機の位置（地球上の広域を視野とする高々度や観測対象への接近など）を利用する位置利用と，微小重力や真空といった固有の環境を利用する宇宙環境利用がある．また，利用分野としては，情報，物質製造，エネルギー利用の三つがおもだったものと考えられる．以下，宇宙利用をとりまく状況，現在および将来の宇宙利用について説明する．

（1） 宇宙インフラストラクチャ

図 11.13 は，21 世紀初頭の宇宙利用の状況を図示したもので，**宇宙インフラストラクチャ**とよばれる．宇宙インフラストラクチャは，ペイロード，軌道システム，輸送システム，地上および軌道上の運用システムから構成される．**ペイロード**はロケットなどによって宇宙に運ばれる有効利用のための積み荷のことで，人工衛星などを指す．**軌道システム**とは，原則的に特定の宇宙利用目的をもたない，軌道上にある汎用のシステムである．**輸送システム**には，打ち

表 11.5 宇宙の利用方法

	科学観測と宇宙科学研究	実 利 用
位置利用	地球周辺の宇宙空間の研究 太陽系宇宙空間と惑星の研究 天文観測 宇宙生物学の研究	通信（固定・移動体通信），放送 気象観測 地球観測，資源探査 航行援助・測位，測地
宇宙環境利用	宇宙物理学の研究 宇宙医学・生理学の研究 理工学実験	材料製造 バイオ製品・医薬品製造 宇宙発電
その他		スペースコロニー 宇宙観光

宇宙生物学は生命の起源の探求等を指し，宇宙医学・生理学は無重量環境，放射線の人体に与える影響を指す．
（冨田，"宇宙システム入門"，東京大学出版会，1993 の表をもとに整理）

202　11. 宇宙飛行

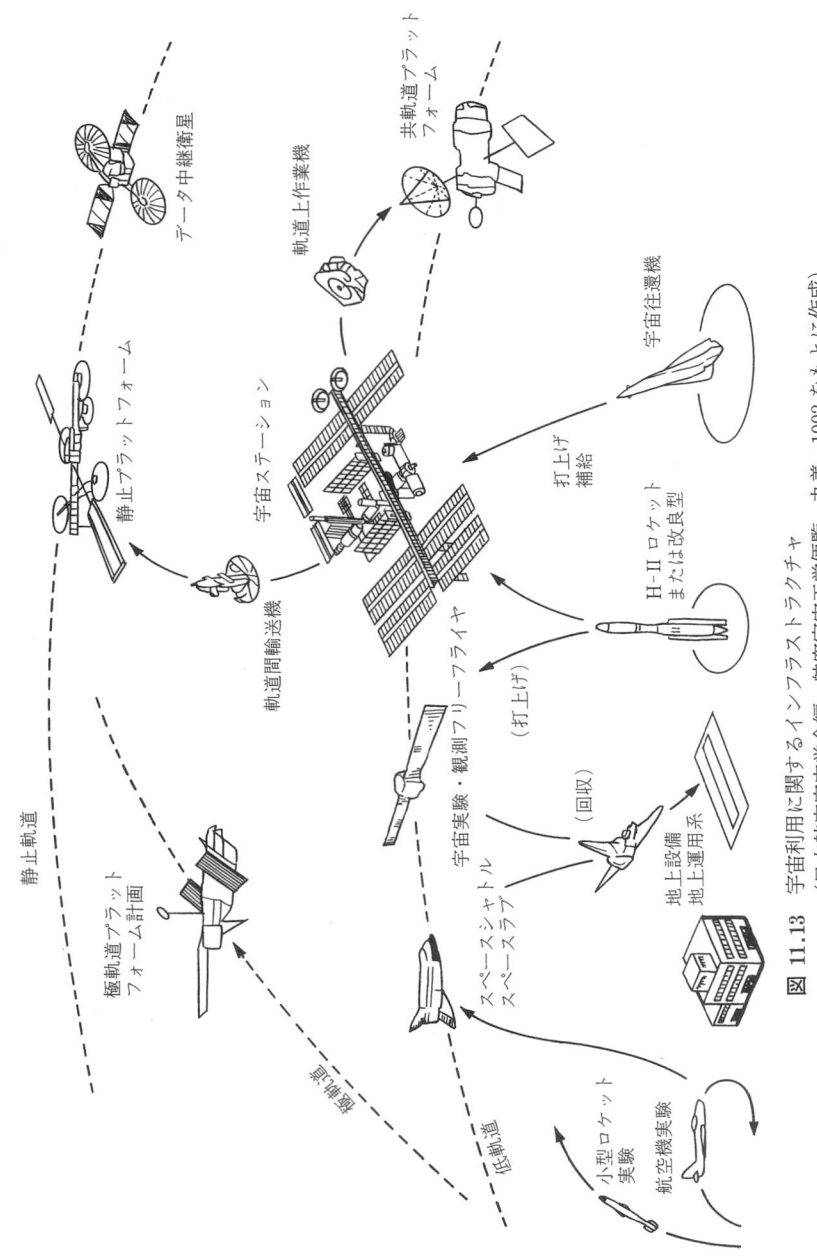

図 11.13　宇宙利用に関するインフラストラクチャ
（日本航空宇宙学会編，航空宇宙工学便覧，丸善，1992 をもとに作成）

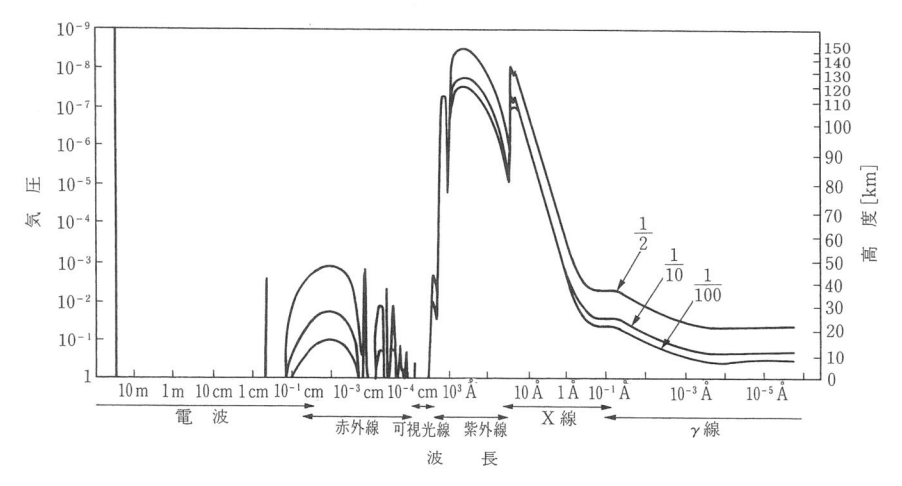

図 11.14 太陽光の大気透過度；1/2, 1/10, 1/100 の曲線は大気外より入射した電磁波がそれぞれ 1/2, 1/10, 1/100 になる高度を示す
（日本航空宇宙学会編，航空宇宙工学便覧，丸善，1992 をもとに作成）

上げロケット，スペースプレーンなどが含まれる．**運用システム**は，他のシステムの運用を支援するための地上設備や軌道上の装置などを指す．このような宇宙インフラストラクチャが整備されると，宇宙環境を利用した実験や材料製造などが宇宙ステーションやプラットフォームで行われるようになる．

（2） 宇宙環境

近い将来に人類が利用するであろう地球近傍の宇宙とは，人工衛星の軌道の下限付近である高度 200 km から，地球の引力が太陽の引力よりも優勢である高度 9.3×10^5 km まで，すなわち地球の**影響圏**内を指すのが一般的である．高度 200 km を地球の半径約 6 400 km と比べると，地表に非常に近い位置から宇宙利用の場が始まっていることがわかる．

電磁波である太陽光が大気をどの程度透過するかを図 11.14 に示す．太陽光のうち電波から γ 線までのほとんどが大気によって地表に到達するまでに吸収されてしまう．地上に到達できる太陽光は，可視光線と波長が数ミリメートルから 10 m 程度の電波である．そのため，宇宙機と地上間の通信などに使用できる電磁波は制限される．また，大気に吸収されやすい X 線などの電磁波を用いた天体観測を地上で行うことは困難である．逆に，衛星から地球を観測する場合，電磁波情報が大気によって影響され，リモートセンシングの妨げに

なっている．

宇宙機は，過酷な熱環境に遭遇し，**太陽風**とよばれるプラズマ状態の粒子や**宇宙放射線**の照射，**地磁気**の影響を受けることにもなる．さらに，**流星物体**や**スペースデブリ**に遭遇する．これらは，宇宙機やミッション機器に悪影響を及ぼすため，さまざまな対策が必要となる．

軌道上で，重力と遠心力が相殺し合うと**無重量状態**が実現される．この状態を一般に**無重力状態**とよんでいる．実際には，姿勢制御，空気抵抗，太陽輻射圧，太陽風，搭載機器，搭乗員などの因子により外乱が作用する．このように，微小外乱が作用するほぼ無重力の状態は**微小重力状態**とよばれる．

なお，宇宙環境に関しては，2.3節も参照されたい．

（3） 衛星の位置の利用

位置を利用した衛星システムは使用目的により，衛星通信，衛星放送，気象観測，地球観測，航行・測地および科学観測などに分類できる．

衛星通信は，衛星を用いてデータ，音声，画像などを中継し，通信を行うことである．衛星通信には，固定された地点間で通信を行う固定通信，車両・船舶・航空機などの移動体と通信を行う移動体通信がある．**衛星放送**では，衛星で中継された放送を視聴者が直接に受信する．通信と放送を法律上分類していない国も多い．衛星を用いた通信や放送によって，移動体通信，山岳地帯などでの電波障害の低減，地上設備の簡素化などが可能になる．

衛星により雲，風，気温，海流などの**気象観測**を行い，天気予報などに活用できる．**地球観測**は，海洋，陸地や大気などを観測し，農作物や海洋資源の状況把握，資源探査，大気汚染の監視などに役立てる衛星システムである．これらは，離れた位置から観測するので**リモートセンシング**とよばれる．

衛星測位システムには，船舶・航空機などの移動体の測位を行う**航行衛星システム**と陸地の測位を行う**測地衛星システム**がある．GPS〔8.3節(10)項参照〕を用いた，カーナビゲーション用の測位機が身近な例である．

地球周辺の高層大気，電離層，地磁気，太陽や惑星などの観測，天文観測，宇宙物理学の研究などの目的で打ち上げられる衛星を**科学衛星**とよぶ．科学衛星によって，はじめて明らかになった事実は数知れない．

（4） 宇宙環境利用

地上の重力下では困難な物質製造のために，宇宙の微小重力環境を利用することが注目されている．図11.15に無重力環境の特徴と利用例を示す．この図

無重力の効果	地球上	無重力環境下	利用方法
沈降や浮力がない （比重の違うものが均質に混ざり合う）	軽い物質 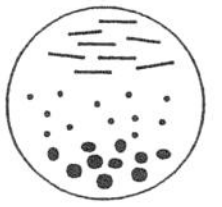 重い物質	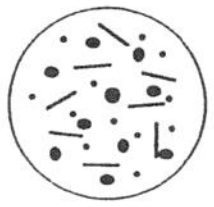 均質	繊維強化耐熱複合材料 （エンジンの材料） 非結晶半導体など （太陽電池）
静圧が働かない （完全な結晶が得られる）	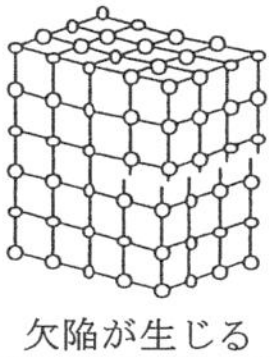 欠陥が生じる	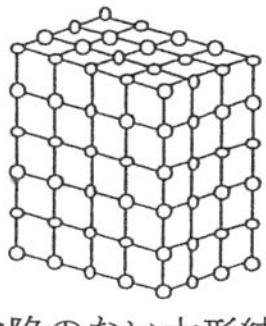 欠陥のない大形結晶	完全結晶構造半導体 （すぐれた半導体素子やセンサ）
熱対流がない	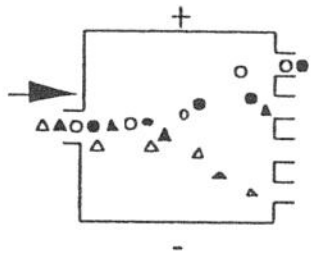 熱対流で流れが乱されて分離できない	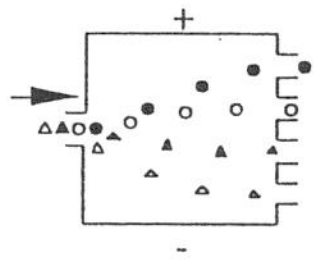 熱対流がなく，うまく分離できる	電気泳動法による有用物質の効率的な分離・精製 （医薬品）
無接触溶融 （超音波などで物質を浮遊させて溶融できる）	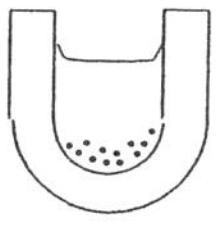 るつぼから不純物が混入する	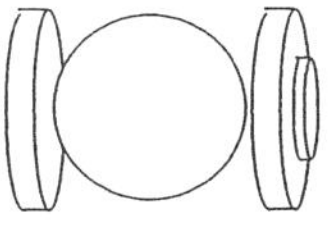 高純度で真球	高純度赤外線透過ガラス （レーザ用光学材料） 完全球体 （高精度ベアリング）

図 11.15 無重力の性質と利用
（日本航空宇宙学会編，航空宇宙工学便覧，丸善，1992 をもとに作成）

に示すように，無重力環境では浮力が生じないため，比重が異なる物質を均一に混合できるので，高品質の材料や半導体を作ることができる．また，熱対流が生じないため，**電気泳動法**（電場におけるコロイド粒子の移動現象を利用した分離法）などにより，医薬品となる細胞やタンパク質などを高純度かつ高効率に分離精製できる．さらに，音場や静電気場によって物質を非接触で固定することが可能なので，浮遊状態で溶融・凝固を行うことにより，坩堝（るつぼ）から不純物が混合せず，高純度の物質をつくることができる．外力が働かない浮遊状態で凝固させることによって，完全な球体を得ることもできる．これらの手法が確立されると，大形で欠陥がない結晶，新薬，高純度物質，半導体，耐熱合金，セラミックス，ガラスなどの開発・製造に有効利用できる．

宇宙ステーションやプラットフォームの軌道高度の気体圧力は 10^{-4}〜10^{-7} Pa であり，それほど高真空ではない．しかし，これらの衛星の軌道速度は 7 km/s を超え，気体分子の自由熱運動速度に比べて大きいので，進行方向に垂直な板を置くと，その後流には高真空が実現できる．たとえば，直径 10 m の円盤を用いると，10^{-10} Pa 以下の空間は約 300 m^3 であり，地上では実現が困難な大きな高真空場となり，半導体製造などに有用である．

(5) 将来の宇宙利用

より将来の宇宙利用に，太陽発電衛星とスペースコロニーがある．

軌道上の太陽光と広大な空間を利用する**太陽発電衛星**は，太陽光で発電し，地上システムや軌道上の他のシステムに電力を供給する衛星システムであり，**SPS** とよばれる．SPS は，地球のエネルギー資源枯渇と環境の劣化への対策として，1968 年に米国のグレイザーによって提案された[1]．NASA の協力で米国エネルギー省が行った衛星電力システムの概念設計によると，静止軌道上に質量 35 000〜50 000 t，外形寸法 10 km×5 km×0.5 km の衛星を構築し，太陽電池によって発電した電力をマイクロ波によって地上に転送することによって，5 GW の電力を供給することができる[2]．

スペースコロニーは，経済的に大規模な生活圏を創出するという目的で，プリンストン大学のオニール博士によって提案された[3]．この計画では，地球と月の安定な**ラグランジュ点**（月の軌道面上にあり地球と月を頂点とする正三角形のもう一つの頂点位置）にスペースコロニーを建設する．スペースコロニーの形態としてドーナツ形，球形，円筒形などが提案されたが，円筒形のものは直径 6.5 km，長さ 32 km で，数百万の人が住み，毎分 0.5 回の速度で回転する際の遠心力により地上と同じ重力を得ることができる．スペースコロニー内には，山，川，森，湖などがあり，動植物が生存し，太陽光を調節して取り入れることにより 24 時間周期で昼夜をつくり，地球と似た居住環境を実現する．

---

1) Glaser, P. E., Science, Vol. 162, No. 3856, 1968, pp. 857-886.
2) U. S. Department of Energy and the National Aeronautics and Space Administration, "Program Assessment Report," DOE/ER-0085, 1980, pp. 61-63.
3) O'Neil, G. K., "The Colonization of Space," Physics Today, 1974-9, pp. 32-40.

12. 航空機の航行と管制

8章で述べたように,安全な航行を実現するために,航空機には位置,高度,速度を計測する計器が搭載されている.一方で,他の航空機との衝突を避け,安全で効率的な航行を実現するためには,航空交通を整理する管制が不可欠となっている.現在では,ほとんどの航空機は管制のもとで航行している.この章では,離着陸を含めた航空機の運航方法および管制について述べる.

さて,歴史的経緯から,航空機の設計・運用には,主にアメリカの単位系であるポンド-ヤード系が用いられている.また,航続距離は,船舶交通との関連性から海里[1]で表されている.航空管制を規定している国内の**航空法**はSI単位系で記述されているけれども,実際には,表12.1に示すように飛行高度にはフィート,飛行距離には海里,速度には1時間あたりの海里であるノットで運用されている.そこで,この章では,必要な箇所にはポンド-ヤード単位系とSI単位系を併記することにする.

表 12.1 航空機の航行,管制に用いられる単位

	飛行距離	高度	飛行速度
名称	nm(海里)	ft(フィート)	knot(ノット)
換算	1 nm＝1 852 m	1 ft＝0.3048 m	1 knot＝1.852 km/h

12.1 飛行方式と管制の歴史

(1) 有視界飛行方式

航空機が飛び始めて間もない頃は,地上の目標物や星を頼りに自分の位置を知り,他の航空機や障害物を目で確認して衝突を避けていた.この飛行方式を**有視界飛行方式**(VFR)とよぶ.現在でも,遊覧飛行,航空写真の撮影などはこの方式で飛行している.

---

[1] 1海里は赤道上の経度1分(1/60度)に相当する長さであり,星の位置と経過時間から自身の位置(経度)を知る天測航法に端を発している.

しかし，VFR はパイロットの目のみが頼りであるため，気象条件が悪化して，目標となる地面や障害物，さらには同じ空域を飛行しているほかの飛行機が見えなくなると，墜落や衝突などの危険性が高くなる．そのため，VFR での飛行が許される気象条件が，表 12.2 のように雲からの距離と視程によって制限されている．これを**有視界気象状態（VMC）**とよぶ．この条件を満たさない気象状態においては，空港における VFR での離着陸は許可されない．これを**計器気象状態（IMC）**とよぶ．

表 12.2　有視界気象状態

		飛行視程	雲からの距離		
			上方	下方	水平方向
3 000 m 以上の高度で飛行する航空機		>8 000 m	>300 m	>300 m	>1 500 m
3 000 m 未満の高度で飛行する航空機	管制空域内	>5 000 m	>150 m	>300 m	>600 m
	管制空域外	>1 500 m	>150 m	>300 m	>600 m
管制空域外を 300 m 以下の高度で飛行する航空機		>1 500 m	航空機が雲から離れて飛行でき，かつ操縦者が引き続き地表または水面を視認できること		
管制圏内の飛行場で離着陸する航空機		>5 000 m	雲高（全天の 5/8 以上を覆う 6 000 m 以下の最も低い雲層の高さ）300 m 以上		

（2）計器飛行方式

航空機および地上の航行援助施設が発達したことで，地上の目標物を目視しなくても，操縦席の計器や管制官の指示を頼りに飛行できるようになった．このように計器に依存して行う飛行を**計器飛行方式（IFR）**とよぶ．

IFR では計器によって現在位置や高度を正確に把握し，また定められた飛行方法と管制官の指示によって他の航空機や山などの障害物との衝突を避けながら，安全に飛行を続けることができる．現在では，定時性と安全性を重視する定期旅客便のすべてが，天候に関係なく IFR で飛行している．逆に，IFRの実現や効率化のために航空管制が発達してきたと言える．

12.2　航空路と航空機の位置情報

IFR で飛行するためには，飛行中にパイロットが自身の位置や飛行方向を知る必要があり，そのためにさまざまな**航行援助施設**が地上に設置されている．

図 12.1 日本国内の航空路
(国土交通省「航空保安業務の概要」より)

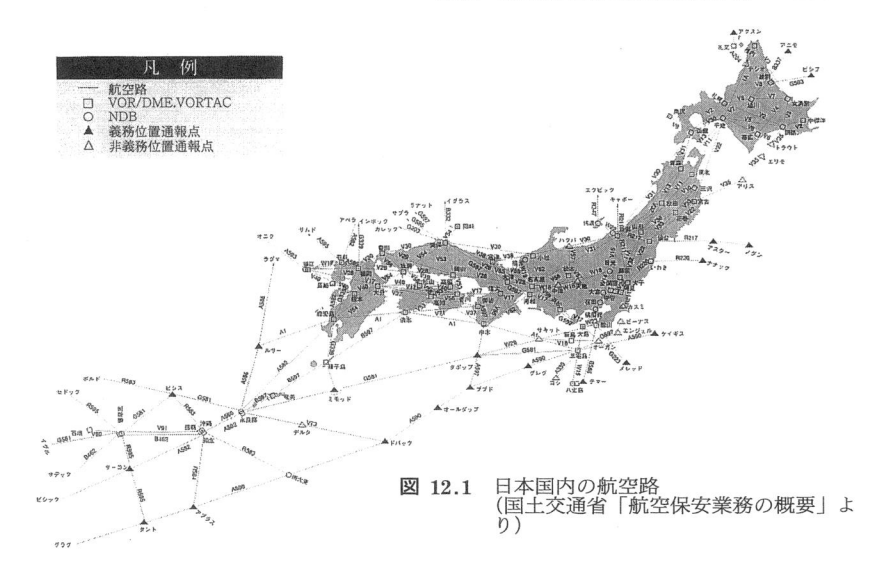

　また，これらの地上設備を直線で結ぶ形で**航空路**[1])が定められていて，その航空路に沿って飛行しなければならない．例として，国内の航空路を図 12.1 に示す．図中の VOR/DME，VORTAC[2])〔8.3 節参照〕，NDB[3]) が航行援助施設であり，これらの設備が発信した電波を航空機の計器が受信することで，航空機は自身の位置を知ることができる．

　航行援助施設は航空機が自身の位置を知るために利用する施設であるが，管制官が監視区域を飛行する航空機の位置情報を把握するためには，**レーダ**が利用されている．レーダは，空中に発射した電波が物体に反射して戻ってくる時間を利用して物体までの距離を計測する装置である．さらに，360 度回転しながら電波を発射することで，物体の方位も測定できる．

　ところが，レーダに使われている電波は直進する性質をもっているので，目標物が山の陰などに入ると把握できない．そこで，日本国内では約 20 箇所に

---

1) 航空路は，国土交通省発行の**航空路誌**（AIP）によって提供される．また，航空路誌は航空機の安全運航に必要な情報が記載されている．
2) **VORTAC**
　方位測定に超短波全方位無線標識（VOR），距離測定に距離方位測定装置（TACAN）を使用している無線標識．
3) **無指向性無線標識**（NDB）
　長中波すなわち 200〜415 kHz の周波数を利用した無指向性の電波を発射する無線施設である．航空機は自動方向探知機（ADF）によって NDB の方向を探知する．

210　12．航空機の航行と管制

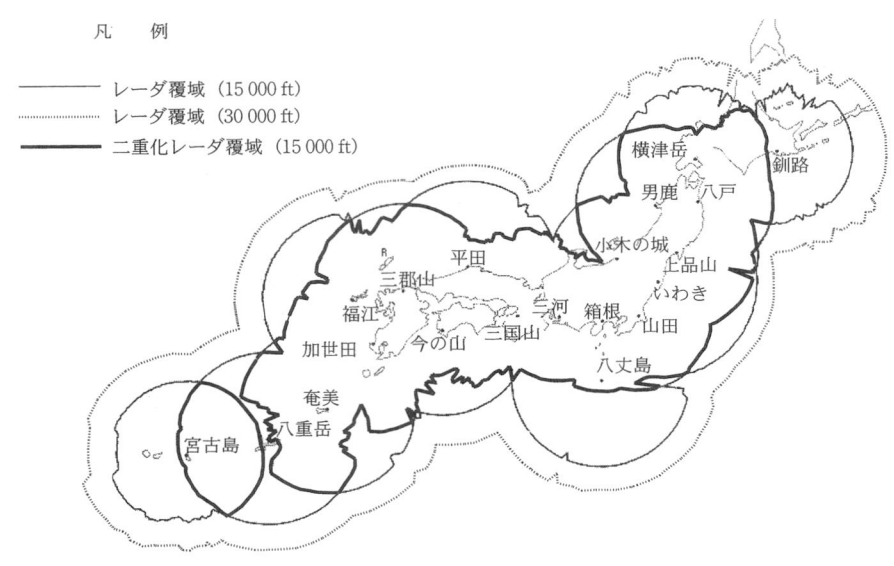

凡　　例

―――――　レーダ覆域（15 000 ft）
………………　レーダ覆域（30 000 ft）
━━━━━　二重化レーダ覆域（15 000 ft）

図 12.2　レーダ覆域（国土交通省「航空保安業務の概要」より）

航空路監視レーダ（ARSR）が設置され，図 12.2 に示す空域で，航空機の飛行状況を監視している．ところで，レーダの電波は，雲や雨，雪，地上の物体によって反射されたり，減衰したりする．そこで，航空機を判別するために，これらの物体と区別する装置が用いられている．

なお，空港周辺を監視するために空港に設置されているレーダは**空港監視レーダ（ASR）**とよばれる．

レーダで得られる信号は，画面上で小さな粒でしか表示されないため，その映像がどの航空機なのかを判別することが困難である．そこで，図 12.3 に示

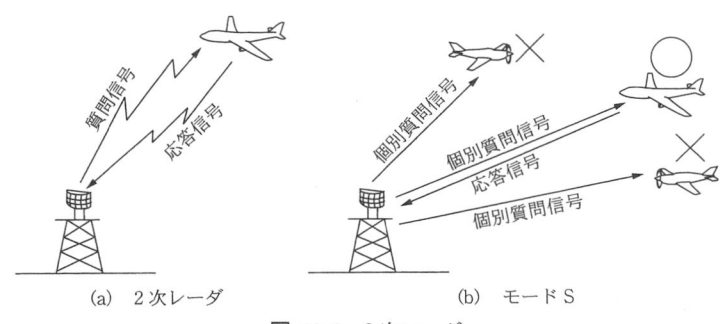

　　　(a)　2 次レーダ　　　　　　　　(b)　モード S

図 12.3　2 次レーダ

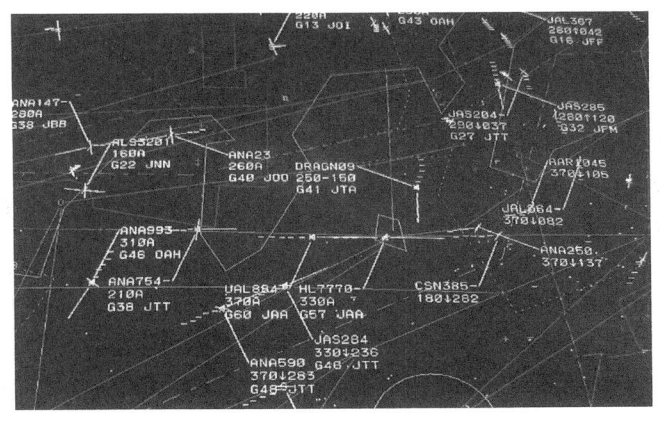

図 12.4 レーダ情報表示の例
（国土交通省「航空保安業務の概要」より）

すように，航空機がレーダが発射した質問電波を受信すると，航空機識別情報，高度情報などを電波に載せて返信する機能をもった装置が開発された．これを**2 次レーダ（SSR）**とよぶ．この装置には，地上設備としての送受信機と航空機に搭載する応答装置の両方が必要である．

2 次レーダで得られた航空機の便名，高度，目的地などの情報は，図 12.4 に示すように，管制卓のディスプレイにリアルタイムに表示される．この装置は**ターミナルレーダ情報処理システム（ARTS）**または**レーダ情報処理システム（RDP）**とよばれ，航行の安全を維持するために利用されている．

現在では，送受信の効率を上げるために，図 12.3(b) に示す**モード S** とよばれるシステムが運用されている．これは，アドレス付きの信号を送信することで，対象とする航空機を自動的に特定することができるシステムである．

12.3　航空機の安全間隔と巡航方法

IFR で飛行する航空機は航空路に沿って飛行しなければならない．しかも航空路を自由に飛行できるわけではなく，安全な航行を維持するために，**国際民間航空機関（ICAO）**によって，航空機相互の間隔や巡航高度などが世界共通の規則として定められている．

現在の主な民間機は亜音速領域で飛行する．飛行高度によって速度は異なるが，離着陸時でも 200 km/h 程度，巡航中は 600〜900 km/h となる．しかし，

(1) 高度の安全間隔

航空機が正面から接近する危険な状況を避けるために，巡航時の高度は，図 12.5 に示すように，高度（1 000 ft（300 m））ごとに東向き（磁方位で 0 度以上 180 度未満）と西向き（磁方位で 180 度以上 360 度未満）に分離されている．IFR では，東向きが 1 000 ft の奇数倍の高度，西向きが 1 000 ft の偶数倍の高度となるため，一般に「東行きが奇数高度，西行きが偶数高度」とよばれる．東日本では南北に飛ぶことが多いため，「北行きが奇数高度，南行きが偶数高度」ともよばれる．なお，VFR では IFR に対して 500 ft を加えた高度で飛行する．

以前は，29 000 ft（8 700 m）以上の高度における間隔が 2 000 ft（600 m）であったが，1 000 ft 間隔に短縮することで，航空交通量の増加に対応している．その一方，VFR は 29 000 ft 未満の高度に制限されることになった．

なお，上昇や下降で高度を変更するときには，他の航空機の巡航高度を横切ることになる．その安全性確保のために，高度変更には**管制承認**が必要となる．

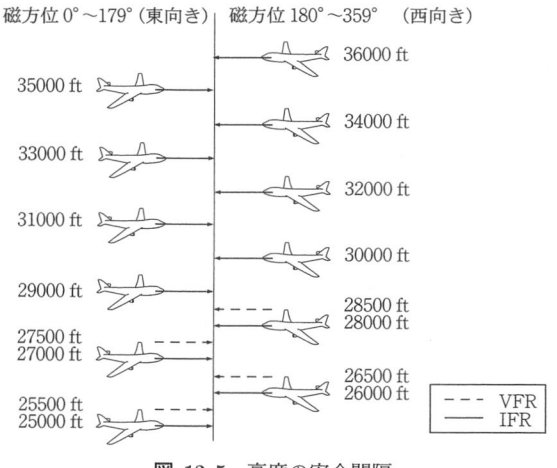

図 12.5　高度の安全間隔

（2） 縦および横の安全間隔

航空路監視レーダが利用される空域では，レーダサイトから40海里（72 km）未満の空域では3海里（5.4 km），それ以遠の空域では5海里（9 km）の水平間隔によって，安全間隔が確保される．これを**レーダ間隔**とよぶ．高度と合わせると，安全間隔は図12.6(a)に示す薄い円柱形で表される．

レーダ管制が使用できない洋上では，図12.6(b)に示すように，縦および横の安全間隔は個別に規定される．

縦の安全間隔としては，同じ高度で飛行している先行機と後続機は，国内空域では10分間，無線標識の少ない洋上では15分間（120海里（216 km））が標準的な安全間隔である．なお，先行機と後続機が管制官と交信していて，かつ同一の無線標識を利用している場合は，20海里（36 km）である．なお，位置情報精度の向上により（12.6節参照），現在では，洋上の安全間隔は30海里（54 km）に縮小され，航空路の処理能力向上が図られている．

同じ高度で飛行している航空機同士の横の安全間隔は，無線標識によって8海里（15 km）または10海里（18 km）離れた航空路を飛行することで確保される．いずれか片方の航空機が無線標識から出方向（アウトバウンド）に飛行する場合は，この半分，すなわち4〜5海里（7.5—9 km）を確保する必要がある．なお，無線標識が利用できない洋上の国際航空路を飛行する場合は，飛行コースの正確さが期待できないために，以前は50〜100海里（90−180 km）もの間隔が必要とされてきた．現在では，位置情報精度の向上により（12.6節参照），縦の安全間隔と同じ30海里（54 km）に短縮されている．

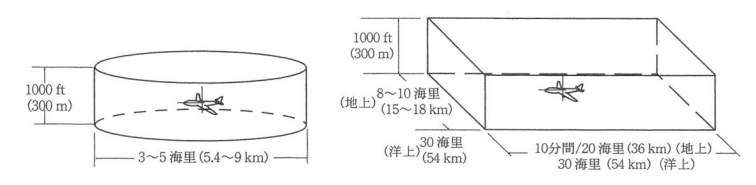

図 12.6 航空機の保護領域

（3） 最低高度

IFRで飛行する場合の最低高度は，最も高い障害物から1 000 ft（300 m）以上あるいは2 000 ft（600 m）以上の安全間隔，無線標識の電波を確実に受信できる高度としての最低受信高度，特定の地点での騒音軽減のための最低通

過高度を満足する最低経路高度が定められている．

なお，VFR の最低高度は原則として地上から 150 m，家屋の密集地では最も高い障害物から 300 m 以上と定められている．

（4） 段階上昇方式

航空機の燃料消費量が最小となる高度を最適高度とよぶ．巡航速度が一定の場合，燃料消費によって航空機の質量が軽くなるにつれて最適高度は高くなる．したがって，その最適高度を維持しながら飛行する方式（**上昇巡航方式**）が望ましい．しかし，前述のように飛行高度が定められているためにそのような高度変更は管制の承認が得られない．そこで，図 12.7 に示す**段階上昇方式**がとられている．国際線などの長距離飛行では，これによってかなりの燃料が節約できる．

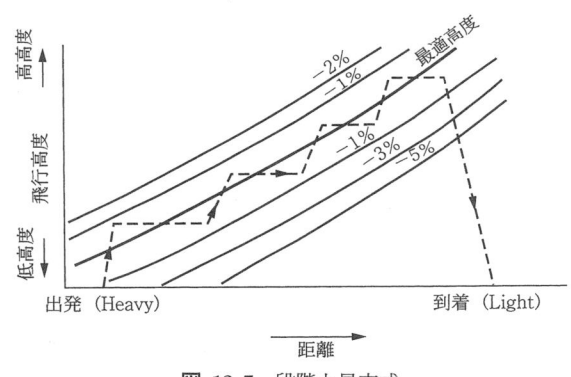

図 12.7　段階上昇方式

12.4　空港と離着陸方法

離着陸のために用いられる滑走路は，同時に 1 機しか使用できない．そのために，空港周辺ではすべての航空機は管制の指示に従わねばならず，離着陸方法や離着陸経路が定められている．

空港には，夜間など滑走路が視認しにくい状態でも安全性が確保できるように，進入灯，着陸灯，滑走路灯，誘導路灯など図 12.8 に示すさまざまな灯火が設置されている．

（1） 離陸経路

6 章で航空機の離陸性能を示したが，離陸後に巡航高度まで上昇する経路を**離陸経路**とよぶ．例として，エンジンが一発停止した状態での離陸経路に関す

12.4 空港と離着陸方法

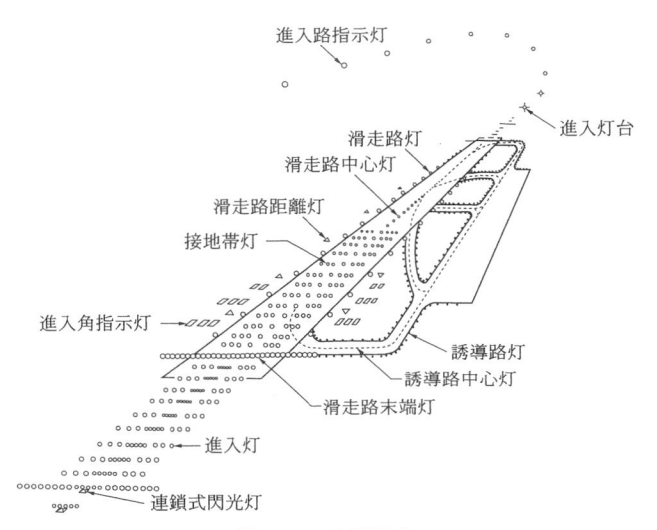

図 12.8 空港設備

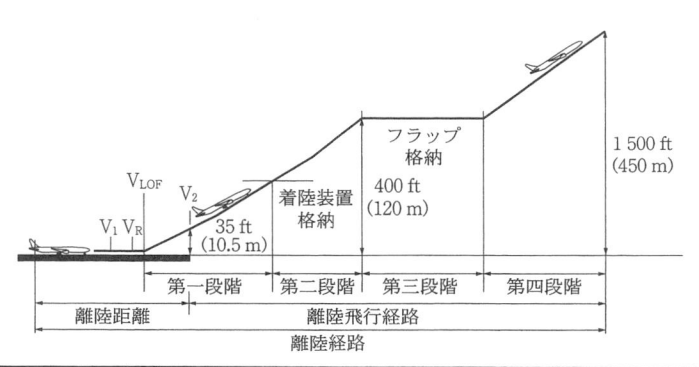

(進入路指示灯, 滑走路灯, 滑走路中心灯, 滑走路距離灯, 接地帯灯, 進入灯台, 進入角指示灯, 誘導路灯, 誘導路中心灯, 滑走路末端灯, 進入灯, 連鎖式閃光灯)

	第一段階	第二段階	第三段階	第四段階
着陸装置	DOWN	UP	UP	UP
フラップ	DOWN	DOWN	UP	UP
速度	$V_{LOF} \to V_2$	V_2	$V_2 \to V_{up}$	V_{up} 以上
エンジン出力	T/O thrust	T/O thrust	T/O → MCT	MCT
上昇勾配(2発機)	正	2.4% 以上	—	1.2% 以上
(3発機)	0.3% 以上	2.7% 以上	—	1.5% 以上
(4発機)	0.5% 以上	3.0% 以上	—	1.7% 以上

V_s：失速速度 (Stall speed)，V_{LOF}：浮揚速度 (Lift off speed)，V_2：安全離陸速度 (Takeoff safety speed)，V_{up}：フラップアップ速度，T/O thrust：離陸推力，MCT：最大連続推力 (Maximum continuous thrust)

図 12.9 エンジン一発停止時の離陸経路の例

る規定を図 12.9 に示す．これは，以下の四段階に分けられる．

第一段階 リフトオフしてから着陸装置の引き込みが終わるまでの段階．この間にリフトオフ速度 V_{LOF} から安全離陸速度 V_2 にまで加速される．

第二段階 着陸装置引き上げが完了した点から 400 ft（120 m）の高度に達するまでの段階．障害物がある場合など，400 ft 以上の高度まで上昇することもある．この間では V_2 に近い V_2 以上の速度を維持して上昇する．一般にこの段階での要求飛行性能がもっとも厳しい．

第三段階 高度 400 ft または最大水平飛行高度[1]でレベルオフ（水平飛行に戻す）する．離陸推力で加速を続けて，V_2 からフラップアップ速度（一般的には 1.25 V_s 程度）に達すると，フラップを格納する．

第四段階 400 ft または最大水平飛行高度から 1 500 ft（450 m）以上の高度に達するまでの段階．フラップは格納状態，推力は最大連続推力で，飛行速度を維持した状態で上昇する．この段階の終了後は巡航上昇に入る．

これら各段階における着陸装置，フラップ，速度，推力の状態の変化も合わせて，図 12.9 に示す．これらは一応の目安であり，地形や騒音の配慮から空港ごとに高度規定が決められている．なお，表に示している要求上昇勾配は，エンジンが一発停止した状態で満たさなければならない値であり，満たせない場合には，規定の上昇性能が得られるまで離陸重量を減らす必要がある．

一方，エンジンが停止しない一般的な状態においては，上昇性能はこの値よりはるかに優れており，着陸装置やフラップを上げる高度も高い．6 章で述べたように，上昇角は余剰推力と離陸重量から定まる．これらは，エンジン推力を左右する温度や圧力（高度），抵抗に関係する空気密度などの条件が関係する．実際の運航では，騒音や経済性なども含めてさまざまな条件から，速度や上昇角が定められている．

離陸後に航空路へ進入する出発経路の例として，関西国際空港における西方向および南方向の出発経路の一部を図 12.10 に示す．この経路のように，離陸後に旋回しながら上昇する場合が多い．

（2） 計器着陸と着陸復行

前方の滑走路が遠くからよく見える場合は，目視で確認しながら着陸できる．しかし，視界が悪く滑走路が見えないときは，8.3 節（7）項で述べたように，

---

[1] 離陸出力で 5 分間の許容時間内においてフラップアップを完了し，水平飛行できる最高高度．上昇勾配は正でなければならない．

12.4 空港と離着陸方法　**217**

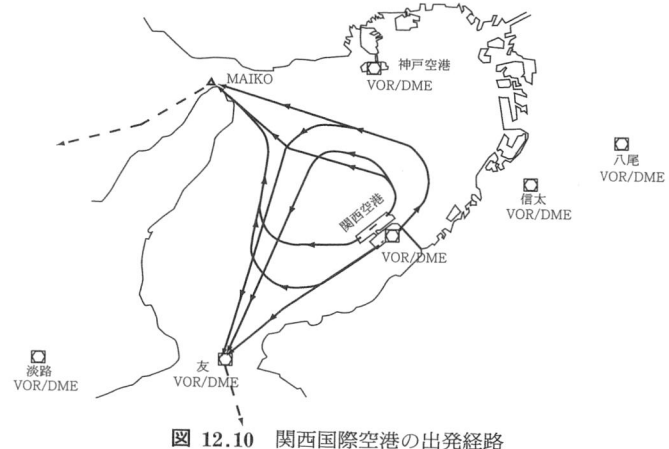

図 12.10 関西国際空港の出発経路
（国土交通省「航空路誌（AIP）」より一部改変）

計器着陸装置（ILS） を使用する方式によって着陸する．なお，空港周辺の地形や設置された ILS の誘導性能，航空機搭載計器の性能によって差があり，8.1 節（2）項に示したようにいくつかの性能区分に分けている．

カテゴリーⅠでは，図 12.11 に示すように，200 ft（60 m）まで降下した時点で滑走路の中心灯が目で確認でき，**滑走路視距離（RVR）** が 1 800 ft（550 m）以上あれば着陸可能である．しかし，この高度で滑走路が視認できない場合は着陸できないと判断して，**進入復行** を行う．そのため，この高度を **決心高度（DH）** とよぶ．なお，着陸復行のための経路も空港ごとに定められている．

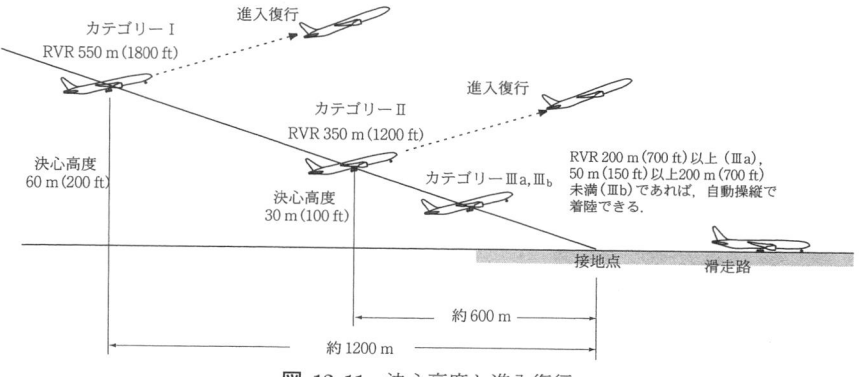

図 12.11 決心高度と進入復行

表 8.1 に示したように，カテゴリー II では DH が 100 ft（30 m），RVR が 1 200 ft（350 m）であり，カテゴリー III は IIIa, IIIb IIIc の 3 段階に細分されている[1]。

ところが，国内の空港は地形の制約からほとんどがカテゴリー I である．現在，視界不良による欠航や遅延を防ぐために，高カテゴリー化が進められている．2009 年時点では，羽田，関西，中部（南向き進入）にカテゴリー II，青森にカテゴリー IIIa，成田，中部（北向き進入），釧路，熊本，広島にカテゴリー IIIb が設置されている．

（3）待　機

航空機が着陸のための進入経路に入るには管制の進入許可が必要となる．滑走路には，離発着間隔が定められていて，着陸しようとする航空機は，進入許可を得るまで管制に指示された高度で待機しなければならない．そのための待機場所や進入経路が定められている．例として，関西国際空港の ILS 進入経路を図 12.12 に示す．この図で MAYAH 付近の楕円で示される場所が待機場

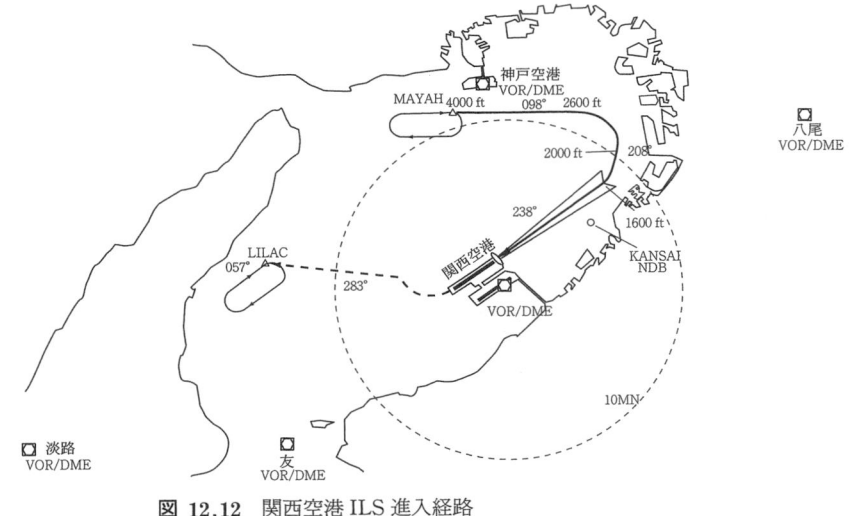

図 12.12 関西空港 ILS 進入経路
（国土交通省「航空路誌（AIP）」より一部改変）

---

1) カテゴリー IIIa では DH が 100 ft 未満または設定なし，RVR が 700 ft（200 m），IIIb では DH が 50 ft（15 m）未満または設定なし，RVR が 150 ft（50 m）以上 700 ft 未満．IIIc は DH，RVR とも設定なしとされている．IIIc には，航空機だけでなく，地上車両の対応も必要となるため，まだ運用されていない．

所となっている．なお，破線は復行経路であり，復行した場合は LILAC 付近が待機場所となり，そこから淡路島を回って，元の経路に合流する．

どの空港においても待機場所が限られているため，この場所に航空機が集中すると空域が飽和してしまう．したがって，巡航時から航空機の速度を調整して進入経路に到着する時間間隔を維持し，待機しなければならない航空機の数を最小限に保っている．さらには，出発空港で待機させて離陸時間を遅らせることもある．

12.5 管制空域と運航

航空機同士あるいは障害物との衝突を防止し，安全かつ効率的な航行の実現のために，ICAO および**航空法**によって航空管制が規定されている．

（1） 管制空域と飛行計画

まず，世界レベルで航空機の安全な航行を実現するために，ICAO により**飛行情報区（FIR）**が区分されている．日本は図 12.13 に示す福岡 FIR[1] を担当し，この空域を飛行するすべての航空機に航行に必要な各種の情報を提供している．

管制を行う空域は**管制空域**とよばれ，図 12.14 に示すように，管制圏，航空

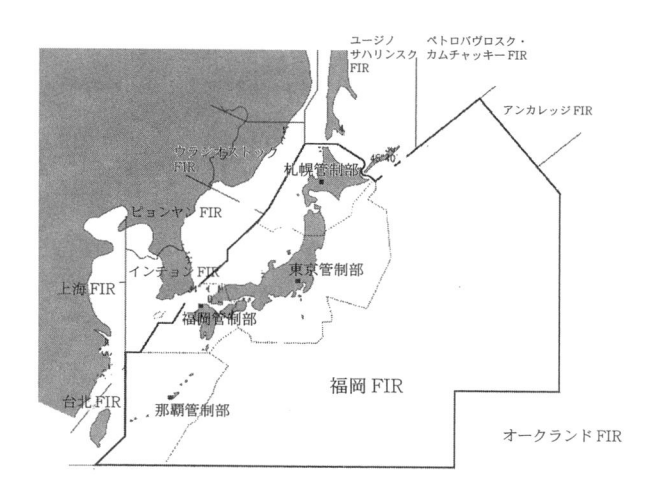

図 12.13 日本が分担する飛行情報区（国土交通省「航空保安業務の概要」より）

---

1) 2006（平成 18）年 2 月 16 日に，東京 FIR と那覇 FIR が統合された．

220　12. 航空機の航行と管制

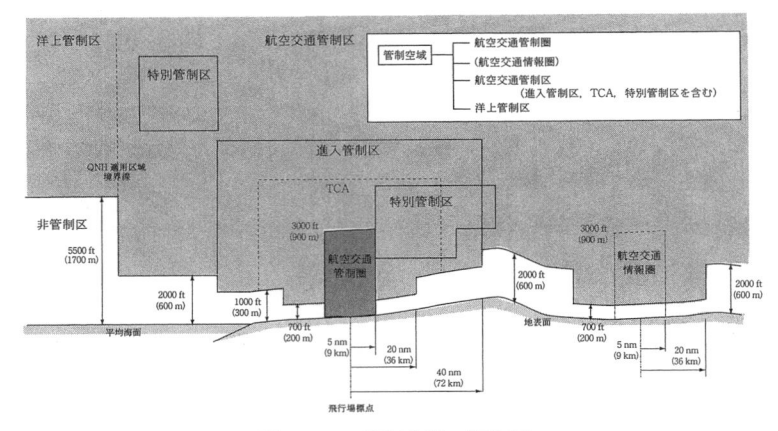

図 12.14　管制空域の概念図

交通管制区，洋上管制区に分類されている．

- **航空交通管制圏**　離発着のための飛行場管制が行われる主要な空港に設定されている．一般的には，飛行場標点から半径 5 海里（9 km）の円内で，地表または水面から 3 000 ft（900 m）の高さまでの空域．この圏内を飛行できるのは，その空港に離発着する航空機に限定される．
- **航空交通情報圏**　管制圏が指定されていない飛行場で，IFR による離発着が行える飛行場に設定してる．一般的には，空港標点から半径 5 海里（9 km）の円内で，地表または水面から 3 000 ft（900 m）の高さまでの空域．この圏内を飛行する航空機は，他の航空機の情報を入手しなければならない．
- **航空交通管制区**　航空管制が行われる空域であり，図 12.15 に示す QHN 適用区域[1]の内側すべての空域．高度に上限はなく，下限は図 12.14 に示すように，一般的には，飛行場標点からの距離によって以下のように指定されている．（ⅰ）管制圏上空は管制圏の上限高度．（ⅱ）IFR による進入・出発方式が設定されている飛行場の標点を中心とする半径 20 海里（36 km）の円内の区域は地表または水面から 700 ft（200 m）．（ⅲ）進入管制区が指定されている飛行場においては，半径 40 海里（72

---

1) 平均海面上 14 000 ft（4 200 m）未満の高度において標準気圧値により高度計規正を行う空域．

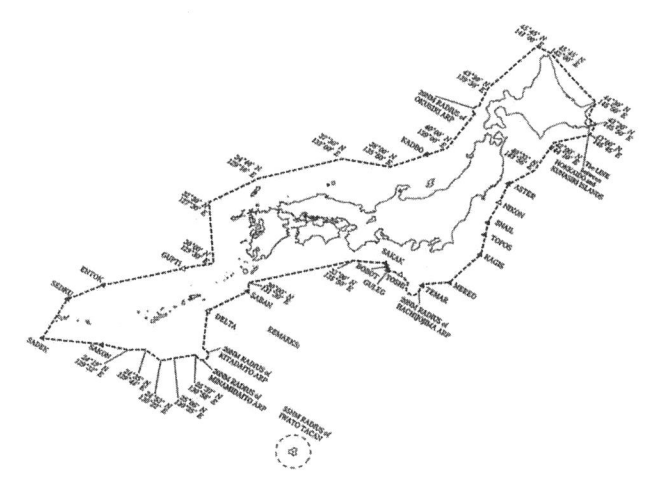

図 12.15 QHN 適用空域（国土交通省航空局監修・気象庁監修：「Aeronautical Information Manual Japan（2010 年後期版）」（日本航空機操縦士協会）より）

km）の圏内の区域は地表または水面から 1 000 ft（300 m），(iv) それ以外の区域は，地表または水面から 2 000 ft（600 m）．

洋上管制区 福岡 FIR における海洋上の空域であって，QNH 適用区域外部の水面から 5 500 ft（1 700 m）以上の空域．洋上管制区では，航行援助施設の無線電波が届かないため，航行の方法が通常の国内航空とは異なる．

また，混雑する空域での安全な航空交通の実現のために，以下の空域が航空法で定められている．

進入管制区 空港周辺で，離陸後の上昇や着陸のための降下を行う航空機のために，特にきめ細かい管制（進入管制業務）を実施する空域．その空港で離発着するための航空機しか飛行することはできない．また，進入管制区の内側に，VFR に対してレーダ交通情報などを提供する空域として，TCA（ターミナルコントロールエリア）が設定されている場合もある．

特別管制区 主要空港など混雑する航路の周辺で，きめ細かい管制を実施するために航空法で定められた空域．この空域内は，原則として IFR しか認められていない．

このほか，飛行の安全性を確保するために，試験空域や訓練空域などが設定

されている．

（2） 管制業務

航空機の安全な航行を維持するための管制業務は，前節に述べた管制区に対応して，以下のように区分されている．

飛行場管制業務 管制圏および空港内の交通を扱うもので，空港の管制塔でこの業務が行われている．滑走路からの離陸や滑走路への着陸の許可や着陸の順番を指示する．また，地上滑走している他の航空機や空港付近を航行している他の航空機の情報を与える．

進入管制業務 主として進入管制区内で空港に進入および空港から出発する航空機に対し，進入・出発の順序，飛行経路，方式の指定および上昇・降下の指示または進入のための待機の指示などを行う．なお，交通量の多い空港などに指定されてる進入管制区において，レーダを使用して行う業務は，ターミナルレーダ管制業務とよばれる．

航空路管制業務 空港周辺の空域を除く福岡 FIR を飛行するすべての空域の航空機に対して行われる業務である．航空機と無線電話による交信あるいはレーダによる監視で，航空機の現在位置や高度を把握し，航空機が航空路を飛行しているかどうかを監視する．そして，他の航空機との安全間隔維持のために，進路や高度，速度の変更についての指示を出す．この業務には，後述する飛行計画の内容をチェックし，承認を与える業務も含まれる．これらは，札幌，東京，福岡および那覇にある**航空交通管制部（ACC）**において行われている．また，洋上に対しては，福岡の**航空交通管理センター（ATMC）**において行われる．なお，空域はセクターとよばれる小領域に分割されており，巡航中の航空機は対応するセクターの管制から指示を受ける．

（3） 飛行計画

表 12.3 に示す内容の飛行計画を原則として離陸 30 分以上前に国土交通省航

表 12.3 飛行計画の主な項目

・航空機の国籍番号，登録記号	・経路および巡航高度，巡航速度
・航空機の型式，機数	・代替空港
・機長の氏名	・搭乗人数
・飛行方式	・燃料搭載量
・出発飛行場および移動開始時刻	・最大離陸重量
・目的飛行場および所要時間	・捜索・救助のための情報など

空局の出先機関である空港事務所に提出することが航空法によって定められている．定期便の場合は2時間以上前にテレタイプ回線で航空交通管理センターの自動処理システムへ送信しなければならない．

　管制官はその内容を審査し，必要な助言を行う．**飛行計画**の承認を得て初めて航空機の飛行が可能となり，必要な情報が関係する部署に送られる．速度や到着予定時刻など飛行計画に変更がある場合には管制に通報しなければならない．

（4）　運航における管制の流れ

　IFRにおける飛行では，図12.16に示すように，すべての段階で管制の指示に従わなければならない．

離陸前　飛行計画の承認を受けると，離陸までに必要な気象情報や周辺を飛行している航空機の情報，使用する滑走路の情報を飛行場管制から受ける．

離陸・上昇　飛行場管制を司る管制塔からの地上滑走の指示に従って，駐機場を出発し，誘導路を通って滑走路へ到達する．そして，離陸許可を得てから滑走路を滑走し，離陸する．離陸後は，進入管制から経路，高度などの指示を得て，離陸経路に沿って巡航高度まで上昇する．

巡航　巡航中は，飛行する空域を管制している航空路管制から，進路，経路，高度などの指示を受ける．航空機は，無線標識の通過時刻の報告や高度

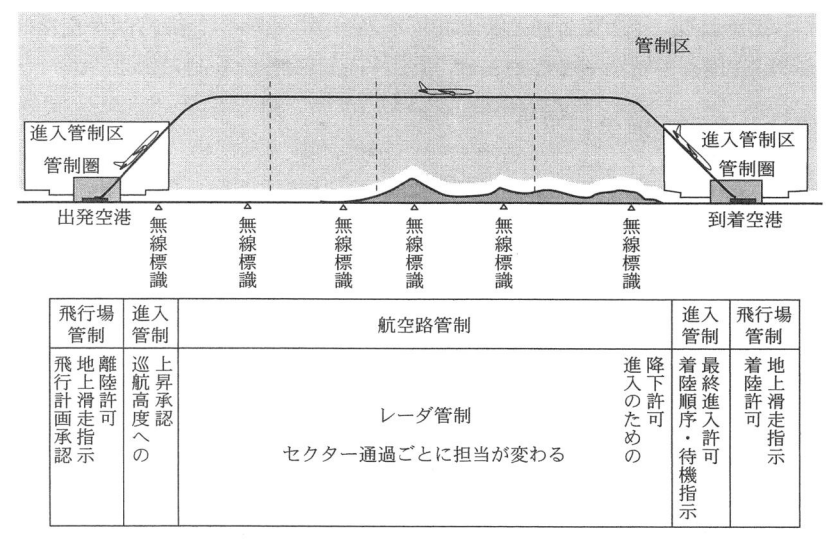

図 12.16　IFR 飛行と管制

変更の許可を得たり,付近を飛行する他の航空機の情報や必要な気象情報を得るなど,常に管制とは連絡を取り合っている.管制は,航空路監視レーダ(ARSR)で得られた飛行中の航空機の現在位置や高度の情報が表示されたレーダ画面をモニターしながら,航空機の間隔の維持など円滑な航空交通を維持する.

進入 航空路管制から高度変更の許可を得て,着陸のための降下を始める.その後,進入管制区に入ると,進入管制から進入・着陸に必要な情報が提供され,着陸順序に従って進入経路に並び,待機する.そして,進入管制から最終進入の許可を受けると最終着陸体制に入ることができる.

着陸 その後,飛行場管制から着陸および滑走路の使用許可を得て,滑走路に着陸する.着陸後に通過する誘導路の指示なども飛行場管制から受け,駐機場まで航空機を移動させ,飛行終了の情報を管制に伝える.

12.6 航空交通の進歩

航空交通には安全性と定時性が不可欠である.さらには,利便性と経済性,つまり,航空需要の増大に対応した航空路の効率的運用とともに,飛行経路や飛行時間の短縮,それに伴う燃料消費量の節約が望まれている.

これに対応するために,ICAO を中心に **CNS/ATM システム**の整備計画が進められている.CNS とは,通信(communication),航法(navigation),監視(surveillance)技術を活用し,航空交通管理(ATM:air traffic management)をより安全で効率的に行う構想である.国内では,航空交通管理センター(ATMC)を中心として,図 12.17 に示す内容に沿って,整備が進められている.

(1) 航空機に搭載されている飛行管理システムの高精度化

航空機が正確な位置情報を獲得するために,**飛行管理システム(FMS)** とよばれる装置が航空機に導入されている.これは,航行援助施設や 8.3 節(9)項に示した**慣性航法装置(INS)**など各種の航法装置から得られる情報を統合し,機上のコンピュータを利用して飛行データを管理する装置である.さらに,8.3 節(10)項に示した **GPS 衛星**を利用して位置情報の補正を行い,高精度化が図られている.また,**航空機衝突防止装置(ACAS)**などの安全装置も FMS に装備されるようになってきている.

12.6 航空交通の進歩

```
┌─────────────────────────────────────────────────────────┐
│ 通信 (Communication)    正確性，確実性をめざす            │
│   超短波短波 (HF) (VHF)  →  管制官パイロット間データ通信  │
│   による音声通信             (CPDLC)                     │
│                              人工衛星を用いたデータ通信   │
└─────────────────────────────────────────────────────────┘
┌─────────────────────────────────────────────────────────┐
│ 航法 (Navigation)       航行援助の精度向上をめざす        │
│   無線航行援助装置       →  航法衛星を利用した航法 (GNSS)│
└─────────────────────────────────────────────────────────┘
┌─────────────────────────────────────────────────────────┐
│ 監視 (Surveillance)     航空機位置情報の監視精度の向上をめざす │
│   レーダー，音声通信の利用 → 自動従属監視 (ADS) による   │
│                              自動情報伝達                │
└─────────────────────────────────────────────────────────┘
┌─────────────────────────────────────────────────────────┐
│ 航空交通管理 (Air Traffic Management)                    │
│   安全性，運航効率の向上，空域の効率的運用をめざす       │
│   航空交通業務，航空交通流管理，空域管理                 │
└─────────────────────────────────────────────────────────┘
```

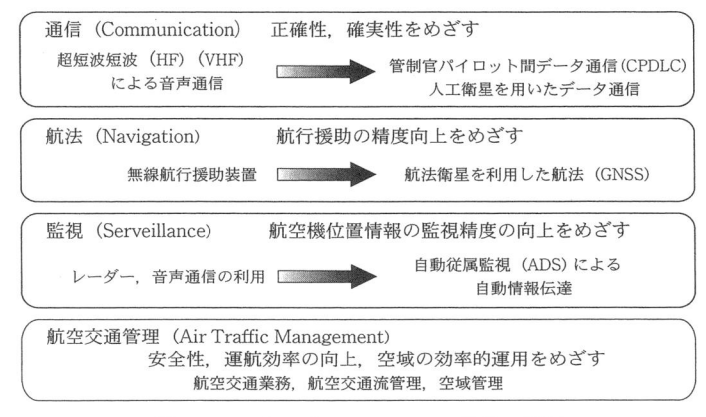

図 12.17 CNS/ATM システム整備の概要

(2) 衛星航法および衛星データを利用した管制官パイロット間データ通信

国際移動通信衛星 (INMARSAT)，**運輸多目的衛星 (MTSAT)**[1]（ひまわり 6 号および 7 号）および GPS などの人工衛星を利用した地球規模の航法が行われるようになってきた．この方式は**衛星航法 (GNSS)** と呼ばれる．

INMARSAT および MTSAT を利用して，管制と航空機との間でデータ通信を行う**管制官パイロット間データ通信 (CPDLC)** が実用化されてきた．これは，管制官とパイロットが，航空機の位置情報，航空路の混雑状況，気象状況などをデータ通信により情報伝達するものであり，従来の短波 (HF) や超短波 (VHF) を利用した音声通信に比べて，正確で確実な情報伝達を可能とする．これにより，地形による電波遮蔽の影響を受けやすい低高度空域や無線電波が届かない洋上における航行支援が充実されている．

また，航空機から管制に，位置情報や飛行情報を一定時間間隔で自動的に伝達する**自動従属監視 (ADS)** が実用化されている．これにより，洋上での縦と横の安全間隔 (12.3 節参照) が縮小できるようになった．

(3) 飛行経路短縮による経済的運航の実現

飛行時間を短縮できれば，利便性が高まるだけでなく，燃料消費量の削減とそれに伴う二酸化炭素排出量の削減も達成することができる．そのために，

---

[1] 1 号機（ひまわり 6 号）が 2005（平成 17）年 2 月 26 日に，2 号機（ひまわり 7 号）が 2006（平成 18）年 2 月 18 日に打ち上げられた．航空管制のほか，気象衛星としても利用されている．

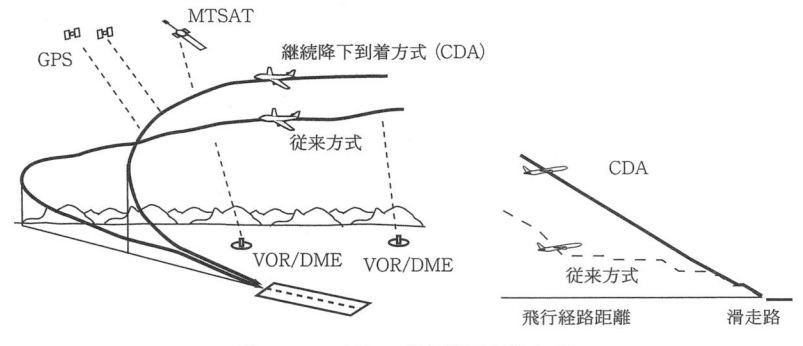

図 12.18 新しい継続降下到着方式

8.3節(6)項に示した**広域航法（RNAV）**が拡充されてきている．これは，飛行経路の混雑緩和にもつながるため，安全性確保にもつながる．

さらには，進入・着陸経路の短縮化も進められている．従来は，安全確保のために，図12.12に示したような大回りの経路に沿って，高度を段階的に下げながら進入するように定められていた．それには，降下途中にエンジン推力を上げて，水平飛行することが必要となる．現在では，航空機の位置情報が高精度に取得できるようになったため，図12.18に示すような進入経路の短縮と連続的な降下が，一部の空港で導入されている．この着陸方式を**継続降下到着方式（CDA）**または**テイラードアライバル**とよぶ．この方式では，エンジン推力を最小に維持したまま，巡航高度から連続的に降下して着陸経路に進入するため，飛行時間の短縮と燃料消費量の節約が可能となる．さらに，進入経路における飛行高度が高くなることから，地上への騒音低減の効果もある．

今後も，航空交通の安全性を確保しながら，利便性や経済性をさらに向上させることが計画されている．

参 考 文 献

　航空宇宙工学について，さらに学習されたい読者のために，代表的な文献を以下に紹介する．

航空宇宙工学全般に関するもの

[1]　日本航空宇宙学会編：航空宇宙工学便覧，第2版，丸善（1992）．
　　　航空宇宙工学の基礎学理と応用技術のすべてが網羅され，簡明に解説されている．
[2]　木村秀政監修：航空宇宙辞典，増補版，地人書館（1995）．
　　　航空宇宙科学および技術に関連する専門用語がわかりやすく解説されている．
[3]　日本航空広報部編：最新 航空実用ハンドブック，朝日ソノラマ（2005）．
　　　主として民間航空機に関する事項が豊富な写真とともにわかりやすく解説されている．
[4]　国土交通省航空局：耐空性審査要領，鳳文書林出版販売（1970）．
　　　航空機および装備品の安全性を確保するための技術上の基準が定められている．
[5]　前田弘：飛行力学，養賢堂（1981）．
　　　飛行力学を軌道運動問題と姿勢運動問題に大別することにより，航空機の運動とロケットや人工衛星など宇宙飛行体の運動を統一的に取り扱っている．
[6]　航空学習会編：基礎航空工学，鳳文書林出版販売（1997）．
　　　航空力学，飛行機の構造，およびシステムについて図版を豊富に取り入れてやさしく解説している．
[7]　応用機械工学編集部：宇宙開発と設計技術，大河出版（1984）．
　　　ロケットと人工衛星の構成と設計技術が豊富な図解とともに解説されている．
[8]　応用機械工学編集部：航空機と設計技術，大河出版（1987）．
　　　航空機の構成と設計技術が豊富な図解とともに解説されている．
[9]　天野完一：飛行機の木，技報堂出版（1978）．
　　　「飛行機って何？」という素朴な疑問に対して，飛行機の飛ぶ大空，飛行機のもたらす公害，飛行機の寿命，さらに将来の飛行機や宇宙旅行にまで言及．
[10]　Anderson, J. D. Jr.：Introduction to Flight, McGraw-Hill（1989）．
　　　航空機の飛行の歴史からはじまり，飛行のための基礎学理がていねいに記述されている．
[11]　Shevell, R. S.：Fundamentals of Flight, Prentice Hall（1989）．

航空機の誕生から最近の進歩までを支えた基礎学理がわかりやすく記述されている．

[12] Raymer, D. P.: Aircraft Design: A Conceptual Approach, AIAA (1992).
航空機を設計するための基礎学理と技術がくわしく記述されている．

[13] Griffin, M. D. and French, J. R.: Space Vehicle Design, AIAA (1991).
宇宙機を設計するための基礎学理と技術がくわしく記述されている．

[14] Stinton, D.: The Design of the Aeroplane, BSP Professional Books (1983).
単発エンジンのプロペラ推進式飛行機を設計するための技術と関連する資料が記述されている．

[15] Stinton, D.: The Anatomy of the Airplane, AIAA (1985).
飛行機の構成と関連する理論が簡明に解説されている．

航空宇宙技術の歴史に関するもの

[1] 室津義定：航空・宇宙100年の推移，日本機械学会誌，100巻，938号，28-33, (1997).
航空機とロケットの100年の推移と歴史が，簡潔に解説されている．適切な邦文の参考図書が挙げてある．

[2] Bryan, C. D. B.: The National Air and Space Museum, Abradale Press (1992).
米国ワシントンDCにあるスミソニアン博物館群のなかの航空宇宙博物館の全展示内容が豊富な写真とともに解説されている．

[3] Mondey, D.: The International Encyclopedia of Aviation, Hamlyn (1988).
航空機の発達の歴史が豊富な写真とともに詳細に解説されている．

[4] Wright, O.: How We Invented the Airplane, An Illustrated History, Dover (1988).
人類初の飛行に成功したライト兄弟の弟のほうのオービルが著した記録であり，76枚の歴史的に貴重な写真が納められている．

[5] Farley, K. C.: Robert H. Goddard, Silver Burdett Press (1991).
人類初の液体ロケットの発射に成功したアメリカ人ゴッダートの伝記である．

[6] Howard, F.: Wilber and Orville, A Biography of the Wright Brothers, Alfred A. Knopf (1987).
人類初の動力初飛行に成功したライト兄弟の伝記である．

大気および宇宙環境に関するもの

[1] 国立天文台編：理科年表，丸善 (1997).
大気圏と宇宙圏に関する詳細なデータが記載されている．

[2] 小倉義光：一般気象学，東京大学出版会 (1985).
大気圏の鉛直構造がくわしく解説されている．

揚力と抗力に関するもの

[1] John, J. B. and Smith, M. L. : Aerodynamics for Engineers, 2 nd ed. Prentice-Hall (1989).
低速から極超音速までの空気力学や空力設計の問題が技術者向けに記述されている．

[2] Kuethe, A. M. and Chow, C-Y : Fundamentals of Aerodynamics : Bases of Aerodynamic Design, 3rd ed. John Wiley & Sons (1976).
空力設計の基礎としての空気力学が初歩から平易に記述されている．

[3] Prandtl, L. and Tietjens, O. G. : Applied Hydro- and Aeromechanics, Dover Publications. (1957).
低速空気力学の古典的テキストであり，特に翼理論の基礎が詳述されている．

[4] フォン・カルマン（谷一郎訳）：飛行の理論，岩波書店（1956）．
飛行の理論としての空気力学の原理と空気力学的思考の歴史的発展が平易に解説されている．

[5] Schlichting, H. and Truckenbrodt, E. : Aerodynamics of the Airplane, McGraw-Hill (1979).
主翼，主翼胴体結合体，尾翼などの空力特性が詳述されている．

[6] Küchemann, D. : The Aerodynamic Design of Aircraft, Pergamon Press (1978).
亜音速機，超音速機および極超音速機の空気力学と空力設計の最適化の問題が詳述されている．

[7] Schlichting, H. : Boundary Layer Theory, 7th ed. McGraw-Hill (1979).
層流境界層および乱流境界層の理論が詳述されている．

[8] 近藤次郎：高速空気力学，コロナ社（1977）．
高速空気力学の重要な問題（超音速翼理論，衝撃波，空力加熱，反応性気体など）が記述されている．

[9] Anderson, J. D. Jr. : Hypersonic and High Temperature Gas Dynamics, McGraw-Hill (1989).
極超音速高温気体流の問題が詳しく解説されている．

[10] 東昭：航空工学（Ⅰ），裳華房（1989）．
航空機に特有な流体力学を取り扱っている．

[11] McCormic, B. W. : Aerodynamics, Aeronautics, and Flight Mechanics, John Wiley & Sons (1979).
飛行機に作用する揚力および抗力の発生について詳細に述べている．

推進に関するもの

[1] 藤井昭一：エンジン・システム，共立出版（1992）．

航空エンジンの基礎原理から新しい推進装置まで幅広く記述されている．

[2] 吉中司：エンジンはジェットだ！ テクノライフ選書，オーム社 (1995)
エンジン開発者の視点から，ジェットエンジンの基礎・応用，基本原理をやさしく解説している．

[3] Smith, M. J. T : Aircraft Noise, Cambridge University Press (1989).
航空機騒音の発生原理と吸音のメカニズムがくわしく述べられている．

[4] Hill, P. G.: Mechanics and Thermodynamics of Propulsion, Addison-Wesley (1992).
航空機の推進に関する熱力学的原理とそのメカニックスが述べられている．

[5] Kerrebrock, J. L.: Aircraft Engines and Gas Turbines, 2 nd ed. MIT Press (1992).
航空エンジンとガスタービンについて，その作動原理と性能解析法が記述されている．

[6] Sutton, G. P.: Rocket Propulsion Elements, John Wiley & Sons (1976).
ロケット推進に関する基礎技術，性能および設計原理が詳細に述べられている．

[7] ビル・ガンストン著，高井岩男監修・訳：ジェット＆ガスタービン・エンジン，酣燈社 (1997).
ガスタービンおよびジェットエンジンの各部の働きを初学者にもわかるように平易に述べるとともに，その歴史的変遷や各種エンジンについて述べている．

飛行機の性能と設計に関するもの

[1] Torenbeek, E.: Synthesis of Subsonic Airplane Design, Delft University Press, Martinus Nijhoff Publishers (1982).
飛行機の設計理論と実際に関する専門書である．

[2] 東昭：航空工学（II），裳華房 (1989).
航空機の性能と飛行力学を取り扱っている．

[3] 山名正夫，中口博：飛行機設計論，養賢堂 (1968).
戦前のわが国の飛行機設計技術を集大成した名著である．

[4] Hale, F. J.: Introduction to Aircraft Performance, Selection and Design, John Wiley & Sons (1984).

[5] Mair, W. A. and D. L. Birdsall : Aircraft Performance, Cambridge University Press (1992).

[6] Vinh, N. X.: Flight Mechanics of High-Performance Aircraft, Cambridge University Press (1993).
以上3点は飛行機の性能全般に関する入門書である．

安定性と操縦性に関するもの

[1] 加藤寛一郎,大屋昭男,柄沢研治:航空機力学入門,東京大学出版会 (1982).
飛行機の動力学および制御に関する専門書である.
[2] Hancock, G. J.: An Introduction to the Flight Dynamics of Rigid Aeroplanes, Ellis Horwood (1995).
飛行機の動力学に関する入門書である.
[3] Etkin, B. and Reid, L. D.: Dynamics of Flight, John Wiley & Sons (1996).
飛行機の安定性と操縦性に関する専門書である.
[4] Dole, C. E.: Flight Theory and Aerodynamics, John Wiley & Sons (1981).
パイロットなど運航に従事する人のために書かれた空気力学と飛行理論の入門書としてわかりやすい.
[5] Cook, M. V.: Flight Dynamics Principles, Arnold (1997).
飛行機の動力学と安定性に関する入門書である.

計測,制御,航法に関するもの

[1] 秀嶋卓:航空計器入門,九州大学出版会 (1986)
飛行計器の原理の実際についてくわしく解説している.
[2] 金井喜美雄:フライトコントロール-CCV技術の基礎と応用,槙書店 (1985)
自動飛行制御システムの原理と最新の能動飛行制御技術について解説している.
[3] 藤井弥平:電子航法のはなし-航空と航海を支える情報技術,成山堂 (1995)
航法システムのうち,特に電波を用いるものについて解説している.
[4] 航空宇宙電子システム編集委員会編:航空宇宙電子システム,日本航空技術協会 (1995).
航空分野における電子技術の活用・将来について,技術を中心に解説している.

構造と強度に関するもの

[1] 鳥養鶴雄,久世紳二:飛行機の構造設計 その理論とメカニズム,日本航空技術協会 (1992).
飛行機の構造について,図を多用し,くわしく解説している.
[2] Bruhn, E. F.: Analysis and Design of Flight Vehicle Structures, Jacobs Publishing (1973).
機体設計における構造解析について,くわしく記述している.
[3] 小林繁夫:航空機構造力学,丸善 (1992)

飛行機の構造解析の基礎理論と慣習的な計算法をくわしく解説している．
[4] Peery, D. J. and Azar, J. J.: Aircraft Structures, McGraw-Hill (1982).
飛行機の構造解析に関する入門書で，飛行機にかかる荷重の算定から箱型はりの構造解析までわかりやすく述べている．
[5] Megson, T. H. G.: Aircraft Structure for Engineering Students, 2 nd ed., Edward Arnold (1990)
主として，箱型はりとしての翼構造の構造解析を扱い，空力弾性の初歩にも言及している．
[6] この10年の航空宇宙用材料の歩み，日本航空宇宙学会誌，第43巻，第495号 (1995)．
航空宇宙用材料の変遷と今後の動向について解説した特集号である．
[7] 石見峻久，他4名：航空機材料，日本航空技術協会 (1990)．
飛行機に使われている材料について金属材料から非金属材料までくわしく述べている．
[8] 内田盛也編著：先端複合材料，工業調査会 (1986)．
複合材料の素材から製法ならびに使用分野について幅広く記述している．
[9] 三木光範，他3名：複合材料，共立出版 (1997)
複合材料の剛性と強度の理論的枠組みをコンパクトに記述している．
[10] Middleton, D. H.: Composite Materials in Aircraft Structures, Longman Scientific & Technicol (1990).
複合材料の理論から飛行機構造への応用例まで幅広く記述している．

製造に関するもの

[1] 岩田一明監修：CAD概論，共立出版 (1996)．
CADおよびCAMの基本的事項が述べられている．
[2] 岩田一明，他5名：生産システム学，コロナ社 (1982)．
CAD，CAMによる生産システムの基本的事項を取り扱っている．
[3] ASTME (SME) 編著，半田邦夫，佐々木健次共訳：航空機＆ロケットの生産技術，大河出版 (1996)．
各分野でのツーリング技術を体系的に述べ，ツーリングの観点から航空機やロケットの製造法について解説している．

宇宙飛行に関するもの

[1] 室津義定：宇宙航行力学，共立出版 (1993)．
宇宙機の軌道運動について述べている．
[2] 冨田信之：宇宙システム入門，東京大学出版会 (1993)．
宇宙工学全般に関する入門書である．
[3] 茂原正道：宇宙工学入門，培風館 (1994)．

宇宙機の誘導と制御を取り扱っている．
［4］ Fortescue, P. and Stark, I. (ed.)：Spacecraft Systems Engineering, John Wiley & Sons (1995).
宇宙機のシステム設計に関する教科書である．
［5］ 茂原正道：宇宙システム概論，培風館 (1997).
衛星の設計と開発の基本的事項を述べている．

航空機の運航と管制に関するもの

［1］ 村山：航空機の運航 ABC，成山堂 (1999).
航法，気象，通信，航空機性能など航空機の運航管理全般にわたって技術的に解説している．
［2］ 中野：航空管制のはなし 6訂版，交通ブックス 303，成山堂 (2009).
航空管制業務や管制施設など，管制の歴史から将来までを解説している．
［3］ 藤井：電子航法のはなし―航空と航海を支える情報技術―，交通ブックス 301，成山堂 (1995).
電波を用いた航法システムについて解説している．
［4］ 航空交通管制協会編：航空管制入門，改訂9版，航空交通管制協会 (1999).
航空管制業務の入門書として，管制方式について丁寧に解説している．
［5］ 青山編：航空と IT 技術，共立出版 (2001).
航空機，航空管制，旅客業務において，コンピュータおよびネットワーク技術がどのように利用されているかを解説している．
［6］ 日本航空広報部編，最新 航空実用ハンドブック 新版，朝日ソノラマ (2007).
［7］ 園山，航空管制システム，限界と未来の方向，成山堂書店 (2008).
航空管制の現在と未来について分かりやすく解説している．
［8］ 国土交通省航空局，航空保安業務の概要 (2008).
管制保安業務について丁寧に解説している．2年ごとに発行される．
［9］ 国土交通省航空局，気象庁監修，AIM-Japan，日本航空機操縦士協会.
計器飛行方式を中心とした運航マニュアルとして，毎年6月と12月に出版されている．
［10］ 国土交通省，AIS Japan https://aisjapan.mlit.go.jp/LoginAction.do
最新の航空路誌（AIP）などを閲覧することができる．

索引

あ 行

亜音速　subsonic speed　59
亜音速前縁　subsonic leading edge　62
アークジェット　arc-jet　97
アスペクト比　aspect ratio　46, 101
圧縮機　compressor　74
圧縮性流れ　compressible flow　59
圧縮性の影響　compressibility effect　58
圧力係数　pressure coefficient　37
圧力抵抗　pressure drag　48
後曳き渦　trailing vortex　43
アメリカ航空宇宙局　National Aeronautics and Space Administration, NASA　40, 76, 83, 206
アメリカ連邦航空局　Federal Aviation Administration, FAA　17, 159
アライメント　alignment　148
アールナブ　area navigation, RNAV　144
安全寿命設計　safe life design　150
安全性　safety　149
安全率　factor of safety　160
安定化　stabilization　133
安定性　stability　114
安定増大装置　stability augmentation system, SAS　135
安定台　platform　146
案内羽根　guide vane　78
イオンエンジン　ion engine　97
一液式　monopropellant　94
1次構造　primary structure　154
異物吸い込みによる破損　foreign object damage, FOD　77
ヴァンアレン帯　Van Allen belt　15
ウィルバー・ライト　Wilbur Wright　1
ウイングセール　wing tip sail　46
ウイングレット　winglet　46
ウエイポイント　waypoint　145
ウェーブライダ　wave rider　64

渦糸　vortex filament　34
渦核　vortex core　34
渦層　vortex layer　38, 43
渦発生装置　vortex generator　54
薄翼失速　thin airfoil stall　54
打上げ機　launch vehicle　17
打上げロケット　launcher　17
宇宙　space　13
宇宙インフラストラクチャ　space infrastructure　201
宇宙往還機　aero-space plane　87
宇宙開発事業団　National Space Development Agency of Japan, NASDA　7
宇宙科学研究所　The Institute of Space and Astronautical Science, ISAS　5
宇宙環境利用　space environment utilization　5, 16, 204
宇宙機　spacecraft　4, 18
宇宙航空機　aero-space plane　18
宇宙航空研究開発機構　Japan Aerospace Exploration Agency, JAXA　7
宇宙塵　cosmic dust　15
宇宙船　spaceship　4
宇宙破片　space debris　15
宇宙放射線　cosmic ray　204
うるささ　annoyance　89
うるささ指標　weighted equivalent continuous perceived noise level, WECPNL　89
運動包囲線　maneuvering envelope　163
運動量　momentum　30
運輸多目的衛星　multi-functional transport satellite, MTSAT　225
運用システム　operation system　203
永久変形　permanent deformation　158
影響圏　sphere of influence　203

索引　**235**

衛星航法　global navigation satellite system, GNSS　225
衛星通信　satellite communication　204
衛星放送　satellite broadcasting　204
エキスパンダサイクル　expander cycle　95
液体プロペラント　liquid propellant, RNAV　24, 96
液体ロケット　liquid rocket　24, 92
エリアナビゲーション　area navigation, RNAV　144
エルロン　aileron　128
エレベータ　elevator　128
円軌道速度　circular orbit velocity　194
エンジン　engine　54
遠心式圧縮機　radial compressor　74
遠地点　apogee　196
応力　stress　157
応力外皮構造　stressed skin construction　153
オージー翼　ogee wing　62
オートクレーブ　autoclave　158
オートスロットル　autothrottle　134
オートパイロット　autopilot　131, 134
オービル・ライト　Orvill Wright　1
オメガ航法　omega navigation　144
表板　face　154
音圧等高線　contour　90
音響疲労　acoustic fatigue　167
音速　velocity of sound　58

か　行

外気圏　exosphere　13
回転翼航空機　rotorcraft　17
回廊　corridor　200
科学衛星　scientific satellite　204
化学プロペラント　chemical propellant　92
化学ロケット　chemical rocket　92
殻　shell　152

核分裂ロケット　nuclear fission rocket　98
風見安定　weather cock stability　125
荷重倍数　load factor　109, 163
ガス加圧供給式　pressurized-gas propellant-feed system　95
ガスタービンエンジン　gas turbine engine　67
ガス発生器サイクル　gas generator cycle　95
片揺れ　yawing　117
滑空機　glider　17
滑走路視認距離　runway visual range, RVR　135, 217
カットオフ速度　cutoff speed　111
可動のフラップ　wing flap　19
カナード　canard　63
過濃可燃限界　rich flammable limit　77
カレット翼　caret wing　64
感覚騒音レベル　perceived noise level, PNL　89
環境試験　environmental test　168
干渉抗力　interference drag　32, 54
管制間隔　separation　211
管制官パイロット間データ通信　controller pilot data link communication, CPDLC　225
慣性基準装置　inertial reference system　147
管制空域　controlled airspace　219
慣性航法装置　inertial navigation system, INS　146, 224
管制承認　clearance　213
完全流体　perfect fluid　38
観測ロケット　sounding rocket　17
気圧高度　atmospheric pressure altitude　139
気球　balloon　17
気象観測　meteorological observation　204
機上塔載コンピュータ　onboard computer　169

機体騒音　airframe noise　89
汚い音　dirty noise　89
軌道システム　orbital system　201
希薄可燃限界　lean flammable limit　77
脚　under-carriage, landing gear　22
逆圧力勾配　adverse pressure gradient　43
境界層　boundary layer　50
境界層厚さ　boundary layer thickness　51
境界層制御　boundary layer control　54
仰角　elevation　146
強度　strength　158
極曲線　polar curve　42, 101
距離測定装置　distance measuring equipment, DME　144, 209, 213, 218
距離方位測定装置　tactical air navigation, TACAN　144, 209, 213
銀河宇宙線　galactic cosmic ray　15
均質圏　homosphere　9
近地点　perigee　196
空気　air　9
空気吸入式エンジン　airbreathing engine　67
空気取入れダクト　air inlet duct　73
空気力　aerodynamic force　29
空港監視レーダ　airport surveillance radar, ASR　210
空力加熱　aerodynamic heating　14, 65, 159, 199
空力中心　aerodynamic center　41
空力特性　aerodynamic characteristics　33
クッタ-ジュコフスキーの定理　Kutta-Joukowski theorem　38
クッタの条件　Kutta condition　36
クライアントサーバ　client server　171
グライドパス　glide path　145
クリアランスコントロール　clearance control　75
クリープ　creep　159

クルーガーフラップ　Kruger flap　57
グレイン　grain　93
グロス推力　gross thrust　73
計器着陸装置　instrument landing system, ILS　145, 217
計器飛行方式　instrument flight rules, IFR　208
計器気象状態　instrument meteological condition, IMC　208
軽航空機　lighter-than-air aircraft　17
計算流体力学　computational fluid dynamics, CFD　65, 174
傾斜　bank　125, 129
形状抗力　profile drag　48
形状モデル　geometric model　172
継続降下到着方式　continuous descent approach, CDA　226
経年機　aging aircraft　151
軽量な構造　light-weighted structure　149
桁　spar　154
結合材　binder　93
決心高度　decision height, DH　135, 217
ケプラー　Kepler, J　192
牽引式　tractor type　21
原子力ロケット　nuclear thermal rocket　98
健全性　integrity　149
コア　core　72, 154
コアエンジン　core engine　72
コア流れ　core flow　72
高圧　high pressure, HP　76
広域航法　area navigation, RNAV　144, 226
後縁　trailing edge　33
後縁失速　trailing edge stall　54
降下率　descent rate　105
航空宇宙技術研究所　National Aerospace Laboratory, NAL　7
航空機　aircraft　17
航空機衝突防止装置　airborne collision avoidance system, ACAS　224

索引 **237**

航空機騒音委員会　Committee on Aircraft Noise, CAN　90
航空交通管制区　control area　219
航空交通管制圏　control zone　219
航空交通管制部　area control center, ACC　222
航空交通管理センター　air traffic management center, ATMC　222, 224
航空法　civil aviation law　207, 219
航空路　airway　208
航空路監視レーダ　air route surveillance radar, ARSR　209
航空路誌　aeronautical information publication, AIP　209, 217, 218
航行衛星システム　navigation satellite system　204
航行援助施設　navigation support facilities　208
高高度軌道　high earth orbit, HEO　14
剛性　stiffness　157
構造係数　structural factor　190, 192
構造効率　structural efficiency　190
構造質量比　structural mass ratio　190, 191
航続距離　range　111
航続時間　endurance　111
高速ターボプロップ　advanced turbo-prop, ATP　83
構体　structure　26, 27
後退角　swept angle　61
後退翼　swept wing　61
降着装置　landing gear　22
公転周期　orbital period　194
高度計　altimeter　139
高バイパス　high bypass　73
航法　navigation　133
高揚力装置　high-lift device　57
抗力　drag　29
抗力係数　drag coefficient　39
抗力発散マッハ数　drag divergence Mach number　60

国際標準大気　International Standard Atmosphere, ISA　10
国際民間航空機関　International Civil Aviation Organization, ICAO　10, 90, 211
極超音速　hypersonic speed　64, 87
固体プロペラント　solid propellant　93
固体ロケット　solid rocket　26, 92
ゴダード　Goddard, Robert H.　4
固定翼航空機　fixed-wing aircraft　17
コメット　Comet　72
コンコルド　Concorde　86
コンタ　contour　90
コンポジット　composite　93

さ 行

歳差運動　precession　140
最大荷重　maximum load　160
最大巡航推力　maximum cruise thrust　80
最大上昇角速度　maximum climb angle velocity　106
最大上昇推力　maximum climb thrust　80
最大上昇速度　maximum climb velocity　106
最大離陸推力　maximum take-off thrust　80
再突入　reentry　14, 199
先細翼　tapered wing　47
サーキュレーション　circulation　35
サージング　surging　75
3次元翼　three-dimensional wing　43
サンドイッチ構造　sandwich construction　154
残留変形　residual deformation　158
三輪式　tricycle type　22
シアーズ-ハーク回転体　Sears-Haack body　64
ジェットエンジン　jet engine　67
ジェット気流　jet stream　13
ジェットフラップ　jet flap　58
シェル　shell　152

軸流式圧縮機　axial compressor　74
指示対気速度　indicated airspeed, IAS　139
姿勢・軌道制御系　attitude and orbit control system　27
失速　stall　43, 75
失速速度　stall velocity　100
実用上昇限度　service ceiling　106
質量比　mass ratio　189
質量流量　air mass flow rate　69
自動安定装置　automatic stabilization equipment, ASE　135
自動従属監視　automatic dependent surveillance, ADS　225
自動操縦装置　autopilot　131, 134
自動着陸装置　automatic landing system　134
自動飛行制御装置　automatic flight control system, AFCS　133
自動方向探知機　automatic direction finder, ADF　142, 209
地面効果　ground effect　130
ジャイロ　gyroscope　140
ジャイロモーメント　gyro moment　140
縦横比　aspect ratio　46, 101
終極荷重　ultimate load　160
重航空機　heavier-than-air aircraft　17
自由ジャイロ　free gyro　140
縦通材　stringer　153
ジュコフスキーの仮説　Joukowski hypothesis　36
出発渦　starting vortex　34
主要構造　primary structure　154
主翼　wing　19, 54
主翼の断面　wing section　19
循環　circulation　35
瞬間航続距離　instantaneous range　112
瞬間航続時間　instantaneous endurance　113
巡航上昇限度　cruise ceiling　106

衝撃試験　impact test　168
衝撃失速　shock stall　60
衝撃波　shock wave　59
昇降舵　elevator　21, 128
上昇巡航方式　climb cruise method　214
上昇率　climb rate　105
上反角効果　dihedral effect　125
正味推力　net thrust　73
自立航法　autonomous navigation　142, 147
真空　vacuum　14
人工衛星　artificial satellite　4, 197
人工物　artifacts　17
進行率　advance ratio　81
人工惑星　artificial planet　197
心材　core　154
真対気速度　true airspeed, TAS　11, 139
振動試験　vibration test　168
進入復行　go-around　217
推進効率　propulsive efficiency　69
推進剤　propellant　24
推進式　pusher type　21
推進装置　propulsion system　21
推進薬　chemical propellant　92
推測航法　dead reckoning, DR　141
垂直安定板　vertical stabilizer　21
垂直尾翼　vertical tail　21
水平安定板　horizontal stabilizer　21
水平尾翼　horizontal tail　21
水平尾翼容積　horizontal tail volume　121
推力　thrust　69
推力系　thrust system　27
推力係数　thrust coefficient　82
推力室　chamber　95
推力密度　thrust density　98
すきま翼　slotted wing　57
スキン　skin　152
スクラム　supersonic combustion ram, SCRAM　87
スタンドアローン　stand alone　171

ストークスの定理　Stokes' theorem　35
ストラップダウン　strapdown　146
ストール　stall　43, 75
スパイラル　spiral　128
スパイラル不安定　spiral instability　127
スパン　span　30
スペースコロニー　space colony　206
スペースデブリ　space debris　15, 204
スポイラ　spoiler　19, 56
すみ肉　fillet　55
スラスタ　thruster　27
スラストリバーサ　thrust reverser　79
スラッシュ　slash　88
スラット　slat　19
スワール　swirl　84
寸法効果　scale effect　50
正圧　positive pressure　33
静圧　static pressure　37
静安定緩和　relaxed static stability, RSS　137
静荷重　static load　162
静強度試験　static load test　167
制限荷重　limit load　160
静止衛星　geostationary satellite　195
成層圏　stratosphere　12
静的安定　statically stable　114
静的不安定　statically unstable　115
静的方向安定　static directional stability　125
静的横安定　static lateral stability　124
晴天乱気流　clear air turbulence　13
静翼　stator blade　75
積載量　payload　149
設計対気速度　design airspeed　163
絶対高度　absolute altitude　139
絶対上昇限度　absolute ceiling　106
ゼネラル・エレクトリック　General Electrics, GE　85
セミモノコック構造　semimonocoque construction　152
セラミックタイル　ceramic tile　159
遷移　transition　52
全域超音速ファン　supersonic through flow fan, STFF　86
繊維強化樹脂　fiber reinforced plastic, FRP　158
前縁　leading edge　33
前縁失速　leading edge stall　54
前縁フラップ　leading edge flap　57
遷音速流　transonic flow　60
全圧　total pressure　37, 87, 139
全温度　total air temperature, TAT　140
全温度計　total air temperature indicator　140
全温度検出器　tatal air temperature probe　140
全推力　total impulse　92
せん断応力　shear stress　49
先端隙間　tip clearance　75
全地球測位システム　global positioning system, GPS　148, 204
線モデル　wire frame model　172
前輪式　nose wheel type　22
総圧　total pressure　37
総圧力比　total pressure ratio, TPR　75
総合効率　overall efficiency　70
操縦桿　control column, stick　132
操縦性　controllability　114
操縦舵面　control surface　132
操縦輪　control wheel　132
相対流入マッハ数　herical Mach number　83
相当質量比　equivalent mass ratio　191
相当平板面積　equivalent flat-plate area　55
造波抗力　wave drag　32
層流　laminar flow　50
層流境界層　laminar boundary layer　50
層流翼型　laminar flow airfoil　52

測地衛星システム　geodetic satellite system　204
束縛渦　bound vortex　35
外板　skin　152
ソニックブーム　sonic boom　91
損傷許容設計　damage tolerance design　151

た　行

台　pedestal　137
第一宇宙速度　first space velocity　194
大気　atmosphere　9
対気速度計　airspeed indicator　139
大気突入　atmospheric entry　14
第三宇宙速度　third space velocity　197
第二宇宙速度　second space velocity　196
耐熱材料　heat resisting material　159
太陽電池　solar cell　26
太陽電池パドル　solar paddles　26
太陽電池板　solar array　26
太陽発電衛星　solar power satellite　206
太陽風　solar wind　15, 204
対流圏　troposphere　12
高い位置　high altitude　16
ダクトプロパルサ　advanced ducted propulsor　85
脱出速度　escape velocity　196
ダッチロール　dutch roll　128
縦弾性率　modulus of longitudinal elasticity　157
縦の運動　longitudinal motion　117
縦揺れ　pitching　117
タービンブレード　turbine blade　78
ダブルベース　double base, DB　93
ターボジェットエンジン　turbojet engine　67
ターボシャフトエンジン　turbo shaft-engine　81
ターボファン　turbofan　73
ターボファンエンジン　turbofan engine　67
ターボプロップ　turbo-prop　81
ターボプロップエンジン　turbo-prop engine　67
ターボポンプ供給式　turbopump propellant-feed system　95
ターミナルレーダ情報処理システム　automated radar terminal system, ARTS　211
ダランベールの背理　D'Alembert paradox　39
段　stage　75
段圧力比　stage pressure ratio, SPR　75
単一回転　single rotation, SR　85
段階上昇方式　step-up climb method　214
短周期モード　short period mode　123
弾性　elasticity　158
弾道軌道　ballistic trajectory　197
弾道ミサイル　ballistic missile　17

チオルコフスキー　Tsiolkovsky Konstantin　4
チオルコフスキーの公式　Tsiolkovsky's formula　187
地球観測　earth observation　204
地磁気　terrestrial magnetism　204
地上滑走　ground roll　107
中間圏　mesosphere　13
中立安定　neutrally stable　115
超音速前縁　supersonic leading edge　63
超音速旅客機　supersonic transport, SST　32, 86
超高バイパス　ultra high bypass, UHB　85
長周期モード　long period mode　123
超短波全方向式無線標識　very high frequency omni-directional range, VOR　143, 209

長方形翼　rectangular wing　47
超臨界翼型　supercritical airfoil　60
直接横力制御　direct side force control　137
直接揚力制御　direct lift control, DLC　136
直接力制御　direct force control, DFC　136
通信系　communication system　27
つり合い状態　equilibrium condition　114
低圧　low pressure, LP　76
低高度軌道　low earth orbit, LEO　14
停止渦　terminating vortex　34
低バイパス　low bypass　73
ディフューザ　diffuser　73
テイラードアライバル　tailored arrival　226
デシベル　decibel, dB　89
テーラーリング　tailoring　94
デルタ翼　delta wing　61
テレメトリ・コマンド系　telemetry and command system　27
電気泳動法　flow electrophoresis method　205
電気推進　electric propulsion　97
電源系　electric power system　26
電波高度　radio altitude　139
電離層　ionosphere　13
動圧　dynamic pressure　9, 37
等価感覚騒音レベル　equivalent continuous PNL, ECPNL　89
等価軸馬力　equivalent shaft horse power　71
動荷重　dynamic load　162
等価対気速度　equivalent air speed, EAS　11, 163
胴体　fuselage　20, 54
動的安定　dynamically stable　115
動粘性係数　coefficient of kinematic viscosity　49
動翼　rotor blade　75
特別管制区　positive control area　221
トーションボックス　torsion box　154
突風荷重　gust load　165
ドップラーレーダ　Doppler radar　142
取り付け角　angle of incidence　120
トリム状態　trim condition　118

な 行

軟着陸　soft landing　200
二液式　bipropellant　94
2次構造　secondary structure　154
2重すきま付きフラップ　double-slotted flap　57
二重反転　counter rotation, CR　84
2次レーダ　secondary serveillance radar, SSR　210
2段燃焼サイクル　two staged combustion cycle　96
二輪式　bicycle type　22
熱圏　thermosphere　13
熱効率　thermal efficiency　70
熱制御系　thermal control system　27
熱負荷　thermal loading　15
燃空比　fuel air ratio　77
燃焼器　combustor　77
燃焼室　chamber　95
粘性　viscosity　49
粘性係数　coefficient of viscosity　49
粘性底層　viscous sublayer　51
燃料消費率　fuel consumption　112
ノズル　nozzle　78

は 行

排気ノズル　exhaust nozzle　79
排出質量流量　exhaust mass flow rate　187
排出速度　exhaust velocity　187
バイパス流れ　bypass flow　72
バイパス比　bypass ratio　72
パイロットレイティング　pilot rating　131
バインダ　binder　93
剝離　separation　48
バス部　bus system　26

馬蹄渦　horseshoe vortex　43
バリアブルサイクルエンジン　variable cycle engine, VCE　86
パワー係数　power coefficient　82
バンク　bank　125, 129
伴流　wake　53
伴流抗力　wake drag　48, 53
非圧縮性流れ　incompressible flow　37
非化学ロケット　non-chemical rocket　97
比強度　specific strength　158
飛行管理システム　flight management system, FMS　224
飛行機　airplane（米），aeroplane（英）3, 17
飛行機効率　airplane efficiency factor　55, 101
飛行計画　flight plan　222
飛行情報区　flght information region, FIR　219
飛行性　flying qualities　114
比剛性　specific rigidity　158
飛行性基準　flying qualities requirements　131
飛行船　airship　17
比航続距離　specific range　112
飛行体　flight vehicle　18
微小重力　microgravity　15, 204
比推力　specific impulse　70, 92, 187
ひずみ　strain　157
比スラスト　specific thrust　69
比弾性率　specific modulus of elasticity　158
ピッチ　pitch　82
ピッチング　pitching　117
引張強さ　tensile strength　158
必要出力　output required　101
必要推力　thrust required　100
必要パワー　power required　101
ピトー管　Pitot tube　37, 139
非粘性流体　inviscid fluid　38

比燃料消費率　specific fuel consumption　70, 112
ピュアジェット　purejet　67, 71
標準大気　standard atmosphere　10
表面粗さ　surface roughness　52
尾翼　tail, empennage　21, 54
尾輪式　tail wheel type　22
疲労　fatigue　167
疲労試験　fatigue test　168
ファウラーフラップ　Fowler flap　58
負圧　negative pressure　33
フィルム冷却　film cooling　77
フィレット　fillet　55
風圧中心　center of pressure　39
風洞実験　wind tunnel experiment　37
フェアリング　fairing　24
フェイルセーフ設計　fail-safe design　150
フェザリング　feathering　82
吹きおろし角　downwash angle　45, 120
吹きおろし速度　downwash velocity　30
複合材料　composite material　158
副次的構造　secondary structure　154
フゴイドモード　phugoid mode　124
フットペダル　foot pedal　132
フライ・バイ・ライト　fly-by-light, FBL　136
フライ・バイ・ワイヤシステム　fly-by-wire system, FBWS　135
フラッタ　flutter　75
プラット・アンド・ホイットニー　Pratt & Whitney, P&W　85
プラットフォーム　platform　146
プラントル-グラワートの法則　Prandtl-Glauert's rule　59
プリプレグ　prepreg　158
浮力　buoyancy　17
フレア高度　flare height　110
ブレゲの航続距離の式　Breguet's range equation　112
フレーム　frame　152

索　　引　　**243**

プロペラ効率　propeller coefficient　82
プロペラ推進　propeller propulsion　81
プロペラント質量比　propellant mass ratio　190
プロペラント質量流量　propellant mass flow rate　92
平均キャンバ曲線　mean camber line　33
平均空力翼弦　mean aerodynamic chord　41
平衡滑走路長　balanced field length, BFL　110
ペイロード　payload　20, 149, 189, 201
ペイロード比　payload ratio　190, 191
ペデスタル　pedestal　137
ヘリコプタ　helicopter　17
ベルヌーイの式　Bernoulli's equation　36
偏流角　driftangle　142
偏流計　driftmeter　141
方位　azimuth　146
方向舵　rudder　21, 128
放射線　radiation　15
補助翼　aileron　19, 128
ホスト集中　host centered　171
ホールスラスタ　hole thruster　97

ま　行

マイクロ波着陸装置　microwave landing system, MLS　146
マーカ　marker　145
マグヌス効果　Magnus effect　38
摩擦応力　friction stress　49
摩擦抗力　friction drag　32, 48
摩擦抗力係数　friction drag coefficient　51
マッハ円錐　Mach cone　62
マッハ計　Mach meter　140
マッハ数　Mach number　58
マトリックス　matrix　158
ミッション　mission　26
ミッション機器　mission equipment system　26

迎え角　angle of attack　33
無効仕事　ineffective work　69
無指向性無線標識　non-directional radio beacon, NDB　209, 213
無重量状態　weightless condition, weightlessness　15, 204
無重力状態　zero gravity condition　204
無揚力迎え角　zero lift angle of attack　43
面積法則　area rule　64
面モデル　surface model　172
モータ　motor　93
モード S　mode S　211
モノコック構造　monocoque construction　152
モーメント係数　moment coefficient　41

や　行

有害抗力　parasite drag　54
有害抗力係数　parasite drag coefficient　101
有限翼幅の翼　wing of finite span　43
有効推進仕事　effective propulsive work　69
有効排気速度　effective exhaust velocity　92
有視界気象状態　visual meteological condition, VMC　208
有視界飛行方式　visual flight rules, VFR　207
有人宇宙技術　manned space activity technology　28
誘導　guidance　133
誘導抗力　induced drag　31
誘導抗力係数　induced drag coefficient　46, 101
誘導・制御装置　guidance and control system　25
誘導速度　induced velocity　30
誘導迎え角　induced angle of attack　44, 46

輸送システム　space transportation system　201
ヨーイング　yawing　117
揚抗比　lift-to-drag ratio　29, 100
洋上管制区　ocean control area　220
揚力　lift　17, 29
揚力係数　lift coefficient　39
揚力線理論　lifting line theory　45
揚力面　lifting surface　19
翼　wing　29
翼型　airfoil section　32
翼型抗力　airfoil drag　48
翼弦線　chord line　33
翼弦長　chord　33
翼小骨　rib　154
翼端失速　tip stall　48
翼幅　span　30
翼面荷重　wing load　100
翼面積　wing area　39
翼理論　wing theory　38
横および方向の運動　lateral-directional motion　117
横すべり　side slip　117, 125
横揺れ　rolling　117
よどみ点　stagnation point　36
¼翼弦長線　a quarter chord length　61, 125

ら 行

ラグランジュ点　Lagrange point　206
ラダー　rudder　128
ラム圧　ram pressure　80
ラムジェットエンジン　ramjet engine　67, 86
乱流　turbulent flow　50
乱流境界層　turbulent boundary layer　50
力学的相似則　dynamical similarity law　50
立体モデル　solid model　172
リブ　rib　154
リフトオフ　lift-off　107
リブレット　riblet　51

リモートセンシング　remote sensing　204
流星物体　meteoroid　15, 204
流線　streamline　33
流線形物体　streamlined body　53
利用出力　output available　102
利用推力　thrust available　102
利用パワー　power available　102
離陸経路　take-off path　214
離陸決定速度　decision speed　110
臨界マッハ数　critical Mach number　59
レイノルズ数　Reynolds number　50
レシプロエンジン　reciprocating engine　67
レーダ　radar　142, 209
レーダ間隔　redar separation　212
レーダ情報処理システム　redar data processing system, RDPS　211
レートジャイロ　rate gyro　141
レンジパラメータ　range parameter　112
連邦航空規則　Federal Aviation Regulations, FAR　90
ローカライザ　localizer　145
ロケット　rocket, rocket vehicle, launcher　4, 17, 25, 67, 91
ローテーション　rotation　107
ロラン　long-range navigation, LORAN　144
ローリング　rolling　117, 125
ロール　roll　128
ロールス・ロイス　Rolls Royce, R. R.　85

わ 行

ワイドコード　wide chord　77
枠　frame　152
惑星探査機　planet probe　18

略記号一覧

a. c.　aerodynamic center　41, 117
ACAS　airborne collision avoidance system（航空機衝突防止装置）　224
ACC　area control center（航空交通管制部）　222
ACT　active control technology　136
ADF　automatic direction finder（自動方向探知機）　142, 209
ADP　advanced ducted propulsor（ダクトプロパルサ）　85
ADS　Automatic Dependent Surveillance（自動従属監視）　225
AFCS　automatic flight control system（自動飛行制御装置）　133
AFRP　aramid fiber reinforced plastic　158
AIP　aeronautical information publication（航空路誌）　209, 217, 218
APT　automated part programming tool　176
ARSR　air route surveillance radar（航空路監視レーダ）　209
ARTS　automated radar terminal system（ターミナルレーダ情報処理システム）　211
ASE　automatic stabilization equipment（自動安定装置）　135
ASR　airport surveillance radar（空港監視レーダ）　210
ATMC　air traffic management center（航空交通管理センター）　222, 224
ATP　advanced turbo-prop（高速ターボプロップ）　84
AZ　azimuth（方位）　146
BFL　balanced fild length（平衡滑走路長）　110
BFRP　bolon fiber reinforced plastic　158
BPR　business process re-engineering　182

CAD　computer aided design　169
CAE　computer aided engineering　170
CAM　computer aided manufacturing　169
CALS　computer aided logistic support　184
CAN　Committee on Aircraft Noise（航空機騒音委員会）　90
CAT　computer aided testing　178
C/C コンポジット　carbon/carbon composite　159
CCV　control configured vehicle　136
CDA　continuous descent approach（継続降下到着方式）　226
CFD　computational fluid dynamics（計算流体力学）　65, 174
CFRP　carbon fiber reinforced plastic　158
c. g.　center of gravity　117
CIM　computer integrated manufacturing　184
CL データ　cutter location data　176
CNC　computerized NC　178
CNS/ATM システム　communication navigation and surveillance/air traffic management system（航空保安システム）　224
CPDLC　controller pilot data link communication（管制官パイロット間データ通信）　225
CR　counter rotation（二重反転）　84
CSS　client server system　171
dB　decibel（デシベル）　89
DB　double base（ダブルベース）　93
DFC　direct force control（直接力制御）　136
DH　decision height（決心高度）　135, 217
DLC　direct lift control（直接揚力制御）

136
DME　distance measuring equipment（距離測定装置）　144, 209, 213, 218
DR　dead reckoning（推測航法）　141
DSFC　direct side force control（直接横力制御）　137
E^3 エンジン　energy efficient engine　77
EAS　equivalent airspeed（等価対気速度）　11, 163
ECPNL　equivalent continuous PNL（等価感覚騒音レベル）　89
EEE　energy efficient engine（E^3 エンジン）　77
EL　elevation（仰角）　146
FAA　Federal Aviation Administration（アメリカ連邦航空局）　17, 159
FAR　Federal Aviation Regulations（アメリカ連邦航空規則）　90
FBL　fly-by-light（フライ・バイ・ライト）　136
FBWS　fly-by-wire system（フライ・バイ・ワイヤシステム）　135
FIR　flight information region（飛行情報区）　219
FMS　flight management system（飛行管理システム）　224
FOD　foreign object damage（異物吸い込みによる破損）　77
FRP　fiber reinforced plastic（繊維強化樹脂）　158
GE　General Electrics（ゼネラル・エレクトリック）　85
GFRP　glass fiber reinforced plastic　158
GNSS　global navigation satellite system（衛星航法）　225
GPS　global positioning system（全地球測位システム）　148, 204, 224
HEO　high earth orbit（高高度軌道）　14
HP　high pressure（高圧）　76
HSCT　high speed civil transport　86

IAS　indicated airspeed（指示対気速度）　139
ICAO　International Civil Aviation Organization（国際民間航空機関）　10, 90, 211
ICBM　intercontinental ballistic missile（大陸間弾道ミサイル）　199, 200
IFR　instrument flight rules（計器飛行方式）　208
IGES　international graphic exchange standard　184
ILS　instrument landing system（計器着陸装置）　145, 217
IMC　instrument meteological condition（計器気象状態）　208
INS　inertial navigation system（慣性航法装置）　146
IRBM　intermediate range ballistic missile（中距離弾道ミサイル）　199, 200
IRS　inertial reference system（慣性基準装置）　147
ISA　International Standard Atmosphere（国際標準大気）　10
ISAS　The Institute of Space and Astronautical Science（宇宙科学研究所）　7
JAXA　Japan Aerospace Expoloration Agency（宇宙航空研究開発機構）　7
LEO　low earth orbit（低高度軌道）　14
LORAN　long-range navigation（ロラン）　144
LP　low pressure（低圧）　76
MIL 規格　Military Specification　131, 159
MLS　microwave landing system（マイクロ波着陸装置）　146
MPD　magneto-plasma-dynamic　97
MRP　material requirements planning　170
MTSAT　multi-functional transport satellite（運輸多目的衛星）　225

略記号一覧

NACA　National Advisory Committee for Aeronautics（全米航空諮問委員会）　40, 42, 60

NAL　National Aerospace Laboratory（航空宇宙技術研究所）　7

NASA　National Aeronautics and Space Administration（アメリカ航空宇宙局）　40, 76, 83, 206

NASDA　National Space Development Agency of Japan（宇宙開発事業団）　7

NC 工作機械　numerical controlled machine tool　178

NDB　non-directional radio beacon（無指向性無線標識）　209, 213

PCM　pulse code modulation　179

PLM　Product Lifecycle Management　185

PNL　perceived noise level（感覚騒音レベル）　89

PPI スコープ　plan position indication scope　142

P&W　Pratt & Whitney（プラット・アンド・ホイットニー）　85

R.R.　Rolls Royce（ロールス・ロイス）　85

RDP システム　radar data processing system（レーダ情報処理システム）　211

RNAV　area navigation（広域航法）　144, 226

RSS　relaxed static stability（静安定緩和）　137

RVR　runway visual range（滑走路視距離）　135, 217

SAS　stability augmentation system（安定増大装置）　135

SCRAM　supersonic combustion ram（スクラム）　87

SIS　strategic information system　184

SPR　stage pressure ratio（段圧力比）　75

SPS　solar power system　206

SR　single rotation（単一回転）　85

SSR　secondary serveillance radar（2次レーダ）　210

SST　supersonic transport（超音速旅客機）　32, 86

STEP　standard for the exchange of product model data　184

STFF　supersonic through flow fan（全域超音速ファン）　86

TACAN　tactical air navigation（距離方位測定装置）　144, 209, 213

TAS　true airspeed（真対気速度）　11, 139

TAT　total air temperature（全温度）　140

TPR　total pressure ratio（総圧力比）　75

UHB　ultra high bypass（超高バイパス）　85

VCE　variable cycle engine（バリアブルサイクルエンジン）　86

VFR　visual flight rules（有視界飛行方式）　207

VHF　very high frequency（超短波）　143

VMC　visual meteological conditon（有視界気象現象）　208

V-n 線図　V-n diagram　163

VOR　very high frequency omni-directional range（超短波全方向式無線標識）　143, 209, 213, 218

WECPNL　weighted ECPNL　90

編著者略歴

室津義定(むろつ・よしさだ)

1963 年	大阪府立大学工学部航空工学科卒業
1968 年	大阪府立大学大学院工学研究科博士課程機械工学専攻単位取得
1969 年	大阪府立大学工学博士
1970 年	大阪府立大学助教授(船舶工学科勤務)
1982 年	大阪府立大学教授(航空工学科,現航空宇宙工学科勤務)
1999 年	大阪府立工業高等専門学校校長
2006 年	大阪府立工業高等専門学校校長退職
	大阪府立大学名誉教授
	大阪府立工業高等専門学校名誉教授

主要著書

工業振動学(1976,森北出版)共著
システム工学(1980,森北出版)共著
生産システム学(1982,コロナ社)共著
機械設計工学Ⅰ—要素と設計(1982,培風館)共編著
Application of Structural Systems Reliability Theory (1986, Springer Verlag) 共著
機械設計工学Ⅱ—システムと設計(1987,培風館)共編著
宇宙航行力学(1993,共立出版)単著
システム信頼性工学(1996,共立出版)共著

航空宇宙工学入門 [第2版]　　　　　　　　　　　Ⓒ 室津義定 2005

1998 年 10 月 5 日　第 1 版第 1 刷発行　　【本書の無断転載を禁ず】
2005 年 3 月 15 日　第 1 版第 7 刷発行
2005 年 6 月 25 日　第 2 版第 1 刷発行
2025 年 3 月 20 日　第 2 版第12刷発行

編 著 者　室津義定
発 行 者　森北博巳
発 行 所　森北出版株式会社
　　　　　東京都千代田区富士見 1-4-11(〒102-0071)
　　　　　電話 03-3265-8341／FAX 03-3264-8709
　　　　　https://www.morikita.co.jp/
　　　　　日本書籍出版協会・自然科学書協会　会員
　　　　　JCOPY <(一社)出版者著作権管理機構 委託出版物>

落丁・乱丁本はお取替えいたします　　　印刷/中央印刷・製本/協栄製本

Printed in Japan／ISBN 978-4-627-69032-5